自然资源统筹下的

实用性村庄规划

Village Planning and Designing Coordinated by Natural Resources

白立舜 温宗勇 年跃刚 周 宇 唐长增 编著

清华大学出版社
北 京

内 容 简 介

本书全面阐述了自然资源统筹下村庄规划的政策、理念、方法、内容、评价、实施、监督以及规划设计案例,并通过现代信息化手段对村庄规划进行全生命周期管理,在村庄规划研究和应用方面具有较好的参考价值。本书可作为村庄规划技术人员和研究人员的技术参考用书,为其相关工作提供实用性参考。

图书在版编目(CIP)数据

自然资源统筹下的实用性村庄规划/白立舜等编著.—北京:清华大学出版社,2022.8(2023.4 重印)
ISBN 978-7-302-60411-2

Ⅰ.①自… Ⅱ.①白… Ⅲ.①乡村规划-中国-学习参考资料 Ⅳ.①TU982.29

中国版本图书馆 CIP 数据核字(2022)第 048661 号

责任编辑:张占奎 王 华
封面设计:陈国熙
责任校对:赵丽敏
责任印制:杨 艳

出版发行:清华大学出版社
      网   址:http://www.tup.com.cn, http://www.wqbook.com
      地   址:北京清华大学学研大厦 A 座   邮   编:100084
      社 总 机:010-83470000   邮   购:010-62786544
      投稿与读者服务:010-62776969, c-service@tup.tsinghua.edu.cn
      质量反馈:010-62772015, zhiliang@tup.tsinghua.edu.cn
印 装 者:小森印刷(北京)有限公司
经   销:全国新华书店
开   本:185mm×260mm   印   张:15.5   插 页:13   字   数:274 千字
版   次:2022 年 8 月第 1 版   印   次:2023 年 4 月第 2 次印刷
定   价:118.00 元

产品编号:091692-01

编委会

参 编 单 位

北京山维科技股份有限公司

北京城市学院

中国环境科学研究院环境污染控制工程技术研究中心

城印国际城市规划与设计(北京)有限公司

广西壮族自治区自然资源调查监测院

湖北省国土测绘院

山西金航图城乡规划设计有限公司

云南省地矿测绘院

贵州省地矿局测绘院

广东国地规划科技股份有限公司

河北省地质测绘院

北京地林伟业科技股份有限公司

序 言 一

"多规合一"改革后，建立国土空间规划体系、明确村庄规划成为规划体系中的详细规划类型，是城镇开发边界外规划许可的重要法定依据。2019 年 3 月 8 日，习近平总书记在全国两会河南代表团审议中指出"要补齐农村基础设施这个短板，按照先规划后建设的原则，通盘考虑土地利用、产业发展、居民点布局、人居环境整治、生态保护和历史文化传承，编制多规合一的实用性村庄规划"。如何结合国情，落实习总书记就村庄规划工作提出的重要要求，成为几年来规划工作者积极探究的问题。

大家知道，《城乡规划法》界定的城乡规划中，包括了城镇体系规划、城市规划、镇规划、乡规划和村庄规划，这里的"村庄规划"包括了"规划区范围，住宅、道路、供水、排水、供电、垃圾收集、畜禽养殖场所等农村生产、生活服务设施、公益事业等各项建设的用地布局、建设要求，以及对耕地等自然资源和历史文化遗产保护、防灾减灾等的具体安排"，并且要求，"村庄规划"应当从农村实际出发，尊重村民意愿，体现地方和农村特色（第十八条）。这些基本的法律要求，来自于对有关村庄规划原则和实践经验的总结概括，是做好"多规合一"实用性村庄规划的基础。

与此同时，我们需要一起思考"多规合一"改革后，"村庄规划"的工作定位发生了哪些变化，特别是在落实乡村振兴战略、促进国土空间治理现代化的背景下，"村庄规划"作为特定空间中用途管制和规划许可的法定依据，在规划管理体制改革和乡村社会治理的导向下，规划工作的侧重点和规划技术内容应该具有新特点，譬如，村庄规划将和其他总体类的国土空间规划一样，在"一张图"基础上完成调查、规划和监测评估；除了过去已有的耕地和永久基本农田保护线外，生态保护红线、自然灾害防控的范围边界、村庄的建设边界、历史文化保护线都可能根据实际需要纳入村庄规划；村庄规划中可能会有一部分控制线采取 1：1000~1：2000 的比例尺来表达，以适应对村庄建设行为的管理要求；宅基地涉及村民权益，一直有很强建造意愿，应该在村庄规划中有明确的引导，而且规划设计的方式能更好地满足村民需求，用地上既能更节约，又能在布局上保持适度紧凑，不至于单纯追求用地高强度，让刻板的规划设计毁了乡村田园牧歌、烟火人家的基调。应该说，"多规合一"改革后"村庄规划"整合多方面的规划技术理念和方法，促进规划内容更突出土地利用规划的政策和管理规则，使规划面对市场、面对乡村社区，有更加确定、清晰、透明的控制和引导。

在新的管理条件下，"实用性"意味着规划内容做到能用、管用、好用，要因地制宜，删繁就简，聚焦村庄规划管理的需求，不再从技术上对过去的规划内容做简单拼合或者只加载新的内容，而要从村庄规划的用户需求和管理对象出发，研究县乡镇政府在规划许可中如何用规划，村两委部署安排村庄的保护开发建设如何用规划，村民日常建房、耕种养殖或在乡村从事其他营生需要规划划出哪些杠杠、给出哪些导引，参与乡村发展的外来经济主体需要知道对开发建设活动有哪些禁止和限制的规划要求，诸如此类，汇聚到规划编制中，会影响规划技术路线的选择，最终起到塑造规划形态的作用。

从另一个角度看，"实用性"要能够体现村庄的发展特点。我们辽阔的国土之上，一方水土养一方人，乡村是最能体现地域特色多样性的聚落形式。适用于沿海城镇密集地区的村庄规划未必适用于中西部地区的村庄规划，适用于平原地区的村庄规划未必适用于山区丘陵地区的村庄规划，适用于城区边缘的村庄规划未必适用于远郊地区的村庄规划，适用于人口增加地区的村庄规划未必适用于人口持续流出地区的村庄规划。村庄规划要做到"实用性"，必须是一个因地制宜的规划，做到"一村一策"并不为过。好的村庄规划应该根据那里的水土、那里的社会来量身定做。

乡村有别于城市的魅力，在于乡村代表了一种自然的生活方式。我们有了城市生活的经验，应该更意识到乡村生活的价值。它的宁静和纯洁是被周边自然山水敦厚稳重的品格感化的结果。乡村空间的内在组织的形成是那里祖祖辈辈的人们改造自然进而与自然和解和谐的过程。既然如此，面对乡村的自组织机制，规划的力量应该有所控制，在有为和无为之间找到恰当的平衡点。事实上，在现代化的洪流中，只有极少的乡村可以置身世外了。在乡村由传统社会向现代社会转变的过程中，反映社会发展趋向的国家控制始终具有重要意义（徐勇，2019）。规划作为政府管理的重要力量，也一样可以作用于乡村。村庄规划成为一种既有的制度力量，在落实乡村振兴、推动乡村发展的历史阶段，问题并不在于是不是需要规划，而是在于需要什么样的规划。村庄规划的"实用性"代表了一种尊重和顺应乡村发展规律的态度。

在我离开家乡去读大学之前，有过几段乡村生活的经历，在姥姥呵护下满是快乐的记忆。受了规划专业教育后，回望坐落在黄土高坡上的那个小村庄，别有一番感受。小村庄位于城关，从县城出来，下了公路，远远看到的村子没有任何突兀的天际线，完全匍匐于自然之下。村里砖木结构的建筑，用材是当地黄土烧制的青砖青瓦，为了节省，很多墙体还用上了土坯，外表抹上石灰。在干旱和风沙的环境中，青砖表面的孔隙、砖墙的勾缝里和石灰的抹面上都落上细细的黄沙，几十年上百年下来，整个建筑和黄土高原的色彩浑然一体。村里的建筑都是基本一致的风格，而最了不得的是一个家族五兄弟分头盖起的院落，分别以"仁义礼智信"命名，变化中有着统一的建造模式，体现出乡村宗族社会组织内部共同遵守的行为法则。村里只有几条简单的巷子，收拾得干干净净。村口有池塘，汇集落到地面的雨水，这是村民的饮用水源，环绕池塘筑起的砖墙，限定了这个需要保护的领域的边界。紧挨着池塘，便是小村子的"广场"，保健站和简单公共设施环绕着这个不大的开敞空间，那里是村里老人们交流的场所，在冬季天气好的时候，也会有老人们蹲在墙角下晒晒太阳。当然，对孩子们来说，最愉悦的是在巷子里玩耍，遇到有年龄稍大的带头，孩子们还会跑到村外高高的塬上，那里视野辽阔，无拘无束，可以全身心投入到大自然的怀抱。我经常会想，这样一座"与世无求"的小村庄，需要什么样的村庄规划？内容上或许根本不用大动干戈，把村里的公共空间、作为饮水水源的池塘边界管理好，娶媳妇"盖舍"需要的新宅基地安排好，规定和引导好新建筑的高度和本土形式，空间上摆布好必要的现代基础设施，是不是就足够了？相比之下，编制过程和内容形式上，或许要更多下些功夫，发挥好村两委、村民的作用，力求将成果中的专业语言转译为村支书、村长和村民能听得懂、看得懂、做得到的乡土语言。规划的"实用性"实际上留给规划工作者太多的思考空间和想象余地，其中创造性的做法都应该扎根在乡村，而不完全出自城市的办公楼。

探索"多规合一"实用性村庄规划的方法，是当前和今后一段时间需努力完成的任务。正因为如此，《自然资源统筹下的实用性村庄规划》一书名正言顺，出版恰逢其时，是一本很实用的"工具书"。作者梳理了乡村振兴和村庄规划相关的政策，提出了村庄规划的技术方法和主要内容，特别是对村庄规划数据处理和信息化建设做了着重的整理，洋洋洒洒近百页，而且还附上编著者开展的一些案例研究，其研究成果对探索"多规合一"实用性村庄规划是很好的参考。后来得知，这并非源自科技部门正式立项的课题研究，而是几位规划和测绘行业中的实干家在疫情爆发居家期间相互鼓励、相互启发的成果。来自北京城市学院、中国环境科学研究院的十多家高校企事业单位的专家，多专业、跨领域合作，尽管是"自编自导自演"，但过程中体现的专业精神和社会责任感令人敬佩！希望这样的研究能继续下去，不断产出有价值的好成果！

张兵

自然资源部国土空间规划局

2022 年 6 月

张兵，城市规划博士。现任自然资源部国土空间规划局局长，曾任中国城市规划设计研究院总规划师。2013 年入选中组部、科技部"万人计划"第一批"科技创新领军人才"。

序　言　二

2021年初春时白立舜老师带着本书最早的初稿找到我希望能写个序言，转眼一年多过去了，也见证了这本书从初期的PPT版不断成熟，数易其稿终于看到了成型的样书，其过程之艰难也是不易。

本书的作者群体从各自擅长的视角对村庄规划从政策、内容、技术方法到具体案例的选择推荐都给出了各自的答案，是一次结合实用技术指南性的尝试。

村庄规划是城乡规划中的基础单元，麻雀虽小五脏俱全，目标多元，且重在实施。如果你希望自己的规划成果最终在中国某一块土地上落地生根，你就不能用"泛泛而谈"的态度对待乡村规划工作，这是现在大量下基层的规划师要注意的一件事情。规划师不仅仅要学习国土空间规划体系，还需要重构自己的知识体系，深入基层，注重地方性知识和实践，深刻理解基层社会治理。

下面我从地方性知识的特征、如何积累地方性知识和如何重构基层规划知识体系三个方面谈谈我的看法。

关于地方性知识的特征，在基层治理中表现为三个方面。

第一个特征，是经验的本土化。最经典的就是马列主义跟中国实践结合的例子——中国革命走到今天，就是在既有的（马列）体系当中不断加入本土化知识的结果。真正的中国模式不应是看那些表象化的成果宣传，而是应当看这个现象背后中华民族的智慧是如何改变这套既有的知识体系的。

第二个特征，是民间智慧的融入。大家应该认真思考对普通人的技能、才智和经验应当持一个什么样的态度。乡村规划、社区改造如果没有吸纳村民和社区居民的意见和建议，就很可能忽略真实存在的问题，也找不到解决问题的有效办法，其实施将备受阻挠，变得寸步难行。

第三个特征，是实践技能，就是不亲自动手就无法掌握的技能。跟这个技能配套的也有一套技术知识体系。作为基层工作的规划师，尤其要建立"不参与就无法教授"这个概念，我不赞成没有实践经验或成功实践案例，却到处去讲通过案例抽象出的理论。

如何积累地方性知识？它与传统科班教育有什么不一样？

首先，是对环境的细致敏锐的观察。有一次我去内蒙古开会，谈的也是这个问题——拿发达地区的经验来看内蒙古的实践，其实是很荒唐的事情。内蒙古城乡建设的国土资源消耗总量仅百分之一点多，它的污染问题、生态问题其实跟城乡建设的关系不是那么密切。它的水资源 60%～80% 是消耗在农业和牧业资源上的；它的污染跟东部地区出现面源式污染问题也不是一码事。所以我对内蒙古的国土空间规划给出的建议是重点关注农业问题、牧业问题，而不是城市问题、土地问题。因此其规划的专家队伍结构就应当重组，应该找环境的、农业的、牧业的、林业的专家去干这件事情，他们才能比较清楚地讲明白承载力的问题。如果不是对这个地区的长期跟踪，对这个环境的敏锐观察，仅用通识性知识去做规划，虽然可以交账，但没有实践价值和实践意义。

其次，需要认识到"织补逻辑"和"顺势疗法"的重要性。我们现在讲城市更新，虽然已经摆脱了大拆大建的思路，但是在基层社区和基层乡村工作中，试图在短时间内立竿见影、改天换地，仍然是一个普遍认知和普遍现象（比如三年大变样），是有问题的。"织补逻辑"其实就是在"地方网络"和"体系化网络"之间寻找平衡的过程，是试图从细颗粒的角度互相织补、互相补充的过程。而"顺势疗法"概念来自于东方力学，来自于中医——如何利用好哪怕是一点点良性共识的苗头并因势利导地去处理问题，而不是简单地打一针"注射剂"，引入外来的全新的技术体系和知识体系——这其实需要一个长时间的跟踪、积累和个人体验才能够实现。

再次，要理解有限理性和适度技术的重要性。单一的自上而下的视角和极端的现代主义，都是理性被极端化以后产生的，是有负面效应的。适度的理性、有限的理性、适度的手段运用是必要的，就像政治斗争中的"权术"有技术层面的东西，如果不适度的话就会走向极端，但适度可能会换来另外一种效果——比如尼克松时代的中美关系。这其实都是在基层工作、基层治理研究中要格外关注的东西。

不管是对环境的观察、新逻辑的建立、还是有限理性，它们是书本以外的东西，我们说要向实践去学东西，学的就是这三个东西。

根据上述分析，可以看出，当我们深入到基层，确实面对着一个"知识的结构重组"的问题。

其一，从我们擅长的对理论知识、国际经验、先进潮流的总结，逐渐转化为对应对基层问题的地方性、本土性、实践性知识的汇集整理。这是一个全新的知识体系，凡是（基层工作）做得比较好的，都是在（本土学习）这个方面有积累有突破的；凡是在（本土学习）这方面没有积累和突破的，基本上也不会成功。

其二，正确认知政府的基层治理方法，区分宏观治理与微观治理。最近讨论社会治理议题时，我们通常是把这两个议题分开处理，一个是城市群级的东西怎么办，都市圈级的怎么办，中心城市级的怎么办，这是一套模式和一套思路，这些东西涉及资源自上而下的分配进程，以及在这个分配进程中的各级事权之间的协调，当然它也有涉及为下级政府留弹性的问题。另一个是基层治理问题，它不是简单的政府（之间）的权力度让，而是政府与市场、与社会之间的权力度让。这才是基层治理当中应当重视的东西。

其三，学会搭建共商共治的平台。基层治理方式转变的过程也是提升整体公民基本素质的过程，使得大家能够形成共识的平台。但这个平台绝不是单方理性搭建的平台、不是自然科学权威搭建的平台，而是一个共同理性搭建的平台、是一个协商理性搭建的平台。

一个好的城市或者乡村，我们希望它是一个生态化的森林，是一个多视角认同的森林，而不是一个经济学家研究的森林，或是一个林业生产的森林。不要把规划变成"社会标本的制作署"，而是通过我们的努力，推动活着的、面向未来的社会实践。

2022 年 3 月于清华园

尹稚，清华大学建筑学院教授，博士生导师。清华大学中国新型城镇化研究院执行副院长，清华大学城市治理与可持续发展研究院执行院长，北京城市副中心总体城市设计工作综合方案副总规划师、雄安新区规划评议专家组专家，长期担任 30 余个城市的政府顾问。

前　言

2018 年 3 月 13 日，第十三届全国人民代表大会第一次会议审议通过了国务院机构改革方案，组建自然资源部，落实中央关于统一行使全民所有自然资源资产所有者职责、统一行使所有国土空间用途管制和生态保护修复职责的要求，强化顶层设计，发挥国土空间规划的管控作用，为保护和合理开发利用自然资源提供科学指引。

2019 年 2 月 19 日，《中共中央　国务院关于坚持农业农村优先发展做好"三农"工作的若干意见》的 2019 年中央一号文件正式对外发布，这是自 2004 年以来连续第 16 个指导"三农"工作的中央一号文件。文件强调乡村规划引领，把加强规划管理作为乡村振兴的基础性工作，实现规划管理全覆盖。以县为单位抓紧编制或修编村庄布局规划，县级党委和政府要统筹推进乡村规划工作。按照先规划后建设的原则，通盘考虑土地利用、产业发展、居民点建设、人居环境整治、生态保护和历史文化传承，注重保持乡土风貌，编制"多规合一"的实用性村庄规划。

2019 年 5 月 23 日，《中共中央　国务院关于建立国土空间规划体系并监督实施的若干意见》对外发布，文件指出：建立全国统一、责权清晰、科学高效的国土空间规划体系，整体谋划新时代国土空间开发保护格局，科学布局生产空间、生活空间、生态空间，是加快形成绿色生产方式和生活方式、推进生态文明建设、建设美丽中国的关键举措。坚持底线思维，立足资源禀赋和环境承载能力，加快构建生态功能保障基线、环境质量安全底线、自然资源利用上线。

2019 年 5 月 29 日，自然资源部办公厅根据以上两个文件编制并发布了《关于加强村庄规划促进乡村振兴的通知》（自然资办发〔2019〕35 号），文件指出：村庄规划是法定规划，是国土空间规划体系中乡村地区的详细规划，是开展国土空间开发保护活动、实施国土空间用途管制、核发乡村建设项目规划许可、进行各项建设等的法定依据。要整合村土地利用规划、村庄建设规划等乡村规划，实现土地利用规划、城乡规划等有机融合，编制"多规合一"的实用性村庄规划。村庄规划范围为村域全部国土空间，可以一个或几个行政村为单元编制。村庄规划由乡镇政府组织编制，报上一级政府审批。

2020 年 12 月 15 日，自然资源部办公厅发布《关于进一步做好村庄规划工作的意见》，提出统筹县域城镇和村庄规划建设，优化功能布局，强调统筹安排农村产业和城镇产业布局，提出强化县城综合服务能力，统筹布局村基础设施、公益事业设施和公共设施。保护乡村的生态环境和传统文化，通过与城市资源互补，实现城乡在其各自的独特性上的协同发展。

2021 年 2 月 21 日，发布《中共中央　国务院关于全面推进乡村振兴加快农业农村现代化的意见》，这是 2004 年以来连续第 18 个指导"三农"工作的中央一号文件。文件要求把乡村建设摆在社会主义现代化建设的重要位置，全面推进乡村产业、人才、文化、生态、组织振兴，充分发挥农业产品供给、生态屏障、文化传承等功能，走中国特色社会主义乡村振兴道路。

2021 年 2 月 25 日，国家乡村振兴局正式挂牌，中共中央政治局委员、国务院副总理胡春华出席挂牌仪式时指出，组建国家乡村振兴局是以习近平同志为核心的党中央作出的重大决策，是做好巩固拓展脱贫攻坚成果与乡村振兴有效衔接的重要举措。实施乡村振兴战略，是中共十九大作出的重大决策部署，坚持农业农村优先发展，按照"产业兴旺、生态宜居、乡风文明、治理有效、生活富裕"的二十字总要求，建立健全城乡融合发展体制机制和政策体系，加快推进农业农村现代化。

2021 年 6 月 1 日，《中华人民共和国乡村振兴促进法》开始实施。文件要求：加快农业农村现代化、推进城乡融合发展，充分发挥乡村在保障农产品供给和粮食安全、保护生态环境、传承发展中华民族优秀传统文化等方面的特有功能。

从以上法规、中央文件、部门文件以及新机构的功能定位分析，村庄规划有三方面特点：（1）目标上，满足国土空间用途管制要求，实现国家乡村振兴战略方案；（2）方法上，编制"多规合一"的实用性规划，在统一的底图上绘制多功能协调的"一张蓝图"；（3）管理上，村庄规划是法定规划，由乡镇政府组织编制详细规划，报上一级政府审批。

村庄规划要以问题和目标为导向，以基础数据做支撑，以有效实用为前提，谋划村庄的永续发展。在规划过程中涉及自然资源、人文特征、历史传承、产业发展、生态环境改善、基础设施建设、美丽乡村打造、乡村经济发展等多方面要素，需建立"区域空间发展战略信息化"系统，采用统一的底数和底图，将汇集的多方案进行大数据分析和优化，形成从科学规划、跟踪实施、效果监督到完善提升的村庄规划闭环管理体系。我们把从业过程中的一些经验积累和认识思考编写成本书，以期为村庄规划人员提供实用性参考。

本书的编写由来自相关行业的十多家参编单位的多名编委会成员共同参与完成，顾问编委进行了仔细校核并提出许多宝贵意见。第一章解读国家村庄发展规划的政策要求，由温宗勇主编；第二章总结了村庄规划的理念和方法，由周宇主编；第三章是村庄规划的相关内容，由年跃刚主编；第四章是村庄规划的信息化方法，由白立舜主编；第五章是村庄规划的评估及实施要求，由唐长增主编；第六章是参编单位及相关合作单位提供的村庄规划案例精选。本书编写时间较紧，不当之处在所难免。希望读到此书的业内人士提出意见和建议，再版时一并改正。

主编小组

2021 年 6 月

目　录

第一章 新时代生态文明背景下的村庄规划政策解读

第一节 村庄规划定位

一、村庄规划是法定规划

1993 年国务院令第 116 号《村庄和集镇规划建设管理条例》中表述村庄是指农村村民居住和从事各种生产的聚居点，并从法规层面提出了"村庄规划"。村庄规划是指导在规划区内进行居民住宅、村企业、村公共设施和公益事业的建设计划和实施规划，村庄规划包括村庄总体规划和村庄建设规划两个阶段[1]。

2008 年 1 月 1 日起施行的《中华人民共和国城乡规划法》（简称《城乡规划法》）第二条提出，本法所称城乡规划，包括城镇体系规划、城市规划、镇规划、乡规划和村庄规划[2]，村庄规划被正式纳入《城乡规划法》，明确了村庄规划的法律地位、法律基础和基本框架。

自 1949 年新中国成立至 2020 年，我国城镇化水平从 10% 迅速提升到 63.89%（国务院第七次全国人口普查数据）。相应的规划沿革归纳起来可分为以下几个阶段：第一阶段，1949 年 10 月到 20 世纪 80 年代，城市规划作为一项政府职能，逐步从停滞状态到不断完善。第二阶段，1990 年 4 月颁布实施的《中华人民共和国城市规划法》，90 年代确立设市和设镇体制，城镇化快速发展。第三阶段，21 世纪初城镇化发展和反思阶段。2004 年中央一号文件对"三农"工作加以强调，提出"促进农民增加收入"；2005 年 10 月，中国共产党第十六届五中全会提出"美丽乡村"建设；2007 年 10 月中共十七大，提出"统筹城乡发展，推进社会主义新农村建设"。第四阶段，2008 年《中华人民共和国城乡规划法》颁布，确立了村庄规划的法定地位，逐步将农村空间纳入城乡整体统筹计划中。2012 年 11 月和 12 月先后经历了中共十八大"美丽中国"和中央一号文件"美丽乡村"建设目标提出。第五阶段，2014 年至今，农村建设的快速发展阶段。开始在每年的中央一号文件中专项表述"农村人居环境整治"工作；2018 年 2 月和 9 月中共中央办公厅、国务院办公厅分别印发了《农村人居环境整治三年行动方案》《乡村振兴战略规划（2018—2022 年）》。2019 年为促进乡村振兴战略深入实施，根据《中共中央　国务院关于建立国土空间规划体系并监督实施的若干意见》和《中共中央　国务院关于坚持农业农村优先发展做好"三农"工作的若干意见》等文件精神，2019 年 5 月 29 日自然资源部下发了《关于加强村庄规划促进乡村振兴的通知》[3]，第一项总体要求中再次强调"村庄规划是法定规划，是国土空间规划体系中乡村地区的详细规划，是开展国土空间开发保护活动、实施国土空间用途管制、核发乡村建设项目规划许可、进行各项建设等的法定依据。"

村庄规划是法定规划，规划区具体范围由有关人民政府在组织编制的村庄规划中，根据城乡经济社会发展水平和统筹城乡发展的需要划定，并与土地利用总体规划相衔接；2019 年 4 月 23 日第十三届全国人民代表大会常务委员会第十次会议通过的《关于修改〈中华人民共和国建筑法〉等八部法律的决定》（第二次修正）中《中华人民共和国城乡规划法》（2019 年修正）第七条经依法批准的城乡规划，是城乡建设和规划管理的依据，未经法定程序不得修改。2020 年 1 月实施的《中华人民共和国土地管理法》（2019 年修订）第二十一条，将城市总体规划、村庄和集镇规划同时提出配合土地利用总体规划，即明确提出"城市总体规划、村庄和集镇规划，应当与土地利用总体规划相衔接，城市总体规划、村庄和集镇规划中建设用地规模不得超过土地利用总体规划确定的城市和村庄、集镇建设用地规模。"村庄规划是法定规划，根据法定规划的目标对象、审批单位、法律程序等，村庄规划的界定符合要求。首先村庄规划的对象是村庄，村庄规划范围为村域全部国土空间；其次，村庄规划的组织者是政府，即城乡规划法第二条中的有关人民政府；再次，村庄规划是村庄建设的依据，未经法定程序不得修改；最后，村庄规划与土地利用总体规划等相关法定规划相互衔接。

二、村庄规划是详细规划

村庄规划是详细规划。《城乡规划法》第十八条提出村庄规划的内容，包括"规划区范围，住宅、道路、供水、排水、供电、垃圾收集、畜禽养殖场所等农村生产、生活服务设施、公益事业等各项建设的用地布局、建设要求，以及对耕地等自然资源和历史文化遗产保护、防灾减灾等的具体安排。"这是按上位规划（乡规划）的要求，确定村庄的位置、性质、规模和发展方向，村庄的交通、供水、供电、商业、绿化等生产和生活服务设施的配置，同时为建筑设计提供依据。

《关于加强村庄规划促进乡村振兴的通知》中提出村庄规划"是国土空间规划体系中乡村地区的详细规划"，是乡村振兴规划体系下的乡村振兴实操手册。在空间规划体系下，村庄规划是"五级三类"（五级：国家级、省级、市级、县级、乡镇级；三类：总体规划、详细规划、相关的专项规划）中的详细规划，主要是作为城镇开发边界外的国土空间管理管控抓手和依据。详细规划分为控制性详细规划和修建性详细规划。在《城乡规划法》实施过程中，各省、自治区、直辖市及新疆生产建设兵团等地发布了相关的实施意见，如上海市人民政府办公厅转发上海市规划国土资源局《关于推进本市乡村振兴做好规划土地管理工作实施意见（试行）》的通知中提到，要完善乡村规划衔接、促进规划实施落地。为此，需要：构建规划层次简化、规划界面明晰、规划引导统一的乡村规划体系；合并编制郊野单元规划和村庄规划，实施规土融合、生产生活生态合一的行动规划机制；发挥郊野单元（村庄）规划作为城市开发边界外乡村地区引领发展、指导建设、优化布局的实施性作用，统筹优化村庄建设的各类用地布局。总之，坚持多方参与、凝聚共识、共绘蓝图的路径，按照《上海市乡村规划导则》和《上海市郊野乡村风貌规划设计和建设导则》等要求，加快推进郊野单元（村庄）规划编制，深化村庄设计和实施落地[4]。

三、村庄规划是实用性规划

村庄规划是编制"多规合一"的实用性村庄规划。村庄要整合村土地利用规划、村庄建设规划等乡村规划，实现土地利用规划、城乡规划等有机融合，结合县和乡镇级国土空间规划编制，通盘考虑农村土地利用、产业发展、居民点布局、人居环境整治、生态保护和历史文化传承等，落实乡村振兴战略，优化村庄布局。同时，编制"多规合一"的实用性村庄规划，还要求有条件、有需求的村庄应编尽编。

村庄规划是解决乡村发展实际问题的实用性村庄规划。村庄规划是得益于多年实践规划经验，在国家建设史上多有记载，其中最具典型性的是，2003年各地区各部门按照中央的要求，加大了解决"三农"问题的力度，因此，抵御住了突如其来"非典"疫情的严重冲击，克服了多种自然灾害频繁发生的严重影响，实现了农业结构稳步调整，农村经济稳步发展，农村改革稳步推进，农民收入稳步增加，农村社会继续保持稳定[5]。立足解决"三农"问题，是实用性的关键。2004年中央一号文件，第一次以"三农"为主题，提出《中共中央 国务院关于促进农民增加收入若干政策的意见》。[6]之后连续几年，我国在农村人居环境治理方面取得了一定的成绩，如江西省赣州市村庄整治、浙江省海宁市盐官镇和丽水市松阳县美丽乡村规划、安徽省美好乡村建设规划等都提出注重科学实用规划，关注其实用性和可实施性。

村庄规划是实用性规划也来自对实践的反思。村庄规划是能对接村庄管理和实施的，体现在"有用，好用，管用"。在对不同地区的《村庄规划编制技术指南》中关于村庄规划的类型进行梳理，总结出特色保护类村庄、城郊融合类村庄、集聚提升类村庄、拆迁撤并类村庄和其他类村庄，再对不同类型的村庄进行总结经验，并分类实施。

村庄规划是得到村民认可实施的实用性村庄规划。《城乡规划法》第十八条"村庄规划应当从农村实际出发，尊重村民意愿，体现地方和农村特色"；第二十二条"村庄规划在报送审批前，应当经村民会议或者村民代表会议讨论同意"，从中可清晰看到村庄规划从基础上重视村民本身对规划的认可度，强调规划的实用性。

第二节　生态文明新时代

一、人类文明新阶段

保护自然就是保护人类，建设生态文明就是造福人类[7]。生态文明思想体现了以人为本、人与自然和谐为核心的生态理念和绿色为导向的生态发展观。回顾中华人民共和国发展的不同时期可以看出，生态文明是我国继农业文明、工业文明之后的又一新阶段，生态文明也是人类文明的新阶段。

1949年后我国的生态文明建设经历了较长时间的探索和确立期，大致分为五个阶段：新中国绿色建设的探索期、生态文明领域基本国策的确立期、可持续发展战略的推进期、生态文明的规划期、新时代生态文明的攻坚期[8]。在生态文明的各个时期里，中共十七大、十八大、十八届三中全会、十九大都对我国生态文明建设起到了显著的推动作用。自中共十二大到十五大的社会主义物质文明建设和精神文明建设，中共十六大的社会主义政治文明，中共十七大首次提出生态文明，"生态环境质量明显改善，生态文明观念在全社会牢固树立"，这是中国共产党科学发展、和谐发展理念的一次升华。

2012年党的十八大报告再次提出大力推进生态文明建设，坚定不移沿着中国特色社会主义道路前进，全面落实经济建设、政治建设、文化建设、社会建设、生态文明建设"五位一体"总体布局。2013年党的十八届三中全会在制度变革和体制创新上实施了有效的举措，特别提出了"赋予农民更多财产权利"和"要加快建立生态文明制度"，这不仅是中国可持续发展的重大改革，也是中国作为负责任大国对世界作出的庄严承诺和重大贡献[8]。

党的十八届三中全会后，国家抓紧进行了生态文明体制改革顶层设计。2015年4月和9月，中共中央、国务院先后出台《关于加快推进生态文明建设的意见》（以下简称《意见》）和《生态文明体制改革总体方案》（以下简称《总体方案》），系统部署推进生态文明建设特别是体制改革工作[9]。2017年党的十九大报告中提出了更高层面的目标"加快生态文明体制改革，建设美丽中国"和"实施乡村振兴战略"。这些促进"生态文明"和"自然资源保护"的思想最终推动了2018年"自然资源部"的成立，2019年自然资源部办公厅印发《关于加强村庄规划促进乡村振兴的通知》中促进落实，在工作原则的"五个坚持"①中，首要坚持的就是"坚持先规划后建设，通盘考虑土地利用、产业发展、居民点布局、人居环境整治、生态保护和历史文化传承"，工作任务中明确要统筹生态保护修复、落实生态保护红线、推动生态农业发展。

在人类文明新阶段下，把农村丰富的生态资源转化为农民致富的绿色产业，把生态环境优势转化为生态农业、生态工业、生态旅游等生态经济的优势，使绿水青山变成金山银山。通过生产全程控制的绿色制造，形成资源节约型、生态环保型的制造业发展新格局。

随着我国社会主要矛盾发生变化，人民群众对优美生态环境的需要成为这一矛盾的重要方面，广大人民群众热切期盼加快提高生态环境质量。因此，必

① 坚持先规划后建设，通盘考虑土地利用、产业发展、居民点布局、人居环境整治、生态保护和历史文化传承。坚持农民主体地位，尊重村民意愿，反映村民诉求。坚持节约优先、保护优先，实现绿色发展和高质量发展。坚持因地制宜、突出地域特色，防止乡村建设"千村一面"。坚持有序推进、务实规划，防止一哄而上，片面追求村庄规划快速全覆盖。

须把生态文明建设摆在全局工作的突出地位，积极回应人民群众所想、所盼、所急，大力推进生态文明建设[10]。生态环境没有替代品，用之不觉，失之难存。必须坚持节约优先、保护优先、自然恢复为主的方针，坚定不移走生产发展、生活富裕、生态良好的文明发展道路，建设人与自然和谐共生的现代化家园，建设"望得见山、看得见水、记得住乡愁"的美丽中国。只有认清生态文明是人类文明新阶段这一重要思想，才可以让良好生态环境成为人民幸福生活的增长点，把建设美丽中国转化为全体人民自觉的行动。

二、人与自然是生命共同体

人与自然协调发展，共同创建生态和谐的生命共同体[11]。党的十九大指出，人与自然是生命共同体，人类必须尊重自然、顺应自然、保护自然。"人与自然是生命共同体"的理念告诉我们，生态环境是人类生存最为基础的条件，是我国持续发展最为重要的基础，建设绿色家园也是各国人民的共同梦想。

人类是自然界的重要组成部分，自然界先于人类而存在，自然界具有不依赖于人类的内在创造力，它创造了地球上适合于生命生存的环境和条件，创造了各种生物物种以及整个生态系统[12]。人作为自然存在物，依赖于自然界，自然界为人类提供赖以生存的生产资料和生活资料。人因自然而生，人与自然是一种共生关系，人类发展活动必须尊重自然、顺应自然、保护自然，这是人类必须遵循的客观规律。

纵观人类文明发展史，工业化进程创造了前所未有的物质财富，也产生了难以弥补的生态创伤。杀鸡取卵、竭泽而渔的发展方式走到了尽头，顺应自然、保护生态的绿色发展昭示着未来。保护生态环境、应对气候变化需要世界各国同舟共济、共同努力，任何一国都无法置身事外、独善其身。我国主张加快构筑尊崇自然、绿色发展的生态体系，共建清洁美丽世界。生态是统一的自然系统，是相互依存、紧密联系的有机链条。我们要用系统论的思想方法看问题，从系统工程和全局角度寻求新的治理之道。统筹山水林田湖草沙系统治理，一定要算大账、算长远账、算整体账、算综合账。如果因小失大、顾此失彼，最终必然对生态环境造成系统性、长期性破坏。因此，要按照生态系统的整体性、系统性及其内在规律，统筹考虑自然生态各要素、山上山下、地上地下、陆地海洋以及流域上下游，进行整体保护、系统修复、综合治理，增强生态系统循环能力，维护生态平衡。

中华传统文化中"天人合一"哲学思想体系的核心是视人与自然为一个生命共同体和道德共同体，以实现人与自然的和谐为最高理想。正如老子所言："人法地，地法天，天法道，道法自然。"宇宙自然是大天地，人则是一个小天地。人和自然在本质上是相通的，故一切人事均应顺乎自然规律，达到人与自然和谐。人类只有遵循自然规律才能有效防止在开发利用自然上走弯路，人类对大自然的伤害最终会伤及人类自身，这是无法抗拒的规律。人与自然的共生关系决定了如果人的行为违背自然发展规律，必然受到自然的惩罚。正如恩格斯指出的，如果说人靠科学和创造性天才征服了自然力，那么自然力也对人进行报复，按人利用自然力的程度使人服从一种真正的专制，而不管社会组织如何。因此，坚持"人与自然是生命共同体"的理念，是对人民群众、对子孙后代负责任的表现。

人与自然是生命共同体，推动人与自然的和谐共生是国家富强、民族复兴、人民幸福、人类永续发展的前提。环境保护和生态建设是新时代中国特色社会主义的重要内容，关系到社会和谐、政治稳定，关系到全面建成小康社会和中华民族伟大复兴中国梦的实现。

党的十九大报告提出，我们要建设的现代化是人与自然和谐共生的现代化，既要创造更多物质财富和精神财富以满足人民日益增长的对美好生活的需要，也要提供更多优质生态产品以满足人民日益增长的优美生态环境需要；要牢固树立社会主义生态文明观，推动形成人与自然和谐发展现代化建设新格局，为保护生态环境作出我们这代人的努力[13]。报告对当前和今后一个时期的生态文明建设进行了全面部署，明确了总体设计、组织领导、路线图、时间表和落实的着力点。贯彻新发展理念，推动形成绿色发展方式和生活方式。我们在经济社会发展取得历史性成就的同时也累积了大量的生态环境问题。这些问题已经成为制约全面建成小康社会目标实现的短板。贯彻新发展理念[14]，正确处理经济发展和生态环境保护的关系，把生态环境保护放在尤其突出的位置，补好生态文明建设的短板，推动形成绿色发展方式和生活方式，这是我们必须遵循的社会主义建设规律。

人与自然是命运共同体，建设绿色家园是人类的共同梦想。保护生态环境是全球面临的共同挑战和共同责任。我国主张加快构筑尊崇自然、绿色发展的生态体系，共建清洁美丽的世界，已成为全球生态文明建设的重要参与者、贡献者、引领者。我国正在深度参与全球环境治理，积极引导国际秩序变革方向，引导应对气候变化国际合作，探索一条生产发展、生活富裕、生态良好的文明发展道路，这将是我们为解决人类社会发展难题作出的重大贡献，不仅体现了大国担当，也是为世界环境保护和可持续发展提供的中国智慧和中国方案[15]。

三、建设美丽中国

党的十八大报告首次专章论述生态文明，首次提出"推进绿色发展、循环发展、低碳发展"和"建设美丽中国"[16]。报告指出建设生态文明，是关系人民福祉、关乎民族未来的长远大计。面对资源约束趋紧、环境污染严重、生态系统退化的严峻形势，我们必须树立尊重自然、顺应自然、保护自然的生态文明理念，把生态文明建设放在突出地位，融入经济建设、政治建设、文化建设、社会建设各方面和全过程，努力建设美丽中国，实现中华民族永续发展[17]。推进生态文明、建设美丽中国，这是着眼于关系人民福祉、关乎民族未来发展的长远大计、根本之策[18]。

党的十八大报告将推进生态文明建设独立成篇集中论述，系统地提出了今后五年大力推进生态文明建设的总体要求，强调要把生态文明建设放在突出地位，要纳入社会主义现代化建设总体布局。报告中"美丽中国"的概念一经提出，立即引起强烈的反响和共鸣。这是中国共产党人对当今世界和当代中国发展大势的深刻把握和自觉认知，是执政理念的新发展，也彰显了中华民族对子孙、对世界负责的精神。建设美丽中国，树立生态文明理念是前提，因而"美丽中国"首重生态文明的自然之美。从"人定胜天"的万丈豪情到"必须树立尊重自然、顺应自然、保护自然的生态文明理念"再到可感、可知、可评价的"美丽中国"，说明我们党的执政理念越来越尊重自然，越来越尊重人民感受。改革发展让我们摆脱贫困，走向小康，但是强大富裕而牺牲环境质量并不是"美丽中国"的目标。中华文化最强调天地人的和谐相处，既要金山银山，也要绿水青山——这是人民群众对"美丽中国"的最直观解读。

要促进经济社会与环境资源可持续发展，就要求我们必须正确处理好经济发展与环境之间的关系，推进生态文明建设，离不开制度做保障[19]。美丽好比人的形象气质，美丽中国就是国家的气质，这种气质必须要有生态文明的制度建设做保障。因此，完善生态文明制度体系，提升生态环境治理效能是工作的重点。习近平总书记指出："保护生态环境必须依靠制度、依靠法治""让制度成为刚性的约束和不可触碰的高压线"。生态文明制度体系建设，是坚持和完善中国特色社会主义制度、推进国家治理体系和治理能力现代化的重要组成部分。我们必须加快构建源头预防、过程控制、损害赔偿、责任追究的生态环境保护体系以及党委领导、政府主导、企业主体、社会组织和公众共同参与的现代环境治理体系。

在建设美丽中国的过程中也应着力构建生态环境治理体系。统筹考虑"十四五"时期生态环境改善要求，兼顾 2035 年乃至 21 世纪中叶美丽中国的建设目标，科学谋划中长期生态环境保护重大战略。推动落实关于构建现代环境治理体系的指导意见，构建以排污许可制①为核心的固定污染源监管制度体系，健全生态环境监测和评价制度；支持国家绿色发展基金运营；加强生态环境科技创新与成果转化；积极推进生态环境法律法规的修订，加快建立生态环境保护综合行政执法体制，严厉打击群众反映强烈的生态环境违法犯罪行为[20]；推进现代感知手段和大数据运用，提高生态环境监管水平，把建设美丽中国转化为全民自觉行动，促进生态保护稳步推进，为建设绿色美好家园迈出坚实步伐。

当"美丽中国"理念开始逐步落实时，"美丽乡村"的建设也成为支持美丽中国梦的基本保障。2005 年 10 月党的第十六届五中全会提出"社会主义新农村"建设"生产发展、生活宽裕、乡风文明、村容整洁、管理民主"具体内容和要求，"村庄建设"奠定了党的十八大提出"美丽中国"的基础。在 2013 年中央一号文件中提出了建设"美丽乡村"的目标，国家农业部启动"美丽乡村"创建活动，2014 年正式对外发布美丽乡村十大模式②，2015 年开始召开"美丽乡村"论坛，并相继出现了"美好乡村""美丽休闲乡村"等评比和推介活动。2021 年"美丽乡村"工作也成为《"美丽中国，我是行动者"提升公民生态文明意识行动计划（2021—2025 年）》的重要组成部分。

---

① 党的十九届四中全会审议通过的《中共中央关于坚持和完善中国特色社会主义制度、推进国家治理体系和治理能力现代化若干重大问题的决定》明确提出，构建以排污许可制为核心的固定污染源监管制度体系。按照"先试点、后推开，先发证、后到位"的总要求，积极推动排污许可制度改革，对固定污染源实施"一证式"管理。

② 产业发展型、生态保护型、城郊集约型、社会综治型、文化传承型、渔业开发型、草原牧场型、环境整治型、休闲旅游型、高效农业型。

第三节　乡村振兴战略解读

自改革开放之后，"三农"问题一直是党和国家的重点工作对象。从 2004 年至 2021 年连续发布以"三农"为主题的中央一号文件，强调了"三农"问题在中国社会主义现代化时期重中之重的地位。

解决我国的"三农"问题，要以习近平新时代中国特色社会主义思想为指导，全面贯彻党的十九大和十九届二中、三中、四中、五中全会以及中央经济工作会议精神，紧紧围绕统筹推进"五位一体"①总体布局和协调推进"四个全面"②战略布局，牢牢把握稳中求进工作总基调，落实高质量发展要求，坚持农业农村优先发展总方针，在全面建成小康社会之后，实施乡村振兴战略。

目前，我国发展已经进入了新时代，现阶段我国社会的主要矛盾已经转化为人民日益增长的对美好生活的需要和不平衡不充分发展之间的矛盾，而这种发展的不平衡不充分，突出反映在农业和乡村发展的滞后上。党的十九大报告提出要坚持农业农村优先发展，要加快推进农业农村现代化。没有农业农村现代化，就没有整个国家现代化。

党的十九大和中央农村工作会议提出全面实施乡村振兴战略，并将其提升到战略高度，写入党章，把农业农村工作摆在更加重要地位，就是为了从全局和战略高度统领未来国家现代化进程中的农业农村发展。在城乡二元结构仍较为明显的背景下，要促进农业农村现代化跟上国家现代化步伐，全面解决"三农"问题，必须牢牢把握农业农村优先发展和城乡融合发展两大原则，这同时也是为农业农村改革发展指明了航向。

一、二十字总要求

习近平总书记在党的十九大报告中明确提出"实施乡村振兴战略"，统领关于"三农"工作的部署，详细呈现从城乡统筹、城乡一体化到乡村振兴的发展过程。《中共中央　国务院关于实施乡村振兴战略的意见》（也称"2018 年中央一号文件"）也继续锁定"实施乡村振兴战略"工作[21]，必须要按照"产业兴旺、生态宜居、乡风文明、治理有效、生活富裕"二十字总要求来打造社会

---

① 2012 年 11 月 17 日至 11 月 23 日，党的十八大站在历史和全局的战略高度，对推进新时代"五位一体"总体布局作了全面部署，"五位一体"总体布局即经济建设、政治建设、文化建设、社会建设和生态文明的一体建设。
② 2014 年习总记提出，全面建成小康社会、全面深化改革、全面推进依法治国、全面从严治党，"四个全面"的要求。

主义新农村，实现乡村振兴，实现农业农村现代化的总目标[22]。编制实用性村庄规划是实施乡村振兴战略、落实产业振兴政策的技术保障。

产业兴旺，是实现乡村全面振兴的经济基础，也是推进经济建设的首要任务。从目前来看就是要在推进农业供给侧结构性改革和农村经济高质量发展的目标引领下，适应农业现代化建设新要求所提出的更高目标。因此，产业兴旺在内容、结构、组织、布局、功能等方面具有更丰富的多重价值要求，以培养农村发展新动能为主线，加快推进农业产业升级，提高农业的综合效益和竞争力。

生态宜居，是生态文明建设的重要任务。实现生态宜居的主要措施，概括为理念上要实现三大转变，抓手上要完成四大任务。理念上要实现三大转变：第一个就是要转变发展观念，把农村生态文明建设摆在更加突出的位置；第二个是要转变发展方式，要构建五谷丰登、六畜兴旺的绿色生态系统；第三个就是要转变发展模式，发展模式转变要健全以绿色生态为保障的农业政策。四个任务：一是在治理农业生态突出问题上要取得新成效；二是在加大农业生态系统保护力度上要取得新进展；三是在建立市场化、多元化的生态补偿机制上要取得新突破；四是在发展绿色生态新产业、新业态上迈出新步伐。

乡风文明，是加强文化建设的重要举措，在整个乡村振兴过程中，要特别注意避免过去的只抓经济、不抓文化的问题。换句话说，既要护"口袋"，也要护"脑袋"。实现乡风文明主要关注解决抓好几件事：第一，要加强农村的思想道德建设，立足传承中华优秀传统文化，增强发展软实力，更重要的是发掘继承、创新发展优秀乡土文化，这不仅是概念，还是产品产业；第二，要充分挖掘具有农耕特质、民族特色、区域特点的物质文化和非物质文化遗产；第三，要推行诚信社会建设，要强化责任意识、规则意识、风险意识；第四，要加强农村移风易俗工作，比如文明乡风、良好家风、淳朴民风；第五，要搞好农村公共服务体系，包括基础设施和公共服务。

治理有效，是加强农村政治建设的重要保障。要把乡村委员会、乡村村社体系建设问题，作为乡村建设的"牛鼻子"，建立和完善以党的基层组织为核心，村民自治和村务监督组织为基础，集体经济组织和农民合作组织为纽带，各种社会服务组织为补充的农村治理体系。要加强农村基层工作、农村基础工作，即"双基"工作。

生活富裕，是建设美丽社会和谐社会的根本要求。要让农民平等参与现代化进程，共同分享现代化的成果：一是要拓宽农民的收入渠道，促进农民致富增收；二是要加强农村基础设施建设，提高基层公共服务水平；三是要开展村庄的人居环境整治，推进美丽宜居乡村建设。

由此可见，乡村振兴是包括产业振兴、人才振兴、文化振兴、生态振兴、组织振兴的全面振兴，是"五位一体"总体布局、"四个全面"战略布局在"三农"工作的体现。它将促进农业全面升级、农村全面进步、农民全面发展，是乡村振兴的核心目的。

二、乡村振兴战略

随着我国经济社会的发展与城镇化的推进，城乡二元结构导致区域发展失衡，农村地区出现人口收缩、环境破败、产业凋敝以及土地荒废等现象，影响了乡村振兴目标的实现。在国土空间规划发展要求下，一方面通过要素流动与破除壁垒增强乡村吸引力；另一方面通过乡村振兴战略激发乡村发展活力，构建新时期乡村可持续发展道路与机制。因此，农村改革发展提出的新要求，抓重点、补短板、强基础，围绕"巩固、增强、提升、畅通"深化农业供给侧结构性改革，充分发挥农村基层党组织战斗堡垒作用，全面推进乡村振兴[23]。

《乡村振兴战略规划》指出乡村振兴包含了农村的经济、政治、文化、社会、生态和党的建设各个方面。中央农村工作领导小组办公室副主任、农业农村部副部长表示，已明确了至 2020 年全面建成小康社会和 2022 年召开党的二十大时的目标任务，细化了实施工作重点和政策举措。把党领导农村工作的传统、要求、政策等以党内法规形式确定下来，明确对农村工作的原则要求、工作范围和对象、机构职责、队伍建设等，确保乡村振兴的有效实施[24]。

2021 年 6 月 1 日开始实施的《中华人民共和国乡村振兴促进法》要求加快农业农村现代化、推进城乡融合发展，充分发挥乡村在保障农产品供给和粮食安全、保护生态环境、传承发展中华民族优秀传统文化等方面的特有功能，遵循以下原则：

1. 坚持农业农村优先发展，在干部配备上优先考虑，在要素配置上优先满足，在资金投入上优先保障，在公共服务上优先安排；

2. 坚持农民主体地位，充分尊重农民意愿，保障农民民主权利和其他合法权益，调动农民的积极性、主动性、创造性，维护农民根本利益；

3. 坚持人与自然和谐共生，统筹山水林田湖草沙系统治理，推动绿色发展，推进生态文明建设；

4. 坚持改革创新，充分发挥市场在资源配置中的决定性作用，更好地发挥政府作用，推进农业供给侧结构性改革和高质量发展，不断解放和发展乡村社会生产力，激发农村发展活力；

5. 坚持因地制宜、规划先行、循序渐进，顺应村庄发展规律，根据乡村的历史文化、发展现状、区位条件、资源禀赋、产业基础分类推进。

三、重塑城乡关系

乡村振兴的解决策略一方面在激活乡村内生动力，另一方面是优化城乡关系。重塑新型城乡关系，推动城乡融合发展，有助于促进乡村振兴和农村现代化，也是国家现代化的重要标志[25]。为此，我们要更新中央统筹、省负总责、市县抓落实的工作方式，建立城乡教育资源均衡配置机制、健全乡村医疗卫生服务体系、健全城乡公共文化服务体系、完善城乡统一的社会保险制度、统筹城乡社会救助体系、建立健全乡村治理机制、完善城乡融合发展政策体系，推动城乡要素自由双向流动与平等交换，为乡村振兴注入新动能。这既是提高经济效益、提升全员劳动生产率、降低交易成本的关键制度，又是提高社会运行效率、降低社会成本的重要制度。

针对城乡基础设施差距问题，新全球化智库秘书长表示，推动城乡交通等基础设施互联互通，是一些发达国家推动城乡融合发展的最直接措施，贯穿于城镇化的每个阶段。近年来，我国乡村基础设施建设取得了不小的进步，但与城市发展趋势相比仍然十分滞后。因此，必须把公共基础设施建设的重点放在乡村，坚持先建机制、后建工程，推动乡村基础设施提升档次，加快实现城乡基础设施的统一规划、统一建设、统一管护、统筹发展，促进资本下乡、促进城乡人才双向流动。

四、乡村振兴背景下的村庄规划

近年来，多个政府文件明确表明要在乡村振兴背景下实施村庄规划，如《中华人民共和国国民经济和社会发展第十四个五年规划和2035年远景目标纲要》明确要强化乡村建设的规划引领；《中共中央　国务院关于全面推进乡村振兴加快农业农村现代化的意见》要求加快推进村庄规划工作；2019年以来，自然资源部办公厅先后发布《关于加强村庄规划促进乡村振兴的通知》和《关于进一步做好村庄规划工作的意见》，指导各地有序推进"多规合一"实用性村庄规划编制。

（一）规划模式

乡村治理是国家治理的基石，没有乡村的有效治理，就没有乡村的全面振兴。实现乡村振兴，要从加强组织领导、建立协同推进机制、强化各项保障以及加强分类指导开始[26]。在充分尊重村民意见的基础上，多专业的规划设计团队和工程施工团队充分互动，促进乡村设计与建设的无缝衔接，推进乡村振兴从规划设计到建设一体化的工作模式。采用全民互评、公众互动新模式，促进农产品销售，提高农村收入。在此过程中，村庄理事会等村级以上组织对发生的冲突进行有效协调商议，为乡村发展提供有效保障。

（二）规划策略

尽管新时期的国土空间规划体系下的村庄规划已经发展到一定阶段，但与可持续发展为目标的村庄规划体系要求还有一定距离。

首先，应该理清村庄发展思路，具有全域统筹思维，自下而上与自上而下相结合。在国土空间规划的引领下，进行全域规划、整体设计、综合治理、多措并举，用"内涵综合、目标综合、手段综合、效益综合"的综合性整治手段进行整治。只有基于村庄发展的思路，才能明确乡村振兴各项任务的优先序列，才能做到"发展有遵循、建设有抓手"，才能统筹安排乡村各类资源，集中力量并突出重点地进行建设谋划。统筹村庄发展目标，农用地、低效建设用地优化和生态保护修复并举，促进耕地保护和土地集约节约利用，解决一二三产融合发展用地，改善农村生态环境，规划农村住房布局、村庄安全与防灾减灾，明确规划近期实施目标项目，全面助推乡村振兴[27]。

其次，空间规划与弹性策略相结合，把上位规划指标与乡村振兴发展需求刚弹结合。根据村庄定位和国土空间开发保护的实际需要，编制能用、管用、好用的实用性村庄规划，建立"多规合一"的国土空间规划体系并监督实施，有条件的村庄，应编尽编[28]。落实各类用地红线，明确生活、生产、生态空间管控，合理布置村镇设施，抓住村庄主要问题，聚焦重点，内容深度详略得当，不贪大求全。

最后，统筹建设国土空间规划"一张图"①实施监督信息系统。市县根据需

---

① "一张图"是系列空间数据在统一坐标系下叠加集成的可视化成果的形象说法。"某某一张图"是指解决"某某"专业问题，需要叠加其他数据才能更好地实现。如"村庄规划一张图"，解决的是村庄规划的问题，除了村庄规划数据，还需要叠加"现状一张图"的三调数据和地形地貌等数据、专题分析如双评价成果等数据、上位规划数据等。

求进行适当功能拓展，实现全省自上而下"一个标准、一个体系、一个接口"，形成全省国土空间规划"一张图"，服务于国土空间规划编制、审批、实施和监督全过程，为实现可感知、能学习、善治理和自适应的智慧型国土空间规划提供信息化支撑。在编制和审查过程中应做好与有关国土空间总体规划的衔接及"一张图"的核对，不得违背国土空间总体规划强制性内容，相关专项规划要相互协同，主要内容应纳入详细规划。批复后应纳入同级国土空间基础信息平台，叠加到国土空间规划"一张图"上。

（三）乡村规划、建设、运营一体化村庄规划

乡村规划、建设、运营一体化村庄规划，称为"乡村振兴专项规划"。在乡村振兴一体化建设的过程中，运营必须以实施为突破口，延长相关合作产业链，维持乡村规划生态链的有序推进，促进可持续发展。

首先，紧紧依托村党组织和村民委员会，组成村庄规划编制工作组。村两委是村庄规划实施的重要层次，规划编制、村民诉求协调和规划实施运营等一系列工作，都离不开村两委的积极组织和主动工作。因此，村庄规划编制工作组要吸收村两委和村民代表，和乡镇党委政府、县（市）政府有关部门和规划设计单位一道，编制好能够落地的规划方案。

对乡村振兴先行有效的示范村庄，进行经验交流分享，邀请相关专家学者、组织者、政府人员、村镇领导等，开展乡村振兴相关培训班、学术研讨会以及现场考察活动，高效学习实用性经验，村两委结合自身村庄问题，有针对性地进行借鉴学习。

其次，探索规划、建设、运营一体化，对于投资乡村建设的企业需要加以积极引导，共同参与村庄规划工作，结合地方实际，把规划过程、建设过程和运营管理结合起来，达到效率效益和社会公平有机结合，充分发挥各方主动性、积极性。加强乡村与社会企业的交流合作，从源头解决建设资金投资的问题，还能促进现代化生产，解放劳动生产力，为一部分乡村剩余劳动力提供就业机会。

总之，乡村振兴专项规划是基于全省乡村建设规划情况，以科技为动力，有针对性地完善乡村规划编制体系，收集整合现有资源并进行分类分级评估，建立乡村资源数据库，实施国土空间用途管制和乡村区域各项建设的许可管理[29]；建立健全农村宅基地管理机制[30]，牢固树立依法规划意识，依法加强村庄规划编制审批管理；强化国土空间用途管控。严格控制新增宅基地占用农用地，特别是耕地，严禁占用永久基本农田。省级自然资源主管部门要会同农业农

村主管部门，根据本区域设施农业生产实际，制定具体实施办法，进一步细化设施农业用地范围、明确用地规模、细化用地取得程序。在制定实施办法时，应注意与以往政策的衔接，妥善处理好已建和在建设施问题，确保政策平稳过渡。

第四节　国土空间新格局

一、自然资源全统筹

2018年自然资源部的成立带动着我国自然资源全面统筹和空间规划的统筹管理，为统一行使全民所有自然资源资产所有者的职责，统一行使所有国土空间用途管制和生态保护修复的职责，着力解决自然资源所有者不到位、空间规划重叠等问题，实现山水林田湖草整体保护、系统修复、综合治理。其主要职责是对自然资源开发利用和保护进行监管，建立空间规划体系并监督实施，履行全民所有各类自然资源资产所有者职责等[31]。

自然资源作为天然存在的自然物，是人类生存和发展的重要物质基础。新中国成立以来，我国主要是将自然资源视作农业、林业、牧业、副业、渔业、工业资源，相应的管理机构也分设于不同的管理部门，直到1998年国土资源部组建时将土地、矿产管理进行组合；2018年自然资源部的成立不仅明确了全民所有自然资源，同时可以基于国土空间的角度统筹进行管制和保护，奠定了基于国土空间规划的自然资源保护体系。

我国空间规划调整优化经历了地方政府主推的土地利用总体规划和城市总体规划等的"两规合一"，到2014年的国家发改委、国土部、住建部、环保部①等四部委共同提出并着力推进的国民经济和社会发展规划、城乡规划、土地利用规划、环境保护、文物保护、林地与耕地保护、综合交通、水资源、文化与生态旅游资源、社会事业规划等"多规合一"，再到2017年的构建"空间规划"体系这几个阶段，空间规划的起点是"统一的底图、统一的底数、统一的底线"，终点将是"统一的空间方案、统一的用途管制、统一的管理事权"[32]。2019年落实《中共中央　国务院关于建立国土空间规划体系并监督实施的若干意见》（简称《若干意见》），将主体功能区规划、土地利用规划、城乡规

---

① 发改委：发展和改革委员会简称；国土部：国土资源部简称；住建部：住房和城乡建设部简称；环保部：环境保护部简称（2018年环保部撤销）。

划等空间规划融合为统一的国土空间规划，强化国土空间规划对各专项规划的指导约束作用，并做好各类空间规划的衔接协同；2020 年 7 月，全国自然资源与国土空间规划标准化技术委员会成立，我国规划界迎来了国土空间的新时代[33-36]。

二、五级三类四体系

2019 年 5 月 27 日，国务院新闻办公室在举行《若干意见》的发布会上，归纳若干意见内容为"五级三类四体系"。"五级"是指从纵向看，对应我国的行政管理体系，分五个层级，就是国家级、省级、市级、县级、乡镇级。"三类"是指规划的类型，分为总体规划、详细规划、相关的专项规划。"四体系"是指国土空间规划体系分为规划编制审批体系、规划实施监督体系、法规政策体系、技术标准体系，由此，我国正式开始建立国土空间规划体系。

从纵向我国行政管理体系，形成国家级国土空间规划、省级国土空间规划、市级国土空间规划、县级国土空间规划、乡镇级国土空间规划的五级。其中国家级规划侧重战略性，省级规划侧重协调性，市县级和乡镇级规划侧重实施性。

国家级国土空间规划是宏观尺度综合性区域规划，包括全国空间规划、跨省特别地区规划，甚至跨国的空间规划，如全国主体功能区规划、长江经济带规划、京津冀规划、粤港澳大湾区规划、黄河流域国土空间规划及"一带一路"空间规划等。

省级国土空间规划，横向上，要统筹省级有关部门的空间性规划，明确各部门的空间管制边界与职责；纵向上，要落实国家和区域总体战略意图，提出对下位规划的控制与引导，保障省级国土空间规划的底线约束与刚性要求的有效传导。

市级国土空间规划是地市为实现"两个一百年"奋斗目标制定的空间发展蓝图和战略部署，是城市落实新发展理念、实施高效能空间治理、促进高质量发展和高品质生活的空间政策，是市域国土空间保护、开发、利用、修复的行动纲领。大多市级国土空间规划都体现了重视基础调查工作和双评价工作，强调区域责任、使命担当和全域全覆盖的规划控制，关注高质量发展和重视信息平台建设。

县级国土空间规划位于"五级"规划体系的实施层，主要任务是对上级国土空间规划的要求进行细化和落实，其主要任务就是落实上级规划各项主要目标，统一行使对县域内自然资源资产的管理职责。如四川省自然资源厅编制出台了《四川省市县国土空间规划总体规划编制办法》，在四川省遂宁市大英县国土空间总体规划中注意"优地优用""低效优用""存量优用""劣地优用"，争取更多的土地规划指标、科学传导乡镇土地规划指标将成为实现县级国土空间规划土地集约节约利用的有效保障[37]。

乡镇级国土空间规划是对上级国土空间总体规划要求的细化落实和具体安排，兼顾管控与引导，侧重实施性，是制定乡镇空间发展策略、开展国土空间资源保护利用修复和实施国土空间规划管理的空间蓝图，是乡镇进行空间治理的工具[38]。

村庄规划是城镇开发边界外的详细规划，对接乡镇级规划。

"三类"指规划类型，分为总体规划、详细规划、相关的专项规划。总体规划强调综合性，详细规划强调实施性，相关的专项规划强调专业性。各类规划形成一张底图，支撑国土空间规划编制[39-41]。

总体规划强调的是规划的综合性，是对一定区域，如行政区全域范围涉及的国土空间保护、开发、利用、修复做全局性的安排。如《广州市国土空间总体规划（2018—2035年）》中关于保护山水林城田海，涵盖古城、岭南中心、我国古代海上丝绸之路发祥地、近现代革命策源地等内容，开发粤港澳大湾区，利用现有山水城资源推动城市发展的同时，规划通山达海的生态空间网络，促进自然资源统筹修复。

详细规划强调实施性，一般是在市县以下组织编制，是对具体地块用途和开发强度等作出的实施性安排。详细规划是开展国土空间开发保护活动，包括实施国土空间用途管制、核发城乡建设项目规划许可，进行各项建设的法定依据。在城镇开发边界外，将村庄规划作为详细规划，进一步规范了村庄规划。

专项规划强调的是专门性，一般是由自然资源部门或者相关部门来组织编制，可在国家级、省级和市县级层面进行编制，特别是对特定的区域或者流域，为体现特定功能对空间开发保护利用作出的专门性安排。它包括交通、乡村振兴、绿化、应急等专项规划。

"四体系"是国土空间规划体系分为四个子体系：按照规划流程可以分成规划编制审批体系、规划实施监督体系；从支撑规划运行角度有两个技术性体系，一是法规政策体系，二是技术标准体系。其中，规划编制审批体系和规划实施监督体系包括从编制、审批、实施、监测、评估、预警、考核、完善等完整闭环的规划及实施管理流程；法规政策体系和技术标准体系是两个基础支撑。

第五节　村庄规划新任务

村庄规划是国土空间规划中的详细规划，规范村庄规划是后续村庄建设的基础。我国各省市陆续出台了"村庄规划编制导则""村庄规划编制办法"等内容，旨在遵循国土空间规划等上位规划和落实村庄建设可实施性。

一、规划编制管理要求

2019 年 5 月 29 日，自然资源部办公厅印发《关于加强村庄规划促进乡村振兴的通知》（简称《通知》），对地方加强村庄规划编制和管理提出明确要求。明确了村庄规划定位，开展"五个坚持"的工作原则，设定"四个层次"[①] 工作目标，承担"八个统筹+一个明确"[②]的工作任务，建立"两个政策"支持[③]，提出"四个编制要求"[④]，加强"三个组织实施"[⑤]。以《通知》为指导和要求的内容，具体指导了各省"村庄规划编制指南"和"村庄规划导则"，其工作原则根据各省情况形成不同的特色（表 1-1）。在《通知》的指导下，各省的编制指南都提出了对应的管理要求，如海南村庄规划编制技术导则中提出来的"编制要求、规划内容要求、规划成果要求"等内容[42]。

二、"多规合一"，简单实用

国土空间规划是国家空间发展的指南、可持续发展的空间蓝图，是各类开发保护建设活动的基本依据。建立国土空间规划体系并监督实施，将主体功能

---

① "四个层次"：其一，力争到 2020 年底，结合国土空间规划编制在县域层面基本完成村庄布局工作，有条件、有需求的村庄应编尽编；其二，暂时没有条件编制村庄规划的，应在县、乡镇国土空间规划中明确村庄国土空间用途管制规则和建设管控要求，作为实施国土空间用途管制、核发乡村建设项目规划许可的依据；其三，对已经编制的原村庄规划、村土地利用规划，经评估符合要求的，可不再另行编制；其四，需补充完善的，完善后再行报批。

② "八个统筹+一个明确"：统筹村庄发展目标、统筹生态保护修复、统筹耕地和永久基本农田保护、统筹历史文化传承与保护、统筹基础设施和基本公共服务设施布局、统筹产业发展空间、统筹农村住房布局、统筹村庄安全和防灾减灾；明确规划近期实施项目。

③ "两个政策"：优化调整用地布局和探索规划"留白"机制。

④ "四个编制要求"：强化村民主体和村党组织、村民委员会主导；开门编规划；因地制宜，分类编制；简明成果表达。

⑤ "三个组织实施"：加强组织领导，严格用途管制，加强监督检查。

区规划、土地利用规划、城乡规划等空间规划融合为统一的国土空间规划，实现"多规合一"，强化国土空间规划对各专项规划的指导约束作用，是党中央、国务院作出的重大部署[43]。

表 1-1　各省村庄规划编制指南列表

村庄规划编制指南	工 作 原 则
促进乡村振兴通知（编制管理要求）	(1) 坚持先规划后建设；(2) 坚持农民主体地位；(3) 坚持节约优先和保护优先；(4) 坚持因地制宜和突出特色；(5) 坚持有序推进和务实规划
宁 夏	(1) "多规合一"、全域统筹；(2) 底线约束，绿色发展；(3) 因地制宜，彰显特色；(4) 明确方向，突出重点；(5) 尊重民意，多方参与
山 东	(1) "多规合一"、统筹安排；(2) 保护生态、绿色发展；(3) 优化布局、节约集约；(4) 传承文化、突出特色；(5) 尊重民意、简明实用
河 北	(1) 分类推进，"多规合一"；(2) 生态宜居，产业兴旺；(3) 全域管控，节约集约；(4) 保护优先，突出特色；(5) 尊重民意，简明实用
北 京	(1) 尊重村民意愿，实现多方协作；(2) 强化多规协调，落实"两线三区"①；(3) 注重因地制宜，分区分类引导；(4) 保护传统风貌，传承村庄文化；(5) 集约节约资源，落实统筹减量；(6) 激发村庄活力，切实指导实施；(7) 试点先行先试，统筹有序推进
海 南	(1) 因地制宜、分类推进；(2) 生态文明、保护优先；(3) 以人为本、注重实效；(4) 突出特色、凸显风貌
四 川	(1) "多规合一"、统筹安排；(2) 保护生态、传承文化；(3) 优化布局、节约集约；(4) 体现民意、突出特色
云 南	(1) 坚持"多规合一"，规划引领；(2) 坚持节约集约、保护优先；(3) 坚持农民主体地位；(4) 坚持因村制宜、突出特色；(5) 坚持试点先行、循序渐进

国土空间规划背景下，国土空间规划是蓝图，"多规合一"是手段，村庄既是重点区域，也是热点区域，基于"多规合一"的三个阶段：政策合一、技术合一、实施合一，未来村庄规划的重点将着重从政策衔接、技术融合、实践落地三个方面显现[44]。

简单实用强调可理解和可操作，确保村民全程可参与、能参与；确保规划成果可操作、能操作。这就要求村庄规划是"一竿子插到底"的规划，包括了总体规划因素、详细规划内容以及设计和实施方案指引。

三、"三农"政策，持续关注

持续关注 2004 年以来的中央一号文件，总结"三农"政策经验，提出发展

---

① "两线"是指生态保护红线、永久基本农田保护红线。"三区"是生态控制区、集中建设区和限制建设区。

展望[45]（表1-2）。梳理自2004年以来的中央一号文件，形成围绕"十五"时期村庄规划——村庄集聚[46]；"十一五"时期村庄规划——社会主义新农村建设[47]；"十二五"时期村庄规划——城乡统筹背景下的村庄规划[48]；"十三五"时期农庄规划——美丽乡村规划与乡村振兴战略[49]；"十四五"要求全面推进乡村振兴二十五年的村庄规划发展变革，明确中央对"三农"工作的关注，逐步形成在符合国土空间规划前提下的"村庄整治""人居环境整治""村庄建设"等工作。

表1-2　2004—2021年中央一号文件中相关的村庄规划内容

年　份	村　庄　规　划　相　关　内　容
2004年	"促进种粮农民增加收入"；有条件的地方，要加快推进村庄建设与环境整治
2005年	"提高农业综合生产能力"；搞好乡镇土地利用总体规划和村庄、集镇规划，引导农户和农村集约用地
2006年	"全面深化农村改革——建设社会主义新农村"；加强村庄规划和人居环境治理，关注村庄基础设施建设、住宅设计与建设、村庄安全建设和突出乡村特色、地方特色、民族特色
2007年	"积极发展现代农业"；治理农村人居环境，搞好村庄治理规划和试点，节约农村建设用地
2008年	"抓好农业基础设施建设"；有序推进村庄治理，继续实施乡村清洁工程，开展创建绿色家园行动
2009年	"促进农业稳定发展"；抓紧编制乡镇土地利用规划和乡村建设规划，科学合理安排村庄建设用地和宅基地，根据区域资源条件修订宅基地使用标准
2010年	"加大统筹城乡发展力度"；有序开展农村土地整治，城乡建设用地增减挂钩要严格限定在试点范围内，周转指标纳入年度土地利用计划统一管理，农村宅基地和村庄整理后节约的土地仍属农民集体所有
2011年	"加快水利改革发展"；重点关注农村饮水安全、农田水利、农村河道综合整治、农村水电等内容
2012年	"加快推进农业科技创新持续增强农产品供给保障能力"
2013年	"加快发展现代农业，进一步增强农村发展活力"；科学规划村庄建设，严格规划管理，合理控制建设强度，注重方便农民生产生活，保持乡村功能和特色。制定专门规划，启动专项工程，加大力度保护有历史文化价值和民族、地域元素的传统村落和民居
2014年	"坚决破除体制机制弊端"，深化农村改革；开展村庄人居环境整治。加快编制村庄规划，推行以奖促治政策，以治理垃圾、污水为重点，改善村庄人居环境。制定传统村落保护发展规划，抓紧把有历史文化等价值的传统村落和民居列入保护名录，切实加大投入和保护力度

续表

年　份	村 庄 规 划 相 关 内 容
2015 年	"加大改革创新力度，加快农业现代化"；全面推进农村人居环境整治。完善县域村镇体系规划和村庄规划，强化规划的科学性和约束力。改善农民居住条件，搞好农村公共服务设施配套，推进山水林田路综合治理。完善传统村落名录和开展传统民居调查，落实传统村落和民居保护规划。鼓励各地从实际出发开展美丽乡村创建示范。有序推进村庄整治，切实防止违背农民意愿大规模撤并村庄、大拆大建
2016 年	"落实发展新理念加快农业现代化，实现全面小康目标"；加强乡村生态环境和文化遗存保护，发展具有历史记忆、地域特点、民族风情的特色小镇，建设一村一品、一村一景、一村一韵的魅力村庄和宜游宜养的森林景区。开展农村人居环境整治行动和美丽宜居乡村建设。遵循乡村自身发展规律，体现农村特点，注重乡土味道，保留乡村风貌，努力建设农民幸福家园。科学编制县域乡村建设规划和村庄规划，提升民居设计水平，强化乡村建设规划许可管理
2017 年	"推进农业供给侧结构性改革，加快培育农业农村发展新动能"；深入开展农村人居环境治理和美丽宜居乡村建设。加快修订村庄和集镇规划建设管理条例，大力推进县域乡村建设规划编制工作。推动建筑设计下乡，开展田园建筑示范。
2018 年	"实施乡村振兴战略"；深化农村土地制度改革。在符合土地利用总体规划前提下，允许县级政府通过村土地利用规划，调整优化村庄用地布局，有效利用农村零星分散的存量建设用地；强化乡村振兴规划引领。制定国家乡村振兴战略规划（2018—2022 年）；各地区各部门要编制乡村振兴地方规划和专项规划或方案。持续改善农村人居环境。实施农村人居环境整治三年行动计划
2019 年	"农业农村优先发展做好'三农'工作"；抓好农村人居环境整治三年行动。深入学习推广浙江"千村示范、万村整治"工程经验；广泛开展村庄清洁行动。开展美丽宜居村庄和最美庭院创建活动。强化乡村规划引领。把加强规划管理作为乡村振兴的基础性工作，实现规划管理全覆盖。以县为单位抓紧编制或修编村庄布局规划，县级党委和政府要统筹推进乡村规划工作。按照先规划后建设的原则，通盘考虑土地利用、产业发展、居民点建设、人居环境整治、生态保护和历史文化传承，注重保持乡土风貌，编制"多规合一"的实用性村庄规划
2020 年	"抓好'三农'领域重点工作，确保如期实现全面小康"；加大农村公共基础设施建设力度，做好村庄规划工作。扎实搞好农村人居环境整治。支持农民群众开展村庄清洁和绿化行动，推进"美丽家园"建设。破解乡村发展用地难题。在符合国土空间规划前提下，通过村庄整治、土地整理等方式节余的农村集体建设用地优先用于发展乡村产业项目。2021年加快推进村庄规划工作
2021 年	基本完成县级国土空间规划编制，明确村庄布局分类。积极有序推进"多规合一"实用性村庄规划编制，对有条件、有需求的村庄尽快实现村庄规划全覆盖。编制村庄规划要立足现有基础，保留乡村特色风貌，不搞大拆大建

　　在开启全面建成社会主义现代化的第一个五年，"十四五"规划仍然坚持农业农村优先发展，全面推进乡村振兴，把乡村建设摆在社会主义现代化建设的重要位置，优化生产生活生态空间，持续改善村容村貌和人居环境，建设美丽

宜居乡村[50]。

四、碳达峰碳中和，激发村庄新动能

2020年9月22日，中国国家主席习近平在第七十五届联合国大会一般性辩论上宣布："中国将提高国家自主贡献力度，采取更加有力的政策和措施，二氧化碳排放力争于2030年前达到峰值，努力争取2060年前实现碳中和。"

（一）什么是碳达峰和碳中和

碳达峰是指在某一个时点，二氧化碳的排放不再增长达到峰值，之后逐步回落。碳达峰是二氧化碳排放量由增转降的历史拐点，标志着碳排放与经济发展实现脱钩，达峰目标包括达峰年份和峰值。碳中和是指国家、企业、产品、活动或个人在一定时间内直接或间接产生的二氧化碳或温室气体排放总量，通过植树造林、节能减排等形式，以抵消自身产生的二氧化碳或温室气体排放量，实现正负抵消，达到相对"零排放"。碳达峰与碳中和称为"双碳"。

1997年于日本京都召开的联合国气候变化框架公约第三次缔约国大会中所通过的《京都议定书》，针对六种温室气体进行削减，包括二氧化碳（CO_2）、甲烷（CH_4）、氧化亚氮（N_2O）、氢氟碳化合物（HFCs）、全氟碳化合物（PFCs）和六氟化硫（SF6）。我们在碳减排、碳交易、碳足迹、低碳，甚至零碳中所说的碳，指的是人类生产生活中排出的各类温室气体。为了便于统计计算，人们把这些温室气体按照影响程度不同，折算成二氧化碳当量，所以大家常常用二氧化碳指代温室气体。

（二）农业农村碳达峰、碳中和是落实乡村振兴的重要举措

2021年4月30日习近平同志主持中共十九届中央政治局第二十九次集体学习时发表《努力建设人与自然和谐共生的现代化》讲话时指出，"十四五"时期，我国生态文明建设进入了以降碳为重点战略方向、推动减污降碳协同增效、促进经济社会发展全面绿色转型、实现生态环境质量改善由量变到质变的关键时期，要站在人与自然和谐共生的高度来谋划经济社会发展。强调，实现碳达峰、碳中和是我国向世界作出的庄严承诺，也是一场广泛而深刻的经济社会变革，要推动经济社会发展建立在资源高效利用和绿色低碳发展的基础之上。

"十四五"时期，单位国内生产总值能耗和二氧化碳排放分别降13.5%、18%，这两项指标将作为约束性指标进行管理，需加快发展方式的绿色转型。

农业领域是重要的人为温室气体排放源。根据联合国政府间气候变化专门委员会（Intergovernmental Panel on Climate Change，IPCC）第五次（2013年）评估报告，农业、林业和其他土地利用所导致的温室气体排放占2010年全球人为温室气体排放总量的25%左右。特别是，农业活动是非CO_2温室气体排放的主要来源，包括CH_4和N_2O，它们的全球温室效应分别是CO_2值的28倍和265倍。这些碳排放主要来自农业生产加工、流通等环节，以及农作物种植、畜牧饲养业等生产经营活动。目前，中国农业领域的碳排放的情况，较为权威的是生态环境部于2019年7月公布的《中华人民共和国气候变化第二次两年更新报告》。报告显示，2014年我国农业活动排放的温室气体占到全部温室气体排放量的6.7%。[51]因此实施全面乡村振兴战略，推进农业农村现代化建设，始终肩负着实现双碳目标的责任和使命。要把节能减排贯穿于全面推进乡村振兴的全过程，促进乡村振兴朝着绿色、节能、减排、低碳方向发展。

相较于传统农业农村建设，"双碳"目标势必为乡村振兴带来一场广泛而深刻的系统性变革，村庄规划也必须适应这一形势。

首先，将促进发展理念的变革，包括生产、生活、生态的"三生"协调，美丽乡村的现代化发展的变革；践行生态理念、发展生态农业、保障生态建设观念的变革；兼顾当前经济利益与长远发展利益，肩负生命共同体责任和使命担当的变革。

其次，将推进农业和农村经济社会发展新格局。紧紧抓住新一轮科技革命和农业产业变革的机遇，推动互联网、大数据、人工智能、第五代移动通信（5G）等新兴技术与绿色低碳产业深度融合，建设绿色制造体系和服务体系。深入推进农业供给侧结构性改革，加快构建绿色低碳农业种植业结构和农村产业结构，优化农业区域布局，控制高消耗、高污染、高排放的种养业和产业，把农业结构布局与重塑生态环境结合起来，把农业结构和乡村产业结构要调优、调强、调绿，强化农业结构和农业布局生态功能，增加绿色农产品和生态产品的供给。大力发展循环经济，减少能源资源浪费。加快推进高效生态循环农业发展。推进农业资源全面节约和循环利用，实现农业生态系统与农村生活系统循环衔接。

最后，将从根本上引领农村生产生活方式的现代化变革。农村环境整治是农村节能减排减碳重要方面，要统筹山水林田湖草系统治理，建设生活环境整洁优美，生态系统稳定健康，人与自然和谐生态宜居环境。实施乡村清洁能源建设工程，特别是2021年中央一号文件提出，大力发展农村生物质能源。同时要切实加大农村污水垃圾废弃物治理力度，减少环境污染和大气污染。统筹农村改厕和污水黑臭水体污水治理，建设污水处理设施。健全农村生活垃圾运输处理体系，推进源头分类减量资源化再利用。倡导简约适度、绿色低碳、文明健康的生活方式，引导绿色低碳消费，鼓励绿色出行，增强全民节约意识、生态环保意识。

<h1 style="text-align:center">参 考 文 献</h1>

［1］ 村庄和集镇规划建设管理条例［J］.陕西政报，1993（17）：10-14.

［2］ 中华人民共和国城乡规划法（2019年4月23日第二次修正）［EB/OL］.（2019-04-23）［2021-08-01］.https：//www.mee.gov.cn/ywgz/fgbz/fl/201906/t20190605_705768.shtml.

［3］ 自然资源部办公厅.自然资源部办公厅关于加强村庄规划促进乡村振兴的通知自然资办发［2019］35号［EB/OL］.（2019-05-29）［2021-08-01］.http：//gi.mnr.gov.cn/201906/t20190606_2440234.html.

［4］ 上海市人民政府办公厅.上海市人民政府办公厅转发市规划国土资源局关于推进本市乡村振兴做好规划土地管理工作实施意见（试行）的通知［N］.上海市人民政府公报，2018（23）：52-56.

［5］ 张云飞，周鑫.中国生态文明新时代［M］.北京：中国人民大学出版社，2020.

［6］ 中共中央，国务院.中共中央 国务院关于促进农民增加收入若干政策的意见：中发［2004］1号［EB/OL］.（2003-12-31）［2021-08-01］.http：//www.gov.cn/test/2006-02/22/content_207415.htm

［7］ 中共中央宣传部.习近平新时代中国特色社会主义思想学习纲要［M］.北京：学习出版社，2019.

［8］ 从历史高度全面把握十八届三中全会的深远影响［N］.湖南日报，2014-01-21.

［9］ 董祚继.统筹自然资源资产管理和自然生态监管体制改革［J］.中国土地，2017（12）：8-11.

［10］ 何莹.习近平生态文明思想的哲学意蕴［J］.党政论坛，2019（10）：8-11.

［11］ 中华人民共和国环境保护法（主席令第九号）［EB/OL］.（2014-04-24）［2021-08-01］.http：//www.npc.gov.cn/wxzl/gongbao/1989-12/26/content_1481137.htm.

［12］ 谭光辉.文明交流互鉴的可行性与人类文明共同体建构过程中大学的使命［J］.绵阳师范学院学报，2020，39（10）：1-5+19.

［13］ 臧红印.央企绿色产业发展的经验模式与建议［J］.企业文明，2018（9）：27-29.

［14］ 何修猛.习近平生态文明思想的意识形态框架［J］.思想政治课研究，2019（3）：25-30.

［15］ 黄鹭琦.构建人类命运共同体实现世界共享共赢［J］.学习月刊，2019（5）：18-20.

［16］ 道客巴巴.中国共产党十八大报告全文［R/OL］.（2013-01-09）［2021-08-01］.https：//www.doc88.com/.

［17］ 共产党员网.中国共产党第十九次全国代表大会［EB/OL］.（2017-10-18）［2021-08-01］.http：//www.henan.gov.cn/zt/system/2017/10/20/010744798.shtml.

[18] 田燕. 建设美丽中国推进生态文明 [J]. 科技展望, 2015, 25 (30): 239.

[19] 林业与生态编辑部. 树立生态文明理念 [J]. 林业与生态, 2015 (11): 1.

[20] 习近平生态文明思想引领"美丽中国"建设 [J]. 前进论坛, 2018 (7): 13.

[21] 中共中央, 国务院. 中共中央 国务院关于实施乡村振兴战略的意见: 中发 [2018] 1 号 [EB/OL]. (2018-02-04) [2018-02-05]. http://www.moa.gov.cn/ztzl/yhwj2018.

[22] 中共中央, 国务院. 乡村振兴战略规划 (2018—2022 年) [EB/OL]. (2018-09-26) [2021-08-01]. http://www.farmer.com.cn/zt2018/zxgh.

[23] 中共中央, 国务院. 中共中央 国务院关于坚持农业农村优先发展做好"三农"工作的若干意见 [EB/OL]. (2019-02-20) [2021-08-01]. http://www.gov.cn/zhengce/2019-02/19/content_5366917.htm.

[24] 中共中央办公厅, 国务院办公厅. 中共中央办公厅、国务院办公厅关于加强和改进乡村治理的指导意见 [EB/OL]. (2019-06-23) [2021-08-01]. http://www.gov.cn/zhengce/2019-06/23/content_5402625.htm.

[25] 中共中央, 国务院. 中共中央 国务院关于建立健全城乡融合发展体制机制和政策体系的意见 [EB/OL]. (2019-05-05) [2021-08-01]. http://www.gov.cn/zhengce/2019-05/05/content_5388880.htm.

[26] 中华人民共和国国民经济和社会发展第十三个五年规划纲要 [N]. 人民日报, 2016-03-18 (1).

[27] 自然资源部. 自然资源部关于开展全域土地综合整治试点工作的通知 [EB/OL]. (2019-12-10) [2021-08-01]. http://gi.mnr.gov.cn/202009/t20200929_2563151.html.

[28] 中央农办, 农业农村部, 自然资源部, 等. 中央农办、农业农村部、自然资源部、国家发展改革委、财政部关于统筹推进村庄规划工作的意见: 农规发 [2019] 1 号 [EB/OL]. (2019-01-04) [2021-08-01]. http://www.moa.gov.cn/ztzl/xczx/zccs_24715/201901/t20190118_6170350.htm.

[29] 自然资源部农业农村部. 自然资源部农业农村部关于设施农业用地管理有关问题的通知 [EB/OL]. (2019-12-17) [2021-08-01]. http://gi.mnr.gov.cn/201912/t20191219_2490574.html.

[30] 农业农村部, 自然资源部. 农业农村部、自然资源部关于规范农村宅基地审批管理的通知 [EB/OL] (2019-04-12) [2021-08-01]. http://www.gov.cn/zhengce/zhengceku/2019-12/26/content_5464155.htm.

[31] 组建"自然资源部"的来龙去脉 [J]. 国土资源, 2018 (3): 16-21.

[32] 常新, 张杨, 宋家宁. 从自然资源部的组建看国土空间规划新时代 [J]. 中国土地, 2018 (5): 25-27.

[33] 中共中央. 中华人民共和国第十三届全国人民代表大会第一次会议. [EB/OL] (2018-03-18) [2021-08-01]. http://www.npc.gov.cn/zgrdw/npc/dbdhhy/13_1/2018-03-19/content_2051288.htm.

[34] 中华人民共和国自然资源部. 十九届三中全会审议通过的《中共中央关于深化党和国家机构改革的决定》《深化党和国家机构改革方案》[EB/OL] (2019-11-29) [2021-08-01]. https://www.163.com/news/article/EV8P1T35000189FH.html.

[35] 国务院. 第十三届全国人民代表大会第一次会议批准的《国务院机构改革方案》[EB/OL] (2018-03-22) [2021-08-01]. http://www.gov.cn/xinwen/2018-03/22/content_5276718.htm

[36] 国务院. 国务院关于印发全国国土规划纲要 (2016—2030 年) 的通知: 国发 [2017] 3 号 [EB/OL]. (2017-02-08) [2021-08-01]. http://www.gov.cn/zhengce/content/2017-02/04/

content_ 5165309. htm.

［37］周学红. 县级国土空间总体规划的实践认知与策略研究：以四川省大英县国土空间总体规划为例［J］. 西部人居环境学刊，2020，35（1）：25-30.

［38］湖南省自然资源厅湖南省国土资源规划院. 湖南省乡镇国土空间规划编制技术指南（讨论稿）［EB/OL］.（2020-05-23）［2021-08-01］. http：//www. cnll. gov. cn/llqgtzyj/tzgg/202012/5e944178a62746a09e8a5247d291c61a. shtml.

［39］自然资源部. 国土空间规划"一张图"建设指南（试行）［EB/OL］.（2019-09-24）［2021-08-01］. http：//m. people. cn/n4/2020/0924/c4048-14447520. html.

［40］中国土地勘测规划院. 省级国土空间规划编制技术指南（初稿）［EB/OL］.（2020-01-17）［2021-08-01］. http：//gi. mnr. gov. cn/202001/t20200120_ 2498397. html.

［41］国土空间规划局. 市县国土空间总体规划编制指南［EB/OL］.（2019-09-28）［2021-08-01］. http：//www. gov. cn/xinwen/2020-09/28/content_ 5547813. htm.

［42］宁夏回族自治区住房和城乡建设厅. 宁夏回族自治区村庄规划编制指南、海南省村庄规划编制技术导则等地方文件［EB/OL］.（2015-11-10）［2015-12-07］. https：//jst. nx. gov. cn/info/1043/25796. htm.

［43］中共中央，国务院. 中共中央、国务院关于建立国土空间规划体系并监督实施的若干意见［EB/OL］.（2019-05-23）［2021-08-01］. http：//www. gov. cn/zhengce/2019-05/23/content_ 5394187. htm.

［44］宋一楠，程明. 基于国土空间规划背景下的村庄规划探讨［J］. 园林，2020（7）：31-35.

［45］中共中央，国务院. 中共中央、国务院关于抓好"三农"领域重点工作确保如期实现全面小康的意见［EB/OL］.（2020-02-05）［2021-08-01］. http：//www. gov. cn/zhengce/2020-02/05/content_ 5474884. htm.

［46］中共中央. 中华人民共和国国民经济和社会发展第十个五年计划纲要［EB/OL］.（2001-03-15）［2021-08-01］. http：//www. gov. cn/gongbao/content/2001/content_ 60699. htm.

［47］中共中央. 中华人民共和国国民经济和社会发展第十一个五年规划纲要［EB/OL］.（2006-03-16）［2021-08-01］. http：//www. gov. cn/gongbao/content/2006/content_ 268766. htm.

［48］中共中央. 中华人民共和国国民经济和社会发展第十二个五年规划纲要［EB/OL］.（2011-03-16）［2021-08-01］. http：//www. gov. cn/2011lh/content_ 1825838. htm.

［49］中共中央. 中华人民共和国国民经济和社会发展第十三个五年规划纲要［EB/OL］.（2016-03-17）［2016-08-01］. http：//www. xinhuanet. com/politics/2016lh/2016-03/17/c_ 1118366322. htm.

［50］中共中央. 中华人民共和国国民经济和社会发展第十四个五年规划和2035年远景目标纲要［EB/OL］.（2021-03-13）［2021-08-01］. http：//www. gov. cn/xinwen/2021-03/13/content_ 5592681. htm.

［51］李未来. 农业农村碳达峰碳中和是落实乡村振兴的重要举措［N］. 华夏时报，2022-3-5.

第二章 村庄规划理念与方法

第一节 规 划 理 念

一、绿色发展

2015 年，习近平总书记在党的十八届五中全会上提出"创新、协调、绿色、开放、共享"的发展理念。绿色发展作为我国经济社会长期发展的基本理念之一，体现了我党对经济社会发展规律认识的深化，保护生态环境的认识高度、政策力度不断加深。绿色发展理念将更好地推进人民富裕、国家富强、中国美丽，创立人与自然和谐的社会，实现中华民族永续发展。

绿色发展指引"乡村振兴"战略。乡村生态环境保护从加快转变乡村经济发展方式、综合治理乡村环境污染、保护修复乡村自然生态、集约利用自然生态资源、完善建立乡村生态体系制度等方面采取措施，实现全方位、全地域、全过程的"乡村绿色振兴"。

（一）山水林田湖草生命共同体

2013 年 11 月，在党的十八届三中全会上，习近平总书记在《中共中央关于全面深化改革若干重大问题的决定》的说明中，第一次正式提出"山水林田湖是一个生命共同体"。2018 年 5 月，习近平总书记在全国生态环境保护大会讲话中再次强调"山水林田湖草是生命共同体"。

"生命共同体"理念作为习近平生态文明思想的重要内容，是新时代推进生态文明建设，实现人与自然和谐共生的理论指引。习近平总书记不仅提出了山水林田湖草生命共同体各要素之间的相互依赖关系，还强调统一管理部门进行共同管理的必要性，"必须统筹兼顾、整体施策、多措并举，全方位、全地域、全过程开展生态文明建设"[1]。这一理念为山水林田湖草生态系统修复保护工作提供了重要理论依据。

（二）绿水青山就是金山银山

习近平总书记指出："我们既要绿水青山，也要金山银山。宁要绿水青山，不要金山银山，而且绿水青山就是金山银山。""两山理论"形象地把保护生态环境、发展生产力的关系比喻成绿水青山、金山银山的关系，是习近平生态文明思想的重要组成部分，对新时代推进生态文明建设、实现人与自然和谐共生具有重要意义。习近平总书记指出，脱离环保搞经济发展，是"竭泽而渔"，而离开经济发展抓环境保护，是"缘木求鱼"。经济发展与环境保护之间的关系需正确处理。

乡村集聚绿水青山资源，乡村又亟须金山银山支持发展。因此，乡村可以并应当成为实践"绿水青山就是金山银山"的关键载体。乡村振兴应积极利用"绿水青山就是金山银山"理念，将乡村绿水青山生态自然资源转化为经济价值，从而将生态环境优势转化为经济优势，大力推动乡村产业生态化，严格乡村产业环境准入，加快现有乡村企业绿色改造升级，培育扶持标杆企业，调整优化农业结构。还要有序推进乡村生态产业化，引导乡村生态旅游规范发展，鼓励发掘生态涵养、休闲观光、文化体验、健康养老等生态功能，推进"绿水青山就是金山银山"实践创新基地建设。这样才能促进绿水青山与金山银山的良性循环，实现"百姓富、生态美、国家强"的辩证统一[2]。

（三）低碳发展

2020年9月，国家主席习近平在第75届联合国大会上发表重要讲话时提到，中国二氧化碳排放力争于2030年前达到峰值，努力争取2060年前实现碳中和。

据统计，当前国内农业农村温室气体排放量约占全国总排放量的15%。在保障粮食安全、保障重要农产品有效供给、保持农业农村生产高质量发展的背景下，实现农业农村碳达峰、碳中和的目标任重道远，难度较大，其主要表现是农业减排固碳技术研究和应用还不够充分，小农户难以形成规模减排效应，单位畜产品温室气体排放量高、能源消耗大、用电成本高等方面。

实施农业农村碳达峰要采取鼓励农业农村绿色低碳科技创新、发展农村可再生能源、降低温室气体排放强度、提高农田土壤固碳能力等措施，全面推进乡村振兴，加快农业农村现代化，提升农业综合生产能力，建立并完善监测评估体系，创设政策保障机制，加快形成节约资源和保护环境的农业农村产业结构、生产方式、生活方式和空间格局。

（四）底线思维与红线意识

2019 年 3 月 5 日，习近平参加第十三届全国人大二次会议内蒙古代表团的审议时指出，要坚持底线思维，以国土空间规划为依据，把城镇、农业、生态空间和生态保护红线、永久基本农田保护红线、城镇开发边界作为调整经济结构、规划产业发展、推进城镇化不可逾越的红线，立足本地资源禀赋特点、体现本地优势和特色。2020 年《中共中央　国务院关于抓好"三农"领域重点工作确保如期实现全面小康的意见》中明确乡村发展用地的底线：坚守耕地和永久基本农田保护红线。因此，要对耕地和永久基本农田实行严格保护，乡村建设项目应避开耕地和永久基本农田[3]。

乡村国土空间开发要树立"底线思维"，以资源环境承载能力评价为基础，坚持国土开发与资源环境承载能力相匹配的原则。以水、土、环境等限制性要素条件为基础，进行资源环境承载能力评价，结合国土开发利用现状，建立乡村国土空间开发"底线"，合理确定国土开发利用规模、结构、布局、强度以及时序。

乡村国土空间开发要强化"红线意识"。生态保护红线、永久基本农田、城镇开发边界三条控制线，是调整经济结构、规划产业发展、推进城镇化不可逾越的红线。生态保护红线要保证生态功能的系统性和完整性，确保生态功能不降低、面积不减少、性质不改变；永久基本农田要保证适度合理的规模和稳定性，确保数量不减少、质量不降低；城镇开发边界要避让重要生态功能，不占或少占永久基本农田。

（五）可持续发展

可持续发展是指既满足当代人的需要，又不损害后代人满足需要的能力的发展。我国农村人均资源相对不足，生态环境基础薄弱，农业关乎国家食物安全、资源安全和生态安全。实施农业农村可持续发展战略是新型农业农村现代化道路的必然选择。

当前，推进农业农村可持续发展面临前所未有的历史机遇。农业农村可持续发展的共识日益广泛，物质基础日益雄厚，科技支撑日益坚实，制度保障日益完善，不断为农业农村可持续发展注入活力。农业农村的可持续发展目标是：供给保障有力、资源利用高效、产地环境良好、生态系统稳定、农民生活富裕、田园风光优美。

农业农村可持续发展需要重视五个方面：第一，优化农业生产布局，坚持因地制宜，逐步使农业生产力与资源环境承载力相匹配，发挥科技创新驱动作用，稳定提升农业产能。第二，实行最严格的耕地保护制度，提升耕地质量，促进农田永续利用。第三，实施水资源红线管理，节约高效用水，保障农业用水安全。第四，治理农业农村环境污染，科学编制村庄整治规划，加快构建农村清洁能源体系。第五，修复和增强林业、草原、水系生态功能，保护生物多样性。

二、三生融合

"三生融合"是指生产、生活、生态三种功能有机融合、和谐发展。

《中共中央 国务院关于建立国土空间规划体系并监督实施的若干意见》明确提出国土空间规划要科学布局生产空间、生活空间、生态空间。在村庄规划中的"三生融合""一二三产融合"侧重于立足乡村实际情况，提升自身"造血功能"，从而走上可持续发展之路。

（一）生产、生活、生态融合

"三生融合"的乡村既是特色农业生产、农产品精深加工等一二三产的发展平台，又是充满人文气息、增进乡土认同、游客流连的文旅空间，更是环境优美、休憩舒适的宜居之地。它既是产业、文化、旅游的"三位一体"，也是"产、村、人"的有机融合。

在"绿色发展"的时代背景下，如何协调乡村"生产、生活、生态"之间的关系，是乡村空间有序发展及乡村高质量发展的关键，是新时代国土空间规划关注的重点之一[4]。

不同的生产、生活、生态要素构成了不同的乡村"底色"。乡村的生产功能包括农业、工业及相关服务业；生活功能包括村庄居住、公共服务、市政交通等；生态功能包括乡村的自然环境、地形地貌、气候气象、动植物等。

"三生融合"多种因素相互关联、各种要素协作制约，乡村规划的"三生空间"建设需要注重以下几个方面：

（1）生产空间注重因地制宜，在保护生态、融合生活的基础上合理利用乡村本地资源，合理布局生产功能，调控乡村农业空间、工业空间和服务业空间的要素供给，科学引导生产活动。

（2）生活空间注重生态环境优美舒适，用地空间布局规模化、集约化，与生产相协调，建立完善的生活服务和公共服务功能，完善网络、交通基础设施。

（3）生态空间一方面与生产、生活空间融合，另一方面识别生态价值高值区域，划定生态保护红线，实行严格管控制度，保障生态系统的结构稳定性和功能持续性。

（4）"三生融合"的村庄规划有机结合生产、生活、生态要素，在不破坏生态环境的基础上，合理利用本地自然生态资源，开展农业活动，推动相关产业发展，提高村民生活水平，从而提高乡村自身"造血"功能，实现乡村的可持续发展[5]。

（二）一二三产融合

乡村振兴，需要农业兴、百业旺。目前我国第一产业农业的功能定位相对单一，产业体系与生产体系均不完整，产业链条短，就业容量小，增值能力低。村庄规划需充分利用当地农业、自然、文化、景观等资源，延伸第一产业，实现接二连三，不断发掘农业多种功能，促使产业链延长、价值链提升和利益链完善。

农村一二三产业融合发展是指以农业为基本依托，通过产业联动、产业集聚、技术渗透、体制创新等方式，将资本、技术以及资源要素进行跨界集约化配置，使农业生产、农产品加工和销售、餐饮、休闲以及其他服务业有机地整合在一起，使得农村一二三产业之间紧密相连、协同发展，最终实现农业产业链延伸、产业范围扩展和农民收入增加[6]。

推进农村一二三产业融合发展，当前主要存在以下几种方式：

（1）城郊融合型。围绕中心城镇建设，在城市郊区建设科技型、生态型农业，推动现代都市农业与城市生态涵养相结合。可以推动农业二三产业向中心城镇发展，带动加工、包装、运输、餐饮、金融等产业，促进产城（镇）融合、产城（镇）互动和农村繁荣。

（2）产业链延伸型。如依托蔬菜、食用菌、水产品等当地特色农业资源优势，大力发展农产品精深加工及综合利用，提高农产品附加值。

（3）农业内部融合型。培育推广加工专用型品（苗）种，加强优势蔬菜、果品、畜产品、水产品等优势农产品加工专用原料基地标准化建设；推进种养业废弃物资源化利用、无害化处理；推进种养加一体化发展。

（4）功能拓展型。加强产业链横向拓展，推进农业与旅游、教育、文化、体育、会展、养生、养老等产业深度融合。大力发展创意农业、优秀农耕文化、农业主题公园等，支持发展农家乐、休闲农庄、森林人家、水乡渔村等农林渔各类休闲农业。

（5）技术渗透型。培育现代农业生产新模式，利用物联网、互联网、智能控制、远程诊断、产品标识等现代信息技术，整合现代生物技术、工程技术和农业设施，在设施蔬菜、设施渔业、畜禽养殖、食用菌工厂化生产等领域扶持推进智慧农业，实现农产品线上线下交易与农业信息深度融合[7]。

三、全域统筹

2020年12月，自然资源部办公厅发布《关于进一步做好村庄规划工作的意见》提出，统筹城乡发展和全域全要素编制村庄规划，强调以第三次国土调查的行政村界线为规划范围，对村域内全部国土空间要素作出规划安排。乡村地域系统是一定地域范围内由自然禀赋、经济基础、人力资源、文化习俗等要素相互作用构成的复合系统。

"全域"，从字面上理解是指全部的地域，不仅强调空间的整体性，即行政区内的全范围；还强调空间中要素的完整性。

全域统筹的村庄规划需要考虑两方面，一是全要素综合统筹，二是城乡一体融合发展。村庄规划需要综合考虑经济、社会、空间和政策环境等众多因素，研究村域人口、土地、产业、环境等要素联动机制，统筹村域要素配置，协调安排农业、生态建设空间。全域统筹强调的是"城镇地域"、"乡村地域"和"生态空间"的协调统一和共同发展，注重发展与保护的协调[8]。

（一）城乡一体，融合发展

人民城市人民建，人民城市为人民。人民无论是居住在城市还是乡村，都应该享有同等的生活条件、同水平的基本公共服务、公平的就业机会及相等的保护自然的责任。

党的十九大针对新时代城乡发展不平衡、农村发展不充分这一突出矛盾，对城乡发展一体化战略进行了深化，提出了"建立健全城乡融合发展体制机制和政策体系，加快推进农业农村现代化"的战略路径。

推进城乡融合发展是实现城乡一体化目标的重要途径，也是新形势下城乡一体化发展的阶段性目标。一方面，利用市场机制，提高城乡资源的双向流动，实现农业现代化，加强农产品规模化运作，引导发展乡村旅游，实现城市与乡村在产业上的融合发展；另一方面，加大对村庄基础设施、公共服务设施的资金投入，并引入村民自助资金和社会资本，提高村庄设施水平，逐渐缩小城乡在社会经济水平的差距。

2020 年 12 月，自然资源部办公厅发布《关于进一步做好村庄规划工作的意见》提出，统筹县域城镇和村庄规划建设，优化功能布局，强调统筹安排农村产业和城镇产业布局，还提出强化县城综合服务能力，统筹布局村基础设施、公益事业设施和公共设施。保护乡村的生态环境和传统文化，通过与城市资源互补，实现城乡在其各自的独特性上的协同发展。

城乡空间是推动城乡融合发展的载体。城乡空间一体化不是把城市和乡村两种地域形态的差异和特色消灭，而是要统筹好农田保护、生态涵养、城镇建设、村落分布等，构建产田相融、城乡一体的新型形态[9]。

习近平总书记指出："农业农村工作，说一千、道一万，增加农民收入是关键。"城乡融合的根本是以农民增收为目标，促进城乡产业融合发展；城乡融合的保障是加强基础设施建设，实现基本公共服务均等化；城乡融合的关键是健全体制机制，实现城乡资源要素双向流动；城乡融合的重点是保护农村生态环境，补齐农村生态环境短板[10]。

（二）把每一寸土地规划得清清楚楚、明明白白

2019 年 5 月 10 日，《中共中央　国务院关于建立国土空间规划体系并监督实施的若干意见》印发。自然资源部将强化统筹协调，会同有关部门抓紧建立国土空间规划体系并监督实施，把每一寸土地规划得清清楚楚、明明白白，形成生产空间集约高效、生活空间宜居适度、生态空间山清水秀，安全和谐、富有竞争力和可持续发展的国土空间格局，把党中央、国务院的重大决策部署落实、落地，实现国土空间开发保护更高质量、更有效率、更加公平、更可持续。

"把每一寸土地规划得清清楚楚、明明白白"是国土空间规划的主要任务，需要结合国土空间规划要求，以第三次全国国土调查数据为基础，在全面摸清家底、深入分析评价后编制规划，规划融合"多规合一"、国家意志、生态文明思想、以人为本等理念，形成国土空间规划"一张图"，把每一寸土地规划得清清

楚楚。

村庄规划作为国土空间规划"五级三类四体系"里的详细规划，首先要落实上位国土空间规划的城镇开发边界、永久基本农田、生态保护红线三条控制线；然后统筹安排村域内国土空间，优化调整乡村各类用地布局；最后协调保护和发展的关系，把每一寸土地规划到位。

四、村民主体

中国的规划体系一直以来是以城市规划为主导，以城市的思想和理念在指导建设。面对村庄规划时，其编制体系、编制内容及实施路径虽然与城市规划相似，但在自然资源统筹、国土空间规划、乡村振兴、新型城镇化背景下村庄规划的编制特点、村庄发展特点及建设特点与城市有较大区别，简单地套用城市规划思想和路径难以实现对村庄宜居和特色的打造。

过去村庄规划套用城市规划中"自上而下"的模式，在由政府主导的村庄建设中，村民对规划的参与较少。在村庄规划越来越受到重视的今天，我们应突破原有路径，在更大程度上融入村民意愿，更多地将村民作为规划的决策主体，缓解村庄现状发展的困境，美化村庄环境，提升产业能力，最有针对性地改善村民亟待解决的问题。

（一）以村民为中心

目前已有不少学者从我国村庄规划的相关法律法规、村庄规划实践探索、乡村认知、民族传统文化保护等角度，提出了以村民为主体的规划的必要性和重要性。现在业界和学界对以村民为主体的村庄规划的范畴界定是比较宽泛的，涉及以下几类内容的往往都会被归为"以村民为主体"的村庄规划：一是指以改善村民生活、促进村民未来发展为主要规划任务的村庄规划；二是以村民特征分析、村民需求分析等为核心研究对象的村庄规划；三是强调村民在规划全过程中的主导性或全过程参与性的村庄规划[11]。

实用性村庄规划属于法定规划，是一种政府行为，具有公共政策属性，在编制过程中应当以村民为中心。以村民为主体的村庄规划编制过程包含了村民参与的主要环节和内容，形成了"乡村规划组织筹备—村民代表会议—调研—村民代表会议—规划方案编制—村民代表会议—形成村规民约—规划实施"的乡村规划编制框架[12]。

在整个实用性村庄规划的编制过程中，其权威性即在于村民是否参与。由于乡村土地实行的是在公有制基础上的集体所有制，多年来试图在乡村采取和城市相同的规划和管理的做法，结果都不理想，还阻碍了乡村发展，这就不得不考虑村庄规划的内容和规划管理方式的改变。然而，农民不是一个固定的职业，是多种职业兼顾的，让农民做出决策是一个复杂和富有挑战性的过程。因此，村庄规划的权威性在于编制过程村民是否参与，这个村庄规划唤起村民的主体意识，提升村庄发展的内生动力，对乡村的振兴非常重要[13]。

（二）社区营造

社区营造的理念是通过凝聚社区共同意识，引导社区居民参与社区建设中来，改善社区环境，提升生活质量。乡村振兴背景下的村庄规划总体要求是生态宜居、乡风文明、治理有效、产业兴旺、生活富裕。而社区营造是以人、文、地、产、景五大方面为发展理念，因此村庄规划和社区营造有着相互融合之处，社区营造的理念对村庄规划思路也有着一定的借鉴意义。首先，社区营造概念的提出恰恰是对"政府决策"的反思和对"草根发展"的支持，与村庄规划中坚持村民主体的总体思路一致；其次，社区营造所坚持的"社区培育""社区参与"等核心理念，也与村庄规划应当提出的在以村民为主体的培育乡村"造血能力"目标相吻合。因此，村庄规划在编制和实施过程中可借鉴社区营造理念，将社区营造的核心思想融入村庄规划的各个环节，力图在规划工作目标、工作模式、工作内容及实践方法等方面运用社区营造的相关理念，并加强村民主体理念的运用，从而实现村庄规划方法的创新。

（三）内生发展

乡村振兴，前景广阔，需要一个强有力的载体，把农村的环境、人文、特色在空间上集聚。乡村振兴要避免村民参与度不高，村民主体作用不能得到充分发挥，导致"上头热、政府干、百姓看"的现象，而导致这一现象的原因主要是村民参与乡村振兴建设，特别是产业发展没有着力点，乡土人才内生动力缺乏激发机制等，因此，要坚持村民主体地位，激活内生动力，充分尊重广大农民意愿，调动广大农民积极性、主动性、创造性，把广大农民对美好生活的向往化为推动乡村振兴的动力。只有坚持农民在乡村振兴中的建设主体、治理主体、受益主体地位，才能从根本上增强农村的内生发展能力，乡村振兴战略才能行稳致远。

（四）"自上而下"与"自下而上"

村庄规划的内容大致包括村镇建设规划、村镇整治规划、农村居民点布局规划等，村庄建设规划或整治强调的是对农村建设无序的整治和对基础设施缺乏的补充。

1. "自上而下"型村庄规划

"自上而下"型村庄规划是一种由政府主导的规划与建设过程，是以物质规划为主体，当城市规划介入新农村规划的那一刻起，实际上就隐含着一个重要的行为，即把城市的物质空间作为一种先进的理念应用到村庄建设规划中。从一开始，这种以物质空间规划为主体的村镇规划就带有强烈的自上而下的意识。

"自上而下"型村庄规划的优点在于政府主导，注重了农村新发展部分的物质空间，强调了空间形态和功能布局的合理性。其缺点在于忽略了传统农村本身的存在，忽略了农民自身的需求，使农村居民在规划过程中处在被动状态。

2. "自下而上"型村庄规划

一个自上而下的，以传统空间规划为主的村镇规划不可能适应现代农村的组织特点。自下而上的规划，是一个由农村居民以集体为单位积极参与的规划，具有扶持和辅导意义的规划。"自下而上"型村庄规划的优点在于村庄规划的服务主体是村民，规划能充分体现村民对生活环境的需求，在村民知道自身需求的情况下去编制村庄规划，从而获得村庄的有效更新和发展动力。其缺点则在于过于强调农村居民自身的作用。一个具有传统社会基础、长期处于城乡二元结构下的农村居民能不能实现村庄的自我整治与改造呢？比较困难。我国农民的生产方式从来就是自给自足，村庄是每个家庭以宗氏为空间单位独自建设居住房屋而形成的，高度分散的家庭决策，导致每一户建筑的差异和空间关系的随意性。因此，我国农村几千年的传统意识和文化并不适应现代的生产与生活方式，农村居民本身不大可能自发地形成一个关于村庄整治集体行动。另外，自发、零星的个体行动的大量存在，可能导致大量的土地浪费、服务设施提供不足等现象。

3. "自下而上"与"自上而下"相结合

"自下而上"与"自上而下"相结合、扬长避短是村庄规划的最好形式。村庄规划应该避免传统"自上而下"的局限性，应强调农村建设的主体和农民的意愿以及农民的参与，体现"自下而上"型的规划过程，同时也要适当注重"自上而下"型传统规划中的政府职能，让政府在规划过程中做好领衔、牵头作用。只有把"自下而上"与"自上而下"相互结合，才能使村镇建设、环境整治落到实处，真正做到以村民为主体。

五、文化承扬

文化振兴是乡村振兴持续发展的重要任务。根据乡村振兴战略的总要求，要充分认识到文化建设的重要性，体现其文化价值[14]，将"文化"纳入乡村振兴的方方面面。从文化载体搭建到文化活动策划，定制各个乡村独有的文化基因，为乡村振兴战略的实施提供持续的发展动力[15]。

（一）留得住乡韵、记得住乡愁

2013年12月12日至13日召开的中央城镇化工作会议提出："让居民望得见山、看得见水、记得住乡愁。"2016年4月25日，习近平在安徽凤阳县小岗村召开农村改革座谈会时指出，"建设社会主义新农村，要规划先行，遵循乡村自身发展规律，补农村短板，扬农村长处，注意乡土味道，保留乡村风貌，留住田园乡愁。"

乡愁就是乡村的文化记忆。乡愁的核心是乡土文化、乡土人文，是发生过的、现在仍然起着积极作用的物质与非物质文化遗产。比如某个村庄过去的人、事和物，它们现在仍有知识、思想、审美等方面的价值和教育传承作用，这就是一段乡愁。现在乡村早已用上现代化机械收割机器，但一个碾场的石碌子，却保存了过去的农耕文化，有厚重之美、沧桑之美，这也是乡愁。因此留住乡愁就是挖掘乡愁里的文化，留住有文化的乡愁。

留住乡愁和建设美丽乡村、发展地方文化紧密联系在一起。习近平指出："新农村建设一定要走符合农村实际的路子，遵循乡村自身发展规律，充分体现农村特点，注意乡土味道，保留乡村风貌，留得住青山绿水，记得住乡愁。"

有文化积累的乡村、有乡愁的乡村才美丽，"乡愁"是铭记历史的精神坐标，工业化、城镇化不能割断乡愁，因此中央城镇化工作会议要求"慎砍树、不填湖、少拆房，尽可能在原有村庄形态上改善居民生活条件。"

此外，在村庄的建筑风貌和形态设计上，坚持历史与现代、传统与时尚、人文与自然有机结合，既要相互借鉴，又不跟风雷同，提高村庄特色的辨识度。

（二）保护与发展并重

乡村是文化建设的重要载体，乡村本身就拥有许多物质文化遗产和非物质文化遗产，是我国文化的重要发源地。

一方面，保护传统村落，加强乡村文化遗产的保护和利用，充分利用历史文化名村、文化旅游名村、名人故居乡村等，让传统村落的文化载体重现活力，彰显地区文化特色，实现乡村物质文化遗产和非物质文化遗产的优化配置和有效利用，也将有效地提升乡村文化自信[15]。

另一方面，加强文化设施建设，除了传统的文化馆、农家书屋、文化广场、健身广场等基础文化设施建设外，也要将互联网与乡村文化建设融合，既为村民提供更多信息渠道发掘当地历史文化，又用信息化手段对当地文化进行保护和传承，可以为乡村文化寻找创新突破口，建立向外界展示本土文化的线上文化平台，形成积极与城市进行互动的有效平台[15]。

六、特色鲜明

《国家乡村振兴战略规划（2018—2022 年）》明确提出了"形成田园乡村与现代城镇各具特色、交相辉映的城乡发展形态"的要求。

科学安排乡村布局、资源利用、设施配置和村庄整治，综合考虑村庄演变规律、集聚特点和现状分布，结合农民生产生活半径，合理确定县域村庄布局和规模，加强乡村风貌整体管控，注重农房单体个性设计，建设立足乡土社会、富有地域特色、承载田园乡愁、体现现代文明的升级版乡村，避免"千村一面"，防止乡村景观城市化。

习近平总书记 2021 年 4 月在考察清华大学美术馆时强调："把更多美术元素、艺术元素应用到城乡规划建设中，增强城乡审美韵味、文化品位，把美术成果更好地服务于人民群众的高品质生活需求。"同时，党的十八大也提出建设美丽中国，其内涵在于时代之美、社会之美、生活之美、百姓之美、环境之美的生态和谐之美，而美丽乡村是美丽中国的奋斗目标在农村的体现和实施。挖掘乡村特色、保存乡村美景，将"乡村美"作为增进农民福祉的重要方面，进一步提升广大农村居民的幸福感和获得感。

对村庄的区位优势、人口规模、产业基础、人文厚度、空间形态等方面，进行系统评估和分析，综合体现产业、文化、空间等方面的特色，明确村庄的定位，形成自身独特优势和可持续发展竞争力，尤其是对于历史底蕴丰厚、有人文特色的村庄，应进行充分发掘和进行重点打造。

特色鲜明的村庄规划应该以全域规划为理念，以个性化特色化为目标，突出地方特点、文化特色和时代特征，保留村庄特有的民居风貌、农业景观、乡土文化，防止"千村一面"。在细节上下功夫，彰显当地乡土特色，力求打造山水、人文、景观完美结合的具有鲜明地方特色的宜居乡村。

（一）分类引导

《国家乡村振兴战略规划（2018—2022年）》明确提出了集聚提升类、城郊融合类、特色保护类、搬迁撤并类四种村庄类型及其分类发展策略，但对于如何进行村庄分类，缺乏较为明确的说明或标准。中央农办等五部门于2019年1月发布的《关于统筹推进村庄规划工作的意见》（农规发〔2019〕1号）提出"力争到2019年底，基本明确集聚提升类、城郊融合类、特色保护类等村庄分类"[16]。

1. 集聚提升类村庄

集聚提升类村庄是指现有规模较大的中心村和其他仍将存续的一般村庄，占乡村类型的大多数，是乡村振兴的重点。对这类村庄，要科学确定村庄发展方向，在原有规模基础上有序推进改造提升，激活产业、优化环境、提振人气、增添活力，保护保留乡村风貌，建设宜居宜业的美丽村庄。鼓励发挥自身比较优势，强化主导产业支撑，支持农业、工贸、休闲服务等专业化村庄发展。从产业、生态、人居环境等多方面实现村庄的振兴发展。

2. 城郊融合类村庄

城郊融合类村庄是城市近郊区以及县城城关镇所在地的村庄，具备成为城市后花园的优势，也具有向城市转型的条件。综合考虑工业化、城镇化和村庄自身发展需要，加快城乡产业融合发展、基础设施互联互通、公共服务共建共享，在形态上保留乡村风貌，在治理上体现城市水平，逐步强化服务城市发展、承接城市功能外溢、满足城市消费需求能力，为城乡融合发展提供实践经验。

3. 特色保护类村庄

特色保护类村庄是指历史文化名村、传统村落、少数民族特色村寨、特色景观旅游名村等自然历史文化特色资源丰富的村庄，是彰显和传承中华优秀传统文化的重要载体。对这类村庄，统筹保护、利用与发展的关系，努力保持村庄的完整性、真实性和延续性。切实保护村庄的传统选址、格局、风貌以及自然和田园景观等整体空间形态与环境，全面保护文物古迹、历史建筑、传统民居等传统建筑。

4. 搬迁撤并类村庄

搬迁撤并类村庄是指位于生存条件恶劣、生态环境脆弱、自然灾害频发等地区的村庄，因重大项目建设需要搬迁的村庄，以及人口流失特别严重的村庄，可通过易地扶贫搬迁、生态宜居搬迁、农村集聚发展搬迁等方式，实施村庄搬迁撤并，统筹解决村民生计、生态保护等问题。

5. 其他类村庄

即在上述四种类型之外，暂时不好明确分类的村庄可以归为其他类。

（二）"一村一品"

"一村一品"是培育发展乡村特色产业、促进产业扶贫的重要举措，也是乡村振兴的重要途径之一。"一村一品"是发展农业农村经济的一种重要模式和组织方式，在发展乡村特色产业、促进农民致富增收、培育壮大县域经济等方面发挥了独特而重要的作用。"一村一品"的推进，促进了乡村产业兴旺、农村人才集聚、农业绿色发展，为乡村振兴奠定了重要基础[17]。

1. "一村一品"要突出优势特色，坚持文化特色

对于"一村一品"不能盲目跟风，什么赚钱就去发展什么，要结合自身实际，积极借鉴成功经验。一哄而上的盲跟风往往导致供大于求，反而造成损失[18]。

将"一村一品"发展与农业多种功能开发紧密结合，注重与文化艺术、观光旅游、健康养生等产业深度融合。促进乡村文化传承，要把"一村一品"与当地既有文化融合起来，充分挖掘和传承地方独特的文化传统和文化产品。推动地理标志产品保护认证和"三品一标"（无公害、绿色、有机农产品及农产品地理标志）认证，推动美丽乡村评选。

2. "一村一品"要坚持产业特色，延长产业链条

特色产业的发展以及吸纳群众就业创业的能力，成为特色村庄定点布局的先决条件，强化"无产业不村庄"的规划理念，实现产业和村庄良性互动发展，在产业链方面，从生产和供应原料做起，从低端朝高端演变，增强一二三产联动，延长特色产业链。

3. "一村一品"要健全利益联结机制

"一村一品"必须是在尊重民意的前提下定位。发展"一村一品"不仅仅

是政府和村"两委"的工作目标任务,更应该是人民群众自愿、自发、积极参与打造的目标。构建新型农业经营体系,大力培育专业大户、家庭农场、专业合作社、公司等新型农业经营主体,逐步形成以家庭承包经营为基础,专业大户、家庭农场、农民合作社、农业产业化龙头企业为骨干,其他组织形式为补充的新型农业经营体系。充分发挥龙头企业示范带头作用,在管理运营、品牌树立、科技投入、市场开发、销售盈利等方面辐射带动周边群众发展,以大带小、以强带弱、以精带粗,最终实现共同进步、共同发展、共同富裕[19]。

打造特色鲜明的"一村一品",示范带动更大范围的乡土特色产业发展,为全面建成小康社会、乡村全面振兴提供有力支撑。发挥"特"的优势、提升"品"的质量、完善"品"的内涵,使产品的经济、文化、服务、消费等功能有机地融为一体,不断延伸内涵,拓展外延[20]。

七、简单实用

《国家乡村振兴战略规划(2018—2022 年)》明确提出了推进实用性村庄规划编制实施,加强乡村建设规划许可管理[16]。

实用性村庄规划中的"实"指的是针对乡村的实际情况,如村民的需求、村庄发展中遇到的问题等进行规划;"用"主要是指通过具体的操作实施后达到村庄规划的最终目的,实现理想的规划效果。实用性村庄规划需要遵守的标准主要包括能反映或符合农村特色、满足村民的需求、规划内容简单明了、得到大部分村民的支持、规划内容容易实施[21]。

(一)此简单非彼简单

实用性村庄规划的标准中提到的"简单",并非为"不复杂,不细致"之意,而是指"便于普及、简明易懂、农民支持、易于实施"[22]。

简单实用村庄规划的"简单",主要体现在以下几个方面:

1. "多规合一",使用简单

"多规合一"实用性村庄规划通过将原城市规划中村庄规划、村庄建设规划,以及原国土部门的村土地利用规划、土地治理规划等乡村地区的规划进行整合,实现多规有机融合的法定规划,是国土空间规划体系中乡村地区的详细规划[23]。

2. 村民参与,普及简单

首先要组织动员引导村民参与村庄规划,发挥村民的主人翁意识和作用,通过村民大会、小组会议和座谈会等多种形式充分了解和吸收村民对村庄建设的需求和对村庄发展的建议，编制单位要将这些需求和建议吸纳到村庄规划中形成规划内容。编制单位还要在规划编制过程中将规划的内容从技术图纸转化成农民看得懂的图纸，并在村内立牌展示规划成果，确保村民看得见、看得懂。在规划报批之前，要经村民会议或者村民代表会议讨论同意。规划编制单位可以协助村民委员会将审批通过的村庄规划内容纳入村规民约，成为村民共同遵守的准则，从而保障规划顺利实施[24]。

3. 编制成果，查阅简单

在新的理念指导下，采用新的编制方法，围绕新的编制重点，村庄规划编制成果也发生了相应的转变。传统村庄规划成果包括"一文一书一图"（文本、说明书、规划图集）三部分，由于成果内容大而全，导致不易理解，建设项目不清晰和实操性差，未实现信息化管理等弊端。为适应新形势成果要求，新一轮村庄规划需简明表达，规划成果要吸引人、看得懂、记得住、能落地、好监督，主要包括"一文一图一库一表一规则"（文本、规划图集、数据库、近期建设项目表和村庄规划管制规则）[23]。

（二）管用、好用

实用性村庄规划的"用"是指能够操作和实施，最终达到规划目的、实现理想效果[22]。从"蓝图式规划"转变为"陪伴式规划"。村庄发展多变，应根据村庄发展实际需要，在法定框架内，动态调整、优化规划，真正提高规划实用性。"实用性"应体现在要"有用，管用，好用"。

目前，村庄规划不实用的原因是村庄没有能力实施规划，全国各地的村庄甚至乡镇，也没有几个科班的规划专业人员，因此，按照专业性很强的规划编制方法所完成的技术成果，村庄和乡镇作为实施主体很难完全理解，更难以实施，完全无法达到规划预期的系统性实施过程和结果[25]。

另外，村庄规划编制、实施的主体是村民，村庄规划一个重要的作用是动员村民、组织村民、培育村民，从而不断提升乡村基层治理的水平，促进实现乡村治理现代化。要发挥村民主体的作用，就要编制老百姓看得懂的规划，那些充满着数据、指标的管控性规划，老百姓看不懂、也不关心，因此编制成果一定要清晰明了、简单有用。

（三）"一村七图"

简化村庄规划编制成果，设计以项目为导向的村庄规划"一村七图"：

第一张图说明村庄未来的定位。

第二张图对国土空间进行统筹安排，细化各类空间用途，制定管制规则。

第三张图按照上位国土空间规划确定的农村居民点布局和建设用地管控要求，在满足法律法规要求的前提下，尊重村民意愿，注重质量，合理确定村民住房规模、布局、强度、风貌等。

第四张图说明村庄的产业发展，分析现状产业优势，展望未来产业发展策略，明确未来产业发展主要项目，对村庄的产业发展进行详细规划。

第五张图对村庄的道路和公共服务设施项目进行说明，完善各项服务设施的数量和规模，明确未来建设的交通和公共服务设施核心项目。

第六张图标明未来五年内分别在什么时间实施什么项目、概算多少。

第七张图告诉老百姓当年度要实施的项目，明确是哪几个、选址在哪里、方案是什么、预算多少钱。这样做的目的是让村老百姓、村三委（村党支部委员会、村民委员会、村务监督委员会）清楚村庄未来具体的建设方案，有助于形成与村民讨论的平台，使村民真正参与到规划之中。

八、弹性发展

2019 年，自然资源部办公厅印发《关于加强村庄规划促进乡村振兴的通知》，通知中提到探索规划"留白"机制。"各地可在乡镇国土空间规划和村庄规划中预留不超过 5% 的建设用地机动指标，村民居住、农村公共公益设施、零星分散的乡村文旅设施及农村新产业新业态等用地可申请使用。对一时难以明确具体用途的建设用地，可暂不明确规划用地性质。建设项目规划审批时落地机动指标、明确规划用地性质，项目批准后更新数据库。机动指标使用不得占用永久基本农田和生态保护红线。"各省在开展村庄规划工作中，也都先后提出了对于村庄规划中"留白"机制的探索内容。

村庄规划不同于城市规划，村庄发展中有许多不确定性，许多方面是动态的，在规划设计上不能一蹴而就，因此对于村庄中不确定的事情和不能明确的方面，宜予以"留白"，给乡村未来的发展留有空间。

对于村庄规划中的"留白"可归纳解释为两种：一种是"定空间，不定用途"的空间留白；一种是"定指标，不定空间"的指标留白。

（一）空间留白

村庄规划中的空间留白可分为两类：一类为"建设用地的空间留白"，另一类为"非建设用地的空间留白"。

1. 建设用地的空间留白

村庄建设用地的留白对于一时看不准、想不好的空间用途，可以暂时不明确规划用地性质，作为建设用地的"空间留白"，给后期发展留出足够的研究论证时间。建设用地的空间留白在未来发展中可用作"居住空间留白"、"公服及基础设施配套空间留白"和"产业空间留白"。

2. 非建设用地的空间留白

非建设用地的空间留白主要就是对生态空间的留白。生态空间留白是村庄规划留白中最为重要、系统和直接的留白。生态之"白"是指乡村的非建设区域，即水域、滩涂沼泽，河湖水域以及其他自然保留地所代表的生态功能区和自然保护区、农用地、林地、风景名胜区、自然保护区等非建设用地。针对这些区域要遵守严格的生态保护制度，划定生态控制线作为永久性的留白。可对生态留白空间进行精细的划定，把控制线落位到实际地面并打下"界桩"以示意公众，同时制定生态控制线的专门规章、条例进行制度保障。

（二）指标留白

指标留白意在"定指标，不定空间"，允许在村庄规划中预留不超过5%的建设用地机动指标，并在符合相关规定的前提下明确机动指标使用规则。村民居住、农村公共公益设施、零星分散的乡村文旅设施，以及农村新产业新业态等用地可申请机动指标，在项目审批时落地，项目批准后更新数据库。

第二节　规 划 方 法

一、"多规合一"方法

习近平总书记在 2019 年 3 月全国两会期间提出，按照先规划后建设的原则，通盘考虑土地利用、产业发展、居民点布局、人居环境整治、生态保护和历史文化传承，编制"多规合一"的实用性村庄规划。

2019 年 5 月，发布《中共中央　国务院关于建立国土空间规划体系并监督实施的若干意见》提出，在城镇开发边界外的乡村地区，以一个或几个行政村为单元，由乡镇政府组织编制"多规合一"的实用性村庄规划，作为详细规划，报上一级政府审批。

（一）明确"多规"

新的国土空间规划体系建立之前，政府不同部门在乡村地区编制的规划可谓"百花齐放"，主要有村庄建设规划、村庄土地利用总体规划、土地整治规划、村产业发展规划等（表2-1）。同一片乡村空间多种规划同时并存，其内容、深度、侧重点、发挥作用等均有所不同，不可避免地造成规划间存在不一致甚至矛盾的情况出现。

表 2-1　原乡村地区规划的主要类型

原主导部门	规　划　类　型
国土部	村庄土地利用规划、土地整治规划
住建部	村庄建设规划、社会主义新农村规划
农业部	美丽乡村建设规划、村产业发展规划
环保部	生态保护红线
发改委	乡村振兴规划
多部门	交通、基础设施、公共服务设施、文化保护、环保防灾等专项规划

例如，社会主义新农村规划、美丽乡村建设规划等多轮村庄规划，侧重于居民点（自然村庄）的规划建设、基础设施建设、公共服务设施布局、环境整治、历史文化保护等，对行政村村域的关注或研究相对薄弱；土地利用总体规划，侧重于行政村村域层面的土地利用安排、基本农田保护和土地整理等，对于居民点（自然村庄）物质空间环境的改善提升关注较少[25]；交通、基础设施、公共服务设施、文化保护、环保防灾等专项规划，侧重于某类单项设施的专项规划，缺少全要素的统筹考虑。

除此之外，村庄规划还应该考虑城市总体规划、城镇体系规划、乡镇总体规划、村庄布局规划等上位规划的相关要求，并遵循村庄规划导则等规划标准的技术要求。

（二）做好"合一"

"多规合一"的目标是为了实现统一，综合统筹村庄的发展。村庄建设发展涉及面广，生态、环境、村庄建设、农业、产业、交通、水利和文化等多方面要综合发展。"多规合一"实用性村庄规划即要实现对各部门之间的规划进行合理统筹，努力搭建数据共享平台，建立部门协调合作机制，切实以空间规划作为统领，应编尽编，做到全面且系统，将空间规划作为制定其他规划的根本依据和遵循，实现"一张蓝图干到底"[26]。

实用性村庄规划整合了原村庄规划、村庄土地利用总体规划、土地整治规划、产业发展规划等实用性村庄规划各类规划，兼具村庄发展建设指引和村庄土地利用管控的功能，将空间保护、用地边界、建设项目与空间信息有效融合，最终形成"一本规划、一张蓝图"[27]。

基于"多规合一"的三个阶段：政策合一、技术合一、实施合一，未来村庄规划的重点将着重从政策衔接、技术融合、实践落地三个方面显现[28]。

（1）在政策衔接方面，构建国土空间规划体系下村庄规划统一的技术规范和用地分类标准，统一原有的《土地利用现状分类》《城市用地分类和规划建设用地标准》等用地分类标准。

（2）在技术融合方面，通过打造现状、专题、规划、监管"一张图"来进行"多规合一"的探索。关于"一张图"的内容可参考后续章节。

① 现状"一张图"

一是整合国土"三调"数据、遥感影像、原村庄规划、原村庄土地利用总体规划、确权登记、"一书三证"（《建设项目选址意见书》《建设用地规划许可证》《建设工程规划许可证》《乡村建设规划许可证》）等现状基础及规划、管理和社会经济等四大类型数据。

二是运用各种软件，对不同格式、不同坐标、不同比例、不同标准的数据，开展数据预处理工作。统一采用 2000 国家大地坐标系和 1985 国家高程基准作为空间定位基础。

三是借助地理信息辅助工具，对比分析"三调"与空间规划用地分类差异，对批而未供、权属不一致等用地，通过内外一体的模式，内业勾绘、外业核实、补充调查，采取"一对一"、"一对多"或"多对一"的方法进行基数转换。

四是集成、整合处理和转换通过质量审核的数据，形成坐标一致、边界吻合、上下贯通的现状底图[29]。

② 专题 "一张图"

一是汇集现状调查和空间分析评价数据，结合村庄实际情况，分析评估上位空间规划在村庄层面的精准度和实用性。

二是借助手机信令和 POI 数据、人口实时热力分布、交通流实时数据等大数据，进行遥感影像翻译、空间对比分析及空间要素配置等数据处理分析。

三是运用空间分析结果，开展村庄双评价、产业发展、农民建房、全域土地整治与生态修复、集体资产等系列专题模型分析。

四是将各类空间分析和专题研究成果整合形成一套可视化的、支撑乡村振兴的专题成果。

③ 规划 "一张图"

一是融合无人机倾斜摄影技术、三维实景建模技术和地理信息系统（geographic infomation system，GIS）技术，建设 "三维+GIS 数据平台"，将规划成果模型化，构建对象化精细化的 "规划虚拟乡村"。

二是使用情景分析工具和三维建模技术，构建二、三维一体化应用，引导和管控村庄风貌。

三是将本期规划成果图叠合现状分析、战略研判、规划分区、三线控制和土地用途管制等成果，形成以一张底图为基础，可层层打开和动态更新的一张规划图。

④ 监管 "一张图"

（3）在实践落地方面，运用遥感动态监测技术，形成规划项目监管 "一张图"。

一是基于国土空间基础信息平台，为满足规划编制、审批、实施和监督评估的需求，搭建国土空间规划 "一张图" 实施监督系统，服务于规划 "审查—实施—监督" 业务。

二是在满足国家要求的 "一张图" 应用、分析评价、成果审查管理、规划评估预警、资源环境承载力预警和指标模型管理等六大功能模块前提下，新增 "多规合一" 业务协调和面向公众的信息公开两大模块。

三是在 "一张图" 实施监督系统下，搭建 "多规合一" 的村庄规划数字化管理系统，形成可服务 "编制—审查—实施—监督" 全业务链的监管 "一张图"。

二、镇村布局方法

中央农办、农业农村部、自然资源部、国家发展改革委、财政部联合发布的《关于统筹推进村庄规划工作的意见》（农规发〔2019〕1号）要求到2020年底，结合国土空间规划编制在县域层面基本完成村庄布局工作。

镇村布局规划是在国土空间保护、开发、利用、修复、治理的总体格局下，进一步优化村庄空间布局形态，服务于构建多中心、网络化、组团式、集约型城乡国土空间格局的专项规划，是统筹城乡发展和建设的重要依据，应依据市县国土空间总体规划（包括现行城镇总体规划、土地利用总体规划），在现有规划工作基础上组织编制，并且成果要逐步纳入国土空间规划体系，并通过编制"多规合一"的村庄规划组织实施。

镇村布局规划应进一步优化城镇村空间布局，明确村庄分类和布局，引导农村人居环境分类整治，提升乡村地区基本公共服务均等化水平，促进城乡融合发展，规划应从城乡人口结构、县域分区、村庄分类和配套公共设施方面开展工作[28]。

（一）明确城乡人口结构

城乡人口结构是城镇人口和乡村人口在总人口中的组成状况和数量构成关系。研究城乡人口布局和特点，是确定各类村庄分类与规划布局的依据。

在村庄规划编制过程中，以县为单位开展农民意愿摸底调查、基层基础设施和公共服务设施配套以及产业发展等需求调查，准确了解进城、入镇、留乡的人口规模及分布状况。结合现行城市总体规划确定的具体城镇化总体目标，合理确定乡村总人口规模，综合分析各镇、街道以及乡村地区的经济基础、现状发展规模、设施配套水平、区位交通条件和各类资源禀赋，综合研判未来城乡人口空间分布特征（表2-2）。运用GIS空间分析，叠加评价因子，综合研判未来城乡人口的空间分布情况，指导未来各类村庄分类与布局[28]。

表2-2 综合评价分析表

评价因素	评价因子	赋值方法
经济基础	人均地区生产总值	区域赋值
	农民人均纯收入	区域赋值
现状规模	现状自然村建设用地规模	网格赋值
设施配套	基础设施	网格赋值
	公共设施	网格赋值

评价因素	评价因子	赋值方法
区位优势	城镇影响度	线性扩散
	交通便捷度	线性扩散
资源禀赋	地均耕地面积	网格赋值
	地均水域面积	网格赋值
	旅游资源拥有量	网格赋值

注：区域赋值是指按照行政区（县、乡、村）范围确定数值；网格赋值是指将一定区域按照均匀划分的网格对每个网格确定数值；线性扩散是指应用线性扩散模型的统计理论得到的正态分布假设下的扩散模式。

（二）县域分区指导

县域分区指导是在明确乡村人口流动趋势的基础上，按照"多规合一"的要求，依据市县国土空间总体规划和地方发展需求，落实乡村地区产业布局、永久基本农田和生态环境保护、公共资源配置、基础设施建设、风貌保护等相关规划要求，明确不同空间地域内村庄分类和布局原则要求。

在总体目标的指引下，分别从城镇化、产业发展、设施配套模式和乡村特色彰显四个方面提出差异化的引导策略，综合叠加地形地貌、资源环境禀赋、各类规划控制要求，划定县域乡村发展分区，并提出具体的引导策略要求。

县域乡村发展分区主要包含城市集聚发展区、城镇开敞发展区、山水田园发展区等。城市集聚发展区优先推进中心城市建设，控制乡村发展，产业发展以工业和三产为主，农业作为外围生态空间，适当发展观光农业，设施配套与城镇联网共建，各类村庄设施减配；城镇开敞发展区着重发展重点村，产业发展保障农业生产，将农业与二、三产业相结合，设施配套实现公共服务全覆盖、设施有限配套，同时注重彰显乡村特色；山水田园发展区着重培育特色村，产业发展特色农业、观光农业和旅游业，设施配套根据特色类型，额外配置各类设施，注重挖掘培育，形成特色村组群[28]。

（三）明确村庄分类

按照《国家乡村振兴战略规划（2018—2022年）》《关于统筹推进村庄规划工作的意见》（农规发〔2019〕1号）要求，在综合分析研究不同村庄的现状规模、村庄人口变化、公共服务设施条件、区位条件、资源禀赋等发展条件和潜力基础上，将现状村庄分为"集聚提升类村庄""特色保护类村庄""城郊融合类村庄""搬迁撤并类村庄""其他一般村庄"。各地村庄分类，结合当地实际，根据本省（自治区、直辖市）村庄规划编制指导文件相关要求，可以略有不同，如北京市根据《北京市村庄规划导则（修订版）》分为城镇集建型、整体搬迁型、特色提升型、整治完善型四种类型；河北省根据《河北省村庄规划编制导则（试行）》分为城郊融合类、集聚提升类、特色保护类、搬迁撤并类、保留改善类等类型；湖南省根据《湖南省村庄规划编制技术大纲（试行）》分为城郊融合类、特色保护类、集聚提升类、搬迁撤并类、其他类。

　　科学确定村庄分类，有利于明确村庄发展定位目标，统筹基础设施和公共服务设施布局，促进城乡地域统筹协调发展，推动乡村振兴战略实施。

　　另外，村庄规模分类如表2-3所示。

表2-3　村庄规模分类

村庄规模	人口数量/人	村庄规模	人口数量/人
特大型村庄	>1000	中型村庄	200~599
大型村庄	600~1000	小型村庄	<200

（四）配套公共设施

　　配套公共设施是按照城乡公共服务均等化的总体要求，结合村庄人口和用地的规模，依据服务半径，合理配置村委会、医疗、教育、文体、商业等公共服务设施。配置公共服务设施，是实施乡村振兴战略的关键途径。

　　村庄公共服务设施配置一般参照当地村庄规划编制指导文件相关标准要求，以北京村庄为例，按照《北京市村庄规划导则（修订版）》要求，规划应梳理村庄现状缺少及配置不达标的公共服务设施项目，根据村庄常住人口规模补充完善设施种类，参考公共设施的最低建筑面积标准，并结合各村实际需求明确设施的建设规模，其中，设施种类和配置标准，如表2-4、表2-5所示。

表2-4　北京村庄公共设施性质分类及项目基本配置表[29]

类　别	项　目	公共设施项目配置			
		特大型村庄	大型村庄	中型村庄	小型村庄
一、行政管理	1. 村委会	●	●	●	●
	2. 其他管理机构	●	●	○	○
二、教育机构	3. 小学	○	○	○	○
	4. 幼儿园	○	○	○	○
三、文化科技	5. 综合文化站	●	●	●	●
	6. 青少年、老年活动中心	●	●	○	○

类　别	项　目	公共设施项目配置			
		特大型村庄	大型村庄	中型村庄	小型村庄
四、体育设施	7. 体育活动室	●	●	○	○
	8. 健身场地	●	●	●	●
	9. 运动场地	○	○	○	○
五、医疗卫生	10. 村医疗卫生机构	●	●	○	○
六、社会福利保障	11. 村养老设施	●	●	○	○
七、商业服务	12. 小卖部	○	○	●	●
	13. 小型超市	●	●	○	○
	14. 餐饮小吃店	●	○	○	○
	15. 旅馆、招待所	旅游型村庄可设置			

注：①●指应设的内容，○指可设的内容；②结合教育部门村级生活圈的配置要求，小学和幼儿园的设置应采取"就近就便，可多村共建"的方式进行配置。

表 2-5　村庄公共设施建筑面积参考指标　　　　　　　　　　　　　　　　m²

村庄规模　　项目	特大型村庄	大型村庄	中型村庄	小型村庄
行政管理	150	120	50	50
综合文化站	400	300	200	100
村卫生室	60	60	60	60
幼儿园	1850	1850	1850	——
老年活动室	150	100	70	50
健身场地（用地面积）	1000	700	500	300

三、多村联编方法

《关于加强村庄规划促进乡村振兴的通知》（自然资办发〔2019〕35 号）总体要求中提出村庄规划范围为村域全部国土空间，可以一个或几个行政村为单元编制。湖南省、河北省等多地村庄规划技术指导文件，鼓励连片编制。上海郊野单元（村庄）规划即是强调全域统筹的综合性、统筹性规划，其编制模式为针对有明确发展需求、有具体建设项目诉求的村庄，套编形成一个总体的郊野单元（村庄）规划和若干个保留村的规划方案，即多村村庄规划。

多村联编通过梳理各乡镇（街道）行政区划内现状村庄的区位条件、资源特色、社会发展、历史文化等方面的关联性，合理分配村庄单元，进行多村联编规划，将乡镇各项发展指标落实到各个乡村单元，并实现资源集聚利用，风貌整体塑造，设施共建共享。

（一）确定多村范围

依据上位规划和现状发展情况，确定两个村庄或两个以上村庄联合编制，或者参考上海将镇域作为整体分成若干乡村单元进行编制，或者将县域作为整体进行编制。

将各乡镇内村庄按照限制要素和弹性要素进行现状评估，通过分析将适宜联合编制的村庄进行归类。限制要素主要包括市政公用设施、重大交通设施、生态建设、避灾避险等，通过现状综合分析，整合限制发展型村庄，此类村庄主要为搬迁撤并类村庄；弹性因素主要包括区位交通、发展规模、优势资源、社会发展、农业生产等，通过现状评估，将村庄按区位交通、产业发展、历史文化等方面的发展潜力进行归类。

适宜联合编制的村庄组合原则：一是区位临近的搬迁撤并类村庄、待定类村庄与集聚提升类村庄进行联合编制，例如上位规划确定的中心村或重点村与若干个一般村庄、搬迁撤并类村庄形成组合；二是发展潜力相似且区位临近的村庄进行联合编制，例如位于交通干路沿线、高铁沿线、滨水沿线、产业发展方向相同片区；三是村庄类型相同的村庄可进行联合编制，例如城郊融合类村庄、特色保护类村庄；四是根据上位规划，远期将合并且区位临近的村庄可进行联合编制。

（二）做好五大统筹

多村联编规划中，应重点对生态格局、产业发展、公共配套、历史资源、景观风貌五个方面进行统筹，与区域发展协调，实现乡村振兴。

1. 统筹生态格局

落实上位规划确定生态保护红线、永久基本农田保护红线、村庄建设边界，严守上位规划设定的约束性指标及强制性要求，梳理各乡镇山、水、林、田、村等生态环境资源，结合上位规划的区域空间生态环境评价成果，综合分析后，提出生态整治项目，深入开展山水林田湖草沙一体化生态保护和修复，统筹建设森林、湿地、流域、农田、乡村生态系统，实践"农林水一体化"设计，统筹推进增加林业面积、保护与恢复湿地、改善农田生态环境、综合治理水环境、矿区生态修复和治理等生态工程建设，明确生态保护空间、重点水域生态体系修复以及矿山修复重点区域。另外，推进乡村生态产业化，挖掘区域内生态、历史文化、人文资源，整合特色资源，合理组织分工，引导村庄连片发展生态涵养、休闲观光、文化体验、健康养老等生态功能，探索利用"生态+"发展模式来实践"绿水青山就是金山银山"乡村建设。

2. 统筹产业发展

落实县域层面的国土空间规划的产业发展规划，在乡镇层面充分结合自然资源整体分布特征，形成不同的产业发展导引，打造合理产业空间布局，支撑城市产业发展。根据产业空间布局，引导资源和地理区位相近的村庄产业集聚发展，建议以村庄生态资源为基础，挖掘文化内涵，延伸产业链，创造三产联动、全域产业一体化发展体系。提升原有产业附加值，一产重点发展当地种植业，推进种植规模化、生产科技化；二产主要依托农副产品加工业，并延长其产业链，推动多元产业发展；三产包括全域旅游、服务业和农副产品贸易，重点依托现代农业。

3. 统筹公共配套

落实上位规划基础设施和公共服务设施配置，综合考虑各村庄现状人口规模、设施布点情况、产业特色以及乡镇设施辐射程度等因素，引导镇区与村庄相对接，建立不同层级的设施体系。建议在适宜的服务距离之内，相邻城镇及村庄可统筹考虑设施配置，必要时可合并设置，规模较小的村庄可按服务半径多村共享配套设施。根据村庄现状人口规模和特色产业发展需要，合理增添旅游及产业相关配套设施，例如增加游客接待中心、民宿、餐饮、村史馆、停车场等设施。

4. 统筹历史资源

充分利用自然资源和历史建筑、构筑物、民俗文化等人文资源，依托内外交通系统，构筑线性游览线路，串联片区内历史文化资源点。对历史资源，在保护的同时，探索文化传承的创新路径，融入文化创意、科技、民宿、艺术节等特色产业项目，吸引艺术家、创客等特色人群，统筹发展乡村文化旅游，实施上可通过建立公共信息管理平台，吸引社会资本投入，激活传统村落。

5. 统筹景观风貌

对乡镇山、水、林、田、古树名木等自然要素及传统民居、历史街巷、历史建筑等风貌要素，进行分类引导和有机组合，划分各类风貌分区，营造乡村风貌和乡土景观。风貌规划落实上位规划提出的乡村风貌、色彩分区管控、建筑引导等要求，同时结合各片区不同自然山水、林地景观、田园景观、历史建筑等资源，提出具体种植作物种类、植物配置、建筑色彩、建筑体量、建筑材质、景观小品方案引导要求。

四、村民参与方法

习近平总书记在党的十九大报告中提出，农业农村农民问题是关系国计民生的根本性问题，必须始终把解决好"三农"问题作为全党工作的重中之重，实施乡村振兴战略。习近平总书记参加十三届全国人大一次会议山东代表团审议时强调指出：实施乡村振兴战略是一篇大文章，要统筹谋划，科学推进。要充分尊重广大农民意愿，调动广大农民积极性、主动性、创造性，把广大农民对美好生活的向往化为推动乡村振兴的动力，把维护广大农民根本利益、促进广大农民共同富裕作为出发点和落脚点。自然资源部办公厅《关于加强村庄规划促进乡村振兴的通知》中指出："坚持农民主体地位，尊重村民意愿，反映村民诉求。"

（一）全流程参与

农民是乡村规划实施的主体，欲使规划有效实施，必须保障农民的利益。为了确保农民在乡村规划中的利益主体地位，须实现乡村规划中参与主体、参与方式和参与深度向以农民为主体的乡村规划建设体系转变，即从乡村建设的决策层、规划层和实施层确立以农民为主体的乡村规划编制体系，构建适合现阶段发展背景的乡村规划的公众参与模式。

1. 决策层的参与

在制定乡村规划建设的目标和政策时，政府应从命令式规划向参与式规划转变。一方面，政府应当积极调动农民的积极性，建立"当地政府—村民"双向互动决策模式，使农民真正成为乡村建设的主要受益方；另一方面，在规划管理过程中加强公众参与，将公众监督引入决策过程中，实现由乡村管理模式向乡村治理模式的转变。

乡村规划应以农村集体经济所有制为基础，并且以村委会或村民代表大会为主要组织形式。在乡村规划过程中，应当"因地制宜"，形成"村委会—村代表—农民"的分层参与模式。分层决策参与机制能够提高乡村规划农民公众参与的深度和效率、加强乡村规划编制的科学性和实施的可操作性，有利于规划的实施。

2. 规划层的参与

当前乡村规划层面的各环节中，农民参与主要停留在"被动接受式"阶段，让公众参与流于形式。鉴于乡村规划的公共政策性和公共品属性，在规划层面要避免以传统的规划技术路线来指导乡村规划，将以"教化"和"说服"农民的规划方式向"参与协作"的合作型规划方式转变：

一是要通过农民参与制定乡村的经济和社会发展目标，以战略发展规划的形式为规划工作人员提供一定参考；

二是要通过多种形式的公众参与，如问卷调查、座谈会和访谈调查等了解村庄规划的切身诉求，同时结合规划层面的农民参与，系统和全面地梳理并解答农民最关心的拆迁补助和失地安置等问题；

三是要实现方案公示和审批阶段的农民参与，即方案公示后，通过农民民主投票、村代表会议和规划专家咨询讲解的方式对方案进行选择和修改，形成村民认可的、经济合理及可操作性强的最终方案。

3. 实施层的参与

在规划实施前、中、后期，要强化农民自治监督意识和规划实施管理主管部门信息公开和透明化，通过农民监督来制衡乡村规划的各环节中各利益主体的博弈，确保自身利益不受侵害；要将农民监督制度系统化和规范化；要完善目前对于村民参与的相关法律条款，对村民参与乡村规划管理实施的范围和机制制定制度化保障，明确诉讼主体及其相关权利，保障农民对乡村规划的知情权和监督权。

为了避免乡村规划实施环节对农民意见反馈的忽视、使农民公众参与流于形式，可在乡村规划实施管理部门与农民之间构建起长效的互动反馈机制，在规划实施的各环节中，将农民的意见和异议纳入乡村规划实施管理主管部门的工作中并予以充分考虑，通过审核和复议对意见进行处理，并给予采纳或未采纳的理由。

（二）问卷与访谈

乡村规划中公众参与应区别于城市规划的技术手段，采取更贴近农村当地的实际情况，如村代表大会、农民座谈会、上门访谈调查、乡村规划信息培训或者问卷调查等形式，可通过"有奖调查"的手段提高农民的积极性和配合度，同时可采用调研问卷 APP（手机软件）等技术手段采集问卷。

在设计调查和问卷的过程中要充分考虑当地社会经济发展情况和当地风俗习惯，确保沟通语言清晰且通俗易懂。同时，尽量增加问卷调查和随机访谈数量，确保调查的数据及信息的客观性和有效性。入户调查重点关注村民对村域发展、农房建设、生产生活、生态保护、历史文化等方面的想法、存在的问题，以及意见和建议。还可以召开村民代表会议或者村民会议听取意见。入户调查填写调查问卷，填写比例为全村总户数的30%~50%，或根据当地标准要求比例进行。

（三）村民大会与成果公示

1. 村民大会

在村庄规划的编制全程中，应根据具体情况或当地技术大纲要求组织若干次村民大会，以确保村民对于规划内容和过程中的参与深度。

在规划编制过程中，有针对性地对重点问题和内容，以村委会、村民组长会、村民代表会、乡贤长老会等方式进行深入调查，核实村庄规划建设项目的必要性、可行性、合理性等。根据调查结果和村庄类型，充分采纳村民意见、建议和诉求，依照相关法律法规和村庄规划编制技术大纲，合理确定村庄规划的各项内容。

规划方案成熟后，可组织村民代表会议或者村民会议听取意见，根据村民相关意见对规划方案修改完善。

在编制完成村庄规划后，村支两委可组织村民代表会议或者村民会议对编制完成的规划进行听证，并可邀请乡镇人民政府等有关部门参加。

2. 成果公示

对于修改完成后的村庄规划成果应予以公示，公示性成果包括规划示意图等图件、图文说明、纳入村规民约的条款建议、表格及需要公示的其他内容。可选择在村委会、村民小组、公共活动空间等区域，采取多渠道、多方式公开公示，公示期限不少于村庄规划技术大纲要求的天数。公示中相关利益方有重大异议的，应重新组织听证。

从规划批准之日起规定若干工作日内，通过"上墙""上网"等多种方式将村庄规划成果公开公告。

（四）村民读本与村规民约

1. 村民读本

村民读本是对完整详细的规划成果的简化、提炼，以村庄发展的核心问题为重点，以有效指导村庄规划实施为出发点，以表达清晰简洁为特色，确保村民易懂、村委能用、乡镇好管。由于完整村庄规划内容的专业性及复杂性，可能会给村民带来难以看懂的困扰。因此，可编辑制定一套简明易懂、便于指导实施、面向村民及村委会、形式多样的村庄规划村民读本，具体的表达形式不限。例如针对村委会可制作规划实施和管理手册，针对村民可制作宣传漫画、海报、全村鸟瞰效果图、重点地段透视图等。

2. 村规民约

村规民约是村民群众在村民自治的起始阶段，依据党的方针政策和国家法律法规，结合本村实际，为维护本村的社会秩序、社会公共道德、村风民俗、精神文明建设等方面制定的约束规范村民行为的一种规章制度。可将规划中的关键内容，结合当地现有村规民约的规定及行文风格，将规划中的管制要求加以提炼，形成村庄规划的村规民约内容建议，如图 2-1 所示。

村规民约

绿水与青山，村民要爱护；
山水林田湖，守住是财富；
农田有红线，坚决不侵占；
非农业建设，不可越权限；
村庄有规划，建房需批准；
一户只一宅，面积有标准；
房子要中式，才有家乡样；
相互要协调，样式有指导；
私搭与乱建，一定要杜绝；
道路与广场，不得随便占；
门前要"三清"，垃圾要分类；
粪便不乱排，杂物不乱放；
致富靠勤劳，团结力量大；
村庄产业新，村民腰包鼓。

图 2-1　村规民约

五、"压茬推进"的推进策略

无论是规划编制还是规划实施，都有一个受前序工作的制约问题。理论上，村庄规划的前序工作，是上位规划如乡镇规划；而乡镇规划的前序规划是市县规划乃至省级规划；省级规划的前序规划是国家级规划；等等。而且，各级规划还有基础前提，如"三调"数据，以及"双评价"成果。

如果严格按照前序完成再进行村庄规划编制，往往难以及时提供规划服务，最终影响村庄的发展。因此，需要采取"压茬推进"：

（1）上位规划往往范围很大，只要正在进行规划，即使没有最后审批，也可以提前拿来作为参考使用。

（2）没有上位规划的时候，可以采用上一期的规划作为参考。因为规划的方向会有连续性，从中可以获得本期上位规划的可能的指导。

（3）"三调"数据，以及"双评价"成果数据，可通过相关负责人，找到"本村范围"，甚至建议他们先做本村范围，毕竟先做哪个后做哪个对相关数据负责人可能影响不大。

（4）已经批准的项目，可通过政府规划审批项目库查阅。

（5）前序工作最终完成后，村庄规划还需要再按其结果，调整规划方案。

参 考 文 献

［1］成金华，尤喆．"山水林田湖草是生命共同体"原则的科学内涵与实践路径［J］．中国人口·资源与环境，2019，29（2）：1-6．

［2］易开刚，厉飞芹．乡村振兴须积极践行"绿水青山就是金山银山"理念［N］．光明日报，2019-10-16（6）．

［3］中共中央，国务院．关于抓好"三农"领域重点工作确保如期实现全面小康的意见［J］．农民文摘，2020（5）：3-12．

［4］武联，余侃华，鱼晓惠，等．秦巴山区典型乡村"三生空间"振兴路径探究：以商洛市花园村乡村振兴规划为例［J］．规划师，2019，35（21）45-51．

［5］刘星言．基于"三生融合"理念的田园综合体发展对策研究：以黄石市阳新县"南市渔歌"田园综合体为例［C］//中国城市规划学会，杭州市人民政府．共享与品质：2018中国城市规划年会论文集（18乡村规划）．杭州：中国城市规划学会，2018：733-743．

［6］肖卫东，杜志雄．农村一二三产业融合：内涵要解、发展现状与未来思路［J］．西北农林科技大学学报（社会科学版），2019，19（6）：120-129．

［7］陈若虹．什么是农村一二三产业融合发展？主要有哪几种方式？［EB/OL］．（2019-08-28）［2021-04-01］．https：//m. sohu. com/a/337029123_120243466/．

［8］刘恋．全域统筹视角下四会市乡村居民点整合研究［D］．武汉：华中科技大学，2018．

［9］张克俊，杜婵．从城乡统筹、城乡一体化到城乡融合发展：继承与升华［J］．农村经济，2019（11）：19-26．

［10］曲延春．从"二元"到"一体"：乡村振兴战略下城乡融合发展路径研究［J］．理论学刊，2020（1）：97-104．

［11］丁兰馨，顾怡川，林博．基于村民主体的可持续村庄规划探索［C］//中国城市规划学会，东莞市人民政府．持续发展理性规划：2017中国城市规划年会论文集（18乡村规划）．东莞：中国城市规划学会，2017：1174-1180．

［12］张晨．以村民为主体的乡村规划编制研究［D］．北京：北京工业大学，2017．

［13］李京生．村庄规划的主体是村民［J］．农村工作通讯，2018（22）：57-58．

［14］习近平．决胜全面建成小康社会　夺取新时代中国特色社会主义伟大胜利［N］．人民日报，2017-10-28（1）．

[15] 周锦，赵正玉. 乡村振兴战略背景下的文化建设路径研究［J］. 农村经济，2018（9）：9-15.

[16] 中共中央　国务院. 乡村振兴战略规划（2018—2022 年）［EB/OL］.（2018-09-26）［2021-04-01］. http：//www. gov. cn/xinwen/2018-09/29/content_ 5326689. htm#allContent.

[17] 陈薇，程胜涛. 专访农业农村部乡村产业发展司司长曾衍德：加快发展"一村一品"带动乡村产业振兴［EB/OL］.（2019-10-18）［2021-04-01］. http：//static. nfapp. southcn. com/content/201910/18/c2718962. html.

[18] 吴绍鹏. 打造"一村一品"，不是盲目跟风不能一成不变［EB/OL］.（2021-01-09）［2021-04-01］. https：//baijiahao. baidu. com/s？id=1655214185220936367.

[19] 李荣. 基于乡村振兴战略的实用性村庄规划问题思考［J］. 山西建筑，2018（31）：24-25.

[20] 连旭. 初探实用性村庄规划［J］. 山西建筑，2018（13）：31-33.

[21] 自然资源部办公厅. 关于加强村庄规划促进乡村振兴的通知［EB/OL］.（2019-06-08）［2021-04-01］. http：//www. gov. cn/xinwen/2019-06/08/content_ 5398408. htm.

[22] 丁奇，刘文杰. 改革机制、创新方法，努力提高村庄规划的实用性对《关于改革创新、全面有效推进乡村规划工作的指导意见》的部分解读［J］. 广西城镇建设，2016（5）：36-41.

[23] 张京祥，张尚武，段德罡，等. "多规合一"的实用性村庄规划［J］. 城市规划，2020，44（3）：74-83.

[24] 高信波，李芳. "多规合一"实用性村庄规划助力乡村振兴研究［J］. 乡村科技，2019（33）：28-29.

[25] 金浦农业. 村庄规划"五新"模式解读，打造生态宜居新乡村［EB/OL］.（2019-07-19）［2021-04-01］. https：//www. sohu. com/a/328036386_ 120060327.

[26] 宋一楠，程明. 基于国土空间规划背景下的村庄规划探讨［J］. 园林，2020（7）：31-35.

[27] 上海数慧. 新技术赋能国土空间基础信息平台［EB/OL］.（2019-08-13）［2021-04-01］. https：//www. sohu. com/a/333341419_ 120179158

[28] 江苏省自然资源厅. 江苏省镇村布局规划优化完善技术指南（试行）［EB/OL］.（2020-08-03）［2021-04-01］. http：//zrzy. jiangsu. gov. cn/gtxxgk/nrglIndex. action？type＝2&messageID＝2c90825473c5ca240173c6bc1e8e003a.

[29] 北京市规划和自然资源委员会. 北京市村庄规划导则（修订版）［EB/OL］.（2019-11-20）［2021-04-01］. https：//max. book118. com/html/2019/1120/8000056045002064. shtm.

第三章　村庄规划主要内容

第一节　规划总则

一、规划定位

村庄规划是法定规划，是国土空间规划体系中乡村地区的详细规划，是开展国土空间开发保护活动、实施国土空间用途管制、核发乡村建设项目规划许可、进行各项建设等的法定依据。要整合土地利用规划、村庄建设规划等乡村规划，实现土地利用规划、城乡规划等有机融合，就需要编制"多规合一"的实用性村庄规划。村庄规划由乡镇政府组织编制，报上一级政府审批[1]。

二、规划范围与期限

规划范围为村域全部国土空间，各地可结合地方实际，以一个或几个行政村为单元编制村庄规划[1]。

村庄规划期限与国土空间规划一致。本轮国土空间规划期限 15 年，以 2020 年为规划基期年，规划近期至 2025 年，规划远期至 2035 年，可展望至 2050 年。

三、总体要求

（一）多规合一，统筹推进

按照"多规合一"的总要求，村庄规划编制要通盘考虑土地利用、产业发展、居民点建设、人居环境整治、生态保护和历史文化传承等内容。统筹村庄建设、产业发展、生态保护，坚持有序推进，务实规划，防止一哄而上，片面追求村庄规划快速全覆盖。

（二）优化布局，分类指导

结合当地自然条件、经济社会发展水平、产业特点等，科学布置村庄各项建设，因地制宜地提出差异化规划引导策略，突出地域特色，分类指导，防止乡村建设"千村一面"。

（三）多村联编，共建共享

鼓励村庄规划连片编制。通盘考虑各乡镇（街道）行政区划内村庄区位条件、产业发展、居民点布局、历史文化传承等的关联性，合理分配村庄单元，进行规划多村联编，实现村庄风貌整体塑造，设施共建共享。

（四）尊重民意，简明实用

坚持农民主体地位，秉持"听民声、汇民智、重民意"的工作理念，在规划编制过程中组织村民充分发表意见，参与集体决策，确保规划符合村民意愿。规划成果要吸引人、看得懂、记得住、能落地、好监督，鼓励采用"前图后则"（即规划图表+管制规则）的成果表达形式。

四、村庄类型

根据村庄人口变化、区位条件和发展趋势，结合乡村振兴战略规划，村庄类型可分为以下五种：集聚提升类、城郊融合类、特色保护类、搬迁撤并类及其他类[2-4]。将现有规模较大的中心村，确定为集聚提升类村庄；将城市近郊区以及县城城关镇所在地村庄，确定为城郊融合类村庄；将历史文化名村、传统村落、少数民族特色村寨、特色景观旅游名村等特色资源丰富的村庄，确定为特色保护类村庄；将位于生存条件恶劣、生态环境脆弱、自然灾害频发等地区的村庄，因重大项目建设需要搬迁的村庄，以及人口流失特别严重的村庄，确定为搬迁撤并类村庄。除集聚提升类、城郊融合类、特色保护类、搬迁撤并类四种类型外，发展方向和前景暂时难以判断的村庄，可列为其他类。

五、规划内容

规划内容概括为"1定位目标+1指引+8规划"。"1定位目标"是指发展定位和目标；"1指引"是指村庄分类指引；"8规划"是指8项重要规划内容。

（一）发展定位和目标

1. 发展定位

村庄定位是村庄规划的顶层设计内容，对村庄规划编制具有重要影响。编制村庄定位时，应充分分析村庄资源禀赋、经济社会发展条件等，确定村庄发展方向和主导产业，制定村庄定位，避免发生因规划定位调整，而导致村庄建设投资和时间双重损失、损害村民利益等情况的发生[4-5]。

例如北京某村（简称该村，后同）发展定位：依托关山、水沟水库等优越的自然环境优势，以"桃花"为特色，通过规划建设，提升村庄的整体品质，打造生态宜居示范村和人文旅游休闲村。

2. 发展目标

发展目标是规划定位具体化为指标体系工作，是从经济和社会发展新体系上落实规划定位要求。根据村庄定位制定村庄主要发展目标，充分考虑人口资源环境条件、经济社会发展和人居环境等要求，研究制定村庄发展、国土空间开发保护、人居环境整治目标，明确各项约束性指标，尽可能以定量指标为主和定性指标为辅，体现区域一体化协调发展要求。发展目标指标体系可以分为二到三级，不宜过多，下级指标是上级指标的分解。指标分解时应注意其独立性和关联性，可以从经济运行指标、空间一体化指标、专业分工合作指标、协调发展指标、生态环境指标等角度分解。规划目标执行应落实到资源和空间要素安排上，一般与经济发展计划、生产空间布局、建设空间布局、生态空间布局、重要工程安排等关联。

例如该村村庄规划目标为：打造全国唯一具有山地特色、以"桃花"为文化主题、以"诗和远方""军民融合"为标志的生态文化休闲型特色乡村。

（二）村庄分类指引

以村庄分类要求作为规划指引，提出不同村庄的不同规划路径。以《湖南省村庄规划编制技术大纲（试行）》为例，村庄规划内容如表 3-1 所示。

表 3-1 村庄规划内容一览表

规划内容		特色保护类村庄	城郊融合类村庄	集聚提升类村庄	搬迁撤并类村庄
主要内容	村庄规划发展定位与目标	●	●	●	●
	国土空间布局及用途管制	●	●	●	●
	国土空间生态修复 生态保护修复	●	●	●	●
	土地综合整治	○	○	●	●
	历史文化及特色风貌保护规划 历史文化保护	●	○	○	○
	特色风貌	●	○	●	○
	基础设施和公共服务设施规划 道路交通	●	●	●	○
	公共服务设施	●	●	●	○
	基础设施	●	●	●	○
	产业发展	○	●	●	○
	农村住房布局 农村宅基地用地	●	●	●	●
	农村住房布局	●	●	●	●
	农村住房建设	○	○	○	○
	村庄安全和防灾减灾	●	●	●	●
	人居环境整治	●	●	●	○
	近期行动计划	●	●	●	○

注：● 指基本内容；○ 指可选内容。

（三）8 项重要规划内容

1. 国土空间布局

按照生态环境有所改善、耕地保有量不减少、质量不降低、空间布局有优化、集约节约建设用地的要求，结合村庄实际划分生态空间、农牧空间和建设空间，明确村域国土空间开发保护格局。

例如该村国土空间布局内容：

第 1 条土地变更调查分析校核

村庄现状建设用地比国土现状建设用地多 1.28hm²。国土范围与村庄范围不一致，本次村庄规划使用村庄现状范围。

（1）保留超出国土范围宅基地用地 0.86hm²。

（2）腾退超出国土范围非宅基地用地 0.42hm²。

（3）减量低效、低端产业用地和超出上轮村庄规划产业用地 14.46hm²。

第 2 条限制性因素分析

该村用地限制性因素包括村庄建设用地控制线、永久基本农田保护控制线。该村不涉及紫线、黄线。

第 3 条五线管控分析

（1）村庄建设用地控制线：规划按照"两规合一"的原则，结合国土部门的土地利用规划，划定该村庄建设用地的控制界线，面积 80.55hm²。

（2）村庄永久基本农田保护控制线：划定永久基本农田保护控制线为村域内生态控制线，不包含生态保护红线。村域内永久基本农田控制线范围内面积为 53.90hm²。永久基本农田保护控制线内原则上禁止任何开发建设行为。

（3）蓝线：划定水沟水库控制界线为蓝线，水沟水库在村域内用地面积为 2.21hm²。

第 4 条空间管控范围及要求

落实北京城市总体规划提出的"两线三区"市域空间分区管控要求，按照集中建设区、限制建设区和生态控制区对村庄进行引导。该村范围内主要为生态控制区。在生态控制区范围内，以严格的生态保护为目标，统筹山水林田湖草等生态资源保护利用地区，强化生态保育和生态建设、严控开发建设。

第 5 条农业空间和生态空间

该村村域内耕地面积 33.07hm²；永久基本农田控制线范围内面积为

$53.90hm^2$，永久基本农田保护控制线内原则上禁止任何开发建设行为；园地面积 $38.26hm^2$；草地面积 $3.78hm^2$；设施农用地面积 $17.27hm^2$；林地 $320.91hm^2$；水域面积 $2.25hm^2$。

2. 产业发展规划

结合上位规划确定的产业发展策略，根据村庄产业现状、资源禀赋、空间区位等因素，梳理产业发展总体思路、主导产业和特色产业，统筹安排一二三产业发展空间，合理布局经营性建设用地，保障农村新产业新业态发展用地，明确产业用地用途、强度等要求。构建绿色生产体系和特色产业体系，除少量必需的农产品生产加工外，一般不在农村地区安排新增工业用地[1,6]。

例如该村产业发展规划内容：

构建思路：首先分析该村现状特征和潜力——①该村人多地少属于劳务输出型村庄；②该村一产为主、二产薄弱、三产发展欠缺；③该村资源未整合、旅游发展未有规划。其次预判该村发展方向——①一产为主、规模化、高标化、特色化发展；②二产为辅，寻求规模化转型发展路径；③三产关联，依托一产发展休闲农业。

构建体系：规划在该村的产业发展现状和发展潜力基础上，按照"三产"融合发展的思路，依托三大基础产业（金花茶种植、高标准农田种植、集中禽畜养殖），发展一大精深加工产业（金花茶延伸产品深加工），打造以"金花茶"为特色的休闲乡旅目的地，构建"三产"联动、农旅合一、产村一体的"三基础一精深一目的地"的"311"产业发展模式。

产业空间结构：规划考虑城乡建设需要，形成"一廊一带三区"的产业发展格局。"一廊"即居住综合廊道；"一带"即旅游休闲带；"三区"东北部乡村生活区、西部乡村生活区、生态农林区。

产业项目布局：形成生态有机大米基地、澳洲坚果基地、金花小镇旅游接待中心、金花茶种植园等18个产业项目。

"三产"融合发展规划：水稻种植区、特色作物种植区、生态养殖产业园、金银花特色产品加工区、乡村旅游观光农业。

3. 土地整治和生态修复

落实生态保护红线划定成果，明确森林、河湖、草原等生态空间，尽可能多地保留乡村原有的地貌、自然形态等，系统保护好乡村自然风光和田园景观。

加强生态环境系统修复和整治，慎砍树、禁挖山、不填湖，优化乡村水系、林网、绿道等生态空间格局[1]。提出国土空间综合整治的项目清单，宜包括全域土地综合整治、高标准农田建设工程、"空心房"整治工程、土地复垦工程等。

例如该村土地整治和生态修复内容：

（1）提出治理与修复项目清单：根据该村国土空间及生态环境现状，空间治理和生态修复主要由沿江及其他水域生态综合整治、园林生态综合整治、耕地生态保护重点整治、农村宅基地综合整治和工矿用地综合整治五部分构成。

（2）明确治理和修复的重点任务和具体措施，以上述耕地生态保护重点整治为例进行说明：

整治依据：该村耕地集中连片度高，部分耕地已进行流转，田园风光秀美。但因部分耕地内部田间道路、灌排渠系等基础设施不完备，导致耕地单产水平较低，影响村民年收入水平和生活质量。作为村内主导产业，有必要对现状耕地进行综合整治，提高粮食单产水平，完善基础设施，建设高标准农田，助推农村一二三产业融合发展，满足人民生产生活需求。

整治范围：该村耕地综合整治面积为 $862.88hm^2$，主要分布于该村村东、西部和北部。

整治内容：①土地平整及提质改造。因地制宜，根据灌溉水源、地形、地貌和土壤情况，结合项目区土地的利用计划，合理布局田、水、路；通过土地平整达到灌水均匀，利于排水，改良土壤，满足作物高产稳产及对水分的需要等；通过土地平整以便于机耕，发挥机械效率，提高生产力。②农田防护工程与生态景观整治工程。通过护路护沟林、护岸林、农田防护林等建设，提高农田防御风蚀能力，减少水土流失，改善农田生态环境；通过农田渍水净化、生态驳岸等工程建设，提升农田生态服务功能。

4. 农村住房布局

按照上位规划确定的农村居民点布局和建设用地管控要求，合理确定宅基地规模，划定宅基地建设范围，严格落实"一户一宅"。充分考虑当地建筑文化特色和居民生活习惯，因地制宜地提出住宅的规划设计要求[1]。

例如该村农村住房布局内容：

新建住宅宅基地面积为 $150m^2$，总建筑面积约为 $300m^2$，建筑层数为3~4层（图3-1）。规划结合金花小镇的特色资源，保留原有红砖墙面，圈梁、柱子等混凝土暴露部分刷白色漆。部分门窗加上镂花铁艺装饰，窗台外挂种植各种花卉的铁艺花盆。墙下以景观小品加以点缀。通过镂花铁艺、花卉装饰以及墙体美化，建设浪漫的特色小镇（图3-2）。

墙面：修整原有砖墙面，圈梁、柱子涂白色，局部添加镂花；

铁艺装饰：依据墙面局部挂花卉；

护栏：白色或黑色铸钢镂花栏杆，种植花卉；

门窗：白色或黑色格子门窗，镂花铁艺装饰，窗台挂盆；

环境：花池、景观小品。

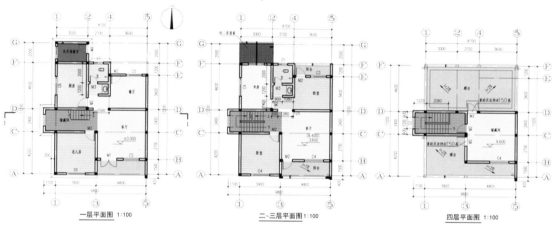

图 3-1　意向户型布置图

图 3-2　意向住宅效果图

再例如某村建筑设计引导案例：

规划选取有改造需求的村民住宅院落作为示范，结合村民生活特点和需求对院落及居住建筑进行方案设计，包括一层建筑方案和二层建筑方案（图3-3～图3-5）。

居住建筑包括正房、厢房、起居室、厨房、卫生间等基本功能空间。

　　平面图：村民住宅院落采用半围合布局方式，配置厢房，院落内考虑农用车、小汽车的停放，院墙及大门整体设计，创造自然、舒适的院落空间。

　　立面图：村民住宅整体为简约的中式风格，采用坡屋顶，以砖石作为主要材质，以灰、白作为主要颜色。

图 3-3　建筑设计引导

图 3-4　一层方案

图 3-5　二层方案

5. 历史文化传承与保护

　　深入挖掘乡村历史文化资源，划定乡村历史文化保护线，提出历史文化景观整体保护措施，保护好历史遗存的真实性。防止大拆大建，做到应保尽保。加强各类建设的风貌规划和引导，保护好村庄的特色风貌[1]。

例如湘西州司城村历史文化传承与保护措施：

1）遗产区主要控制措施

（1）遗产区内不得进行可能影响永顺土司城遗址文物本体及环境安全性、完整性的活动，一般不得进行其他建设工程或者钻探、挖掘等作业；

（2）保护方案应遵循最小干预原则，禁止进行遗址复建；

（3）遗产区内不得新建与遗产保护、展示无关的其他建筑。

2）缓冲区主要控制措施

（1）缓冲区内不得建设任何污染遗址及环境的建筑、设施，不得开设工业项目；

（2）缓冲区内进行建设工程，新建项目规模、体量、形制、色彩不得破坏遗址环境的整体性、历史性与和谐性；

（3）按照《中华人民共和国森林法》等相关法律法规对区内森林进行保护，禁止将林地改为非林地；

（4）缓冲区与其他文物保护单位保护区划重合的区域，应同时满足其他文物保护单位的保护管理要求；

（5）缓冲区内居民点不得扩大建设用地规模。新建、改建的民居建筑高度不得超过2层，建筑风貌以湘西地区传统建筑为宜。

3）建设控制地带主要控制措施

不得建设污染文物保护单位环境的设施，对已有的应限期予以治理；在建设控制地带范围内的建设工程，不得破坏文保单位的历史风貌和环境。

6. 公共和基础设施布局

依据村庄类型、人口规模和实际需求统筹考虑公共服务和基础设施布局，通过交通、地形、资源等因素对设施服务半径影响进行修正和调整，规划建立全域覆盖、普惠共享、城乡一体的基础设施和公共服务设施网络。基础设施和公共服务设施用地布局以安全、经济、方便群众使用为原则，因地制宜地提出村域基础设施和公共服务设施选址、规模、标准等要求[1]。

例如该村电力、电信工程：

1）电力工程规划

负荷预测：本村规划采用户均负荷法预测用电负荷指标取4kW/户。规划期末 2035 年总人口为 6200 人，约 1499 户，由此估算用电负荷 5996kW。

电源规划：规划区用电接两个镇的 10kV 电力线，经配电变压器降压后供村民使用。

电网规划：现状 220kV、110kV、35kV 及 10kV 电力线路均为架空敷设，居民点电力路线远期建议逐步改为铠装电缆埋地敷设，原则沿主要道路一侧人行道，不少于 0.5m，过机动车路段需穿金属管保护，埋深不少于 0.7m。当沿同一方向敷设的电缆数量少于 6 根时采用直埋方式敷设。

道路照明：村庄主要道路宜设置路灯照明，光源宜采用节能灯，经济条件允许的情况下推荐采用太阳能灯具。

电力线保护区：电力线路导线边线向外侧水平延伸并垂直于地面所形成的两平行面内的区域为电力线路保护区。220kV 电力线路保护距离为 15m；10kV 电力线路保护距离为 5m。保护区内禁止兴建建筑物，禁止堆放易燃物、易爆物及其他影响安全供电的物品。

2）电信工程规划

邮政：规划在该村村委会设邮政服务代办点，担负常规的邮政业务。逐步与城市邮政业务接轨，增设包裹收发等便民邮政业务。

电信：该村基本普及"村村通"工程，满足村民日常通信需求。村庄的通信线路一般以架空方式为主，电信、有线电视线路宜同杆敷设。

7. 村庄安全和防灾减灾

分析村域内地质灾害、洪涝等隐患，划定灾害影响范围和安全防护范围，提出综合防灾减灾的目标以及预防和应对各类灾害危害的措施[1]。具体包括消防、防洪排涝、地质灾害防治、地震灾害防治、沿海灾害防治、农业灾害防治、公共卫生防疫等方面。

例如该村消防规划内容：

1）规范建设

村庄应按规范设置消防通道，主要建筑物、公共场所应设置消防设施。设置室外、室内消防栓及手提灭火器系统。新建建筑之间防火间距不宜小于 4m。规划管道上应按不大于 120m 间距设置室外消火栓，消火栓保护半径不得大于 120m；消防水池容量不宜小于 200m³。

2）防火分区

根据现状按 20~40 户及居民点分布状况划分防火分区。依靠消防水池、广场、主要道路和火灾时可拆建筑及主要道路作为防火隔离带，自然形成防火分区。利用村寨内的主要道路作为疏通道，向村寨周边空旷场地进行有效的人流疏散。在防火间距宽度不能满足 12m 的情况下利用建筑的山墙面设防火墙。

3）消防用水保障

村内有邕江从西往东穿过，再加上村内坑塘水面，鱼塘等水域，消防用水可就近取用，不能满足火灾扑救需要的，应结合村庄配水管网安排消防用水或设置消防水池。配置简易消防车、消防泵或手抬机动泵。

4）加强宣传教育

设置宣传牌、橱窗等，普及消防安全知识，提高防火意识；发动和组织村民自愿参加消防知识技能培训；明确村庄及各大队消防负责人。

8. 近期建设安排

研究提出近期急需推进的生态修复整治、农田整理、补充耕地、产业发展、基础设施和公共服务设施建设、人居环境整治、历史文化保护等项目，明确资金规模及筹措方式、建设主体和方式等[1]。

例如该村近期建设安排内容：

近期（2020—2025 年）目标：近期规划目标是达到城乡建设用地增减挂钩，促进城乡统筹和现代高效农业示范区建设。

建设内容：提高土地节约利用水平，保障未来 5 年农民建房需求。将现状废弃、闲置的农村建设用地复垦为农用地或者拆除旧房后保留为建设用地发展产业，变废为宝，提高土地利用效率，也为未来五年农村农民建房宅基地需求预留足够的空间。

（1）改善村容村貌，促进农村居住环境的改善。通过修建村庄道路、停车场、排水沟、舞台、垃圾箱、路灯、公共厕所、绿地广场等，对村庄保留的建筑进行风貌改造，美化建筑外立面景观，整理村庄环境，逐步提升乡村居住品味。

（2）推进农业现代化，促进农民增收。按整治分区实施综合整治，完成机耕路、排灌渠建设，为土地流转、规模种植、农业产业化发展奠定基础。

（3）形成一个项目区现场示范样板。将增减挂钩政策、表土剥离、风貌改造、产业开发政策叠加，充分利用历史文化和田园风光资源，推动发挥"土地整治+"效应，促进村一二三产业发展，形成一个示范样板。

（4）形成一套可复制可推广的经验。在增减挂钩收益监管、拆迁复垦补偿、社会资金引入，以及项目策划、规划设计、实施监管等方面形成一套完善的管理制度。

（5）培育、壮大村集体经济组织。通过示范项目的建设，提高集体经济组织管理水平，加强农村基层治理，巩固村委在基层的领导地位。

（6）集中建设畜牧养殖区，完善周边给水、排水设施，引导村民集中养殖，统一管理。

投资估算：

（1）投资估算范围：近期（2020—2025 年）规划建设项目。

（2）投资筹措。具体如下：

① 增减挂钩收益。拟将村范围内采矿用地复垦新增耕地指标 0.46hm^2 在自治区交易平台上交易，最低成交价可达 30 万元/亩[①]。

② 危旧房改造资金。泥房的村民可以向住建局申请危旧房改造资金，每户约 1.8 万元。

③ 污水处理设施资金。可向环保局申请污水处理资金 30 万元。

④ 村建设规划项目资金。可以申请自治区三年行动计划资金。

（3）投资计划。投资预算范围为规划近期和远期建设项目，共规划项目 14 个。

六、工作流程

村庄规划编制大致需要以下八步：工作准备、基础条件评价、现状调研与分析、村庄规划发展策略制定、规划方案编制、村民全过程意见征询、规划论证审查、规划上报。

（一）工作准备

准备工作主要包括组织准备、技术准备和经费准备。

（1）组织准备：成立规划领导小组，协调政府、规划人员和村民代表联动的基层规划团队、召开规划动员会等。

（2）技术准备：选定规划编制技术协作单位、确定规划编制思路和工作方法、完成非专业人士的技术培训。

（3）经费准备：编制经费预算报告、申请经费等。

（二）基础条件评价

规划编制统一采用第三次全国国土调查数据作为规划现状底数和底图基础，

---

① 1 亩 ≈ 666.7m^2

统一采用 2000 国家大地坐标系和 1985 国家高程基准作为空间定位基准基础，形成现状底数和底图基础。在此基础上开展"资源环境承载力评价"和"国土空间开发适宜性评价"双评价工作，科学评估既有生态保护红线、永久基本农田、城镇开发边界等重要控制线划定情况，进行必要调整完善。

（三）现状调研与分析

1. 资料收集

全面收集村庄基础资料。充分掌握村域范围内自然资源状况、地质灾害、人口和社会经济发展、各类基础设施建设等基础资料，涉及村庄发展相关的政策情况、上位规划和已编制的村庄规划等规划资料。

2. 入户调研

深入开展驻村调研，通过走访座谈、问卷调查和驻村调研等方式，详细了解村庄发展脉络、现状情况、存在问题和发展需求，重点关注村民对村域发展、生产生活、生态保护、农房建设、历史文化等方面的意见和建议，充分听取村民诉求，获取村民支持。

3. 分析现状，提出编制建议

根据基础资料和入户调研情况，总结村庄特点和资源利用状况、评估各类规划实施情况，分析建设发展和规划实施中存在的问题，结合村民需求提出村庄规划编制方向、原则、重点等建议。

（四）村庄规划发展策略制定

村庄规划发展策略主要包括村庄发展目标与定位、主导产业选择、土地利用、人居环境整治、生态保护、历史文化保护等。

（五）规划方案编制

依托专业规划人员、村委会、镇级干部为主要力量组成的规划团队开展村庄规划编制工作，形成相关成果。

（六）村民全过程意见征询

项目编制全过程听取村民意愿，充分注重村民的主体地位。规划各阶段性成果要在村内公示，接受村民监督，组织村民充分发表意见。规划报送审批前，应经村民会议或者村民代表会议审议并公示，确保规划符合村民意愿，且愿意主动实施规划。

（七）规划论证审查

由乡镇人民政府组织村党组织、村民委员会召开规划论证会，听取规划编制单位汇报，邀请有关部门、专家和村民代表参加，对规划提出纠正、修改或补充的具体意见。

（八）规划上报

规划成果通过评审后，根据评审意见进行修改完善，按规定程序报上级人民政府审批。

第二节　人口规模预测

依据村庄人口历年变化情况，结合县域镇村布局规划和村庄发展趋势，综合考虑人口自然增长、产业发展、环境和生态资源承载力等因素，合理预测人口规模[7-9]。人口规模预测方法主要有综合增长率法和线性回归模型两种。

一、综合增长率法

此方法通过参考历年自然增长率及机械增长率，确定预测期内的年平均综合增长率，然后再根据式（3-1）预测出目标年末的人口规模。该方法具有普遍适用性，但对人口增长率的精度要求较高。

$$P = P_0 \times (1 + \alpha + \beta)^N \tag{3-1}$$

式中，P 为规划期末人口数；P_0 为基准年人口数；α 为人口自然增长率（出生率−死亡率）；β 为人口机械增长率（迁入率−迁出率）；N 为规划年限。

二、线性回归模型

此方法根据时间序列数据的趋势变动规律建立模型，根据式（3-2）可以推断未来值。该方法适用于人口数据变动平稳、直线趋势较明显的预测。

$$Y = at + b \tag{3-2}$$

式中，Y 为预测年份人口；t 为预测年份相对于基准年份的绝对值；a、b 为系数，通过回归的直线获得。

村庄人口规模受多种因素影响，如自然资源、工农业生产优势、产业结构等。村庄与城市不同，对自然资源的依赖更强。因此，村庄人口发展需要看自然资源的供给能力，这里主要指水资源的供给能力。区域水资源对村庄建设的保障能力，可决定人口发展的上限。

第三节　国土空间布局

一般而言，从提供产品的类别来划分，国土空间可以分为生态空间、农牧空间、建设空间和其他空间四类。

一、生态空间

生态空间是指具有自然属性、以提供生态产品或生态服务为主导功能的国土空间，包括森林、草原、湿地、河流、湖泊、滩涂、岸线、荒地、荒漠、戈壁、冰川、高山冻原等[7]。从提供生态产品多寡来划分，生态空间又可以分为绿色生态空间和其他生态空间两类。绿色生态空间主要是指林地、水面、湿地、内海，其中某些为人工建设而成，如人工林、水库等。其他生态空间主要是指沙地、裸地、盐碱地等自然存在的自然空间。生态空间布局应落实上位规划生态保护红线划定成果，将生态保护红线落实到地块，明确生态系统类型、主要生态功能，确保生态红线落地准确。

二、农牧空间

农牧空间包括农业生产区和牧业生产区。主要涵盖永久基本农田、一般耕地、园地、人工商品林、基本草原或承包草场、人工牧草地、耕地后备资源潜力区等[7]。农牧空间布局要结合上位规划确定的永久基本农田和耕地保护任务，以及其他用于农牧业生产的园地、林地、草地、水域等的分布，落实永久基本农田保护红线和一般农牧空间，衔接落实粮食生产功能区、重要农产品生产保护区和特色农产品优势区。合理划定养殖业适养、限养、禁养区域，严格保护农牧空间。适应农牧业现代产业发展需要，科学划定村庄经济发展片区。农牧空间内的林地、草地、水域等其他农业用地的管理严格执行相关法律法规。

三、建设空间

建设空间是指居民点建成区、独立工矿区、经营性建设用地区。现有建设空间布局的形成，有其历史的必然性和客观合理性，与自然变迁、社会变革、人文更新、技术水平、经济发展有关，其发展规划也应遵循其自身发展规律，根据生产组织形式和生产力水平变迁，以及土地生产、供养能力和居民价值观，不断优化居民点布局，促进分散或散列式居民点逐步向中心村、集镇、乡镇递进式集中。

建设用地选址宜在生产作业区附近，并应充分利用原有用地结构，同土地利用总体规划相协调。周边水源充足，水质良好，地质条件适宜，便于排水、通风。需要扩大用地规模时，宜选择荒地、薄地，不占或少占耕地、林地和牧草地[4]。在不良地质地带严禁布置居住、教育、医疗及其他公众密集活动的建设项目。因特殊需要布置除前述严禁建设之外的项目时，应避免改变原有地形、地貌和自然排水体系，并应制订整治方案和防止引发地质灾害的具体措施[4]。

建设空间布局要统筹考虑农村区域发展和促进城乡分工协作，做好城乡经济、城乡环境、城乡景观、城乡管理相融合，以居民点为依托，根据农产品富裕程度和资源、交通条件，安排农产品加工业和其他企业用地。为有效提升村民生活质量，安排好供村民开展体育活动、培训集会、休闲服务等公共空间用地。

建设空间布局主要涉及以下方面：

（一）居住用地规划

居住用地的选址应有利生产和方便生活，具有适宜的卫生条件和建设条件。居住用地应布置在大气污染源的常年最小风向频率的上风侧以及水体污染源上游，应与生产劳动地点联系方便又不互相干扰。居住用地位于丘陵和山区时，应优先选用向阳坡和通风良好的地段。

居住用地规划应按上位规划用地布局要求，综合考虑相邻用地的功能、道路交通等因素，根据不同的住户需求和住宅类型，宜相对集中布置。

紧凑式的用地布局是低碳乡村规划的一种方式，低碳的用地布局一般以紧凑、多功能的形式组织乡村的各种用地。紧凑的用地布局具有土地利用率高、功能多样性的特点，并且有利于减少居民出行距离和次数，从而大幅减少由于通勤造成的碳排放量[5]。

（二）公共设施用地规划

教育和医疗保健机构必须独立选址，其他公共设施宜相对集中布置，形成公共活动中心。学校、幼儿园、托儿所的用地，应设在阳光充足、环境安静、远离污染和不危及学生、儿童安全的地段，距离铁路干线应大于300m，主要入口不应开向公路。

医院、卫生院、防疫站的选址，应方便使用并避开人流和车流过大的地段，也应满足突发灾害事件的应急要求。

（三）生产设施和仓储用地规划

工业生产用地应根据其生产经营的需要和对生活环境的影响程度进行选址和布置。一类工业用地可布置在居住用地或公共设施用地附近；二类、三类工业用地应布置在常年最小风向频率的下风侧及河流的下游，并符合现行国家标准《村镇规划卫生规范》（GB 18055—2012）的有关规定；新建工业项目应集中建设在规划的工业用地中；对已造成污染的二类、三类工业项目必须迁建或调整转产。同类型的工业用地应集中分类布置，协作密切的生产项目应邻近布置，相互干扰的生产项目应予以分隔；工业生产用地附近应有可靠的能源、供水和排水条件，以及便利的交通和通信设施，公用工程设施和科技信息等项目宜共建共享，并为后续发展留有余地。

农机站、农产品加工厂等的选址应方便作业、运输和管理；养殖类的生产厂（场）等的选址应满足卫生和防疫要求，布置在村庄常年盛行风向的侧风位和通风、排水条件良好的地段，并应符合现行国家标准《村镇规划卫生规范》（GB 18055—2012）的有关规定；兽医站应布置在村庄边缘。

仓库及堆场用地的选址和布置应按存储物品性质和主要服务对象进行选址，地点应设在村庄边缘交通方便的地段；性质相同的仓库宜合并布局，共建服务设施；粮、棉、油类、木材、农药等易燃易爆和危险品仓库严禁布置在人口密集区，与生产建筑、公共建筑、居住建筑的距离应符合环保和安全的要求。

（四）环境规划

环境规划主要包括污染防治、环境卫生、环境绿化和生态景观的规划。生产生活的污染防治规划主要应包括生产生活的污染控制和排放污染物的治理；环境卫生规划应符合现行国家标准《村镇规划卫生规范》（GB 18055—2012）的有关规定；环境绿化及景观规划应根据地形地貌、现状绿地的特点和生态环境建设的要求，结合用地布局，统一安排公共绿地、防护绿地、各类用地中的附属绿地以及村周围环境的绿化，形成绿地系统。

绿地系统是构建乡村生态宜居环境的重要组成部分，也是乡村碳汇的主要来源。碳汇林的建设有助于减少碳排放。在规划编制过程中，充分保护和利用乡村原有的自然环境资源，运用多种绿化手段，结合乡村原有的景观特色，突出历史风貌和地方特色，完善原有的绿地系统。利用点、线、面、空间等多种绿化方式来进行绿地系统规划，在绿地布局时，利用庭院或路旁大树形成点状绿化，利用沿河的生活岸线及道路绿化带形成线状绿化，利用广场等开敞空间构建面状绿化，利用乡村地区的茂密树林来构建山体绿化。[6]

四、其他空间

其他空间，是指纵横于上述三类空间中的交通、能源、通信、水利等基础设施以及军事、宗教等特殊用地的空间。其他空间从强化上述三类空间功能出发，为上述三类空间提供高效服务为目的来进行布局。

第四节　产业发展规划

落实上位规划产业定位和发展策略，结合村庄自然资源禀赋，按照乡村一二三产业融合发展的原则，与乡（镇）政府、村委会、驻村工作队和村民充分沟通，提出村庄产业发展路径，确定产业项目策划方案，合理布局农产品生产、加工、营销、乡村旅游配套等农村新产业新业态发展用地，明确各类产业用地的用途、强度等要求，鼓励产业空间复合高效利用[7]。

一、村庄产业类型

村庄产业类型受村庄发展定位类型制约，受村庄发展主业引导。村庄产业发展应结合市、县及乡镇发展体系、产业发展规划、基础设施建设规划及本村区位优势和资源优势确定，村庄产业发展主要类型如下：

（一）资源开发型

以资源收益为地方主导收益（不一定是最大收益来源），其他产业发展是围绕资源开发进行，是资源开发产业链条的延伸、配套和完善。资源开发包括矿产资源、水及水利资源、地质景观资源、生态景观资源等特色的地质与地理资源利用开发。资源开发型村庄规划应包括资源开发应用、环境保护修复、后续经济转型发展及配套管理政策等内容。以矿产资源开发为主的，其规划期应长于资源开发周期，可持续发展的资源开发规划期应与一般规定一致。

（二）旅游开发型

旅游开发是对景观资源、文化资源、地理环境、人文风俗等进行综合开发，为社会提供游乐、休闲、学习、健身服务。旅游是一个很宽广的产业体系，尽管传统的观光旅游仍然占有重要地位，但会展、运动、商务、培训、探险、创意、康体疗养、餐饮、现代农业等产业都已在旅游的大结构中形成共生，多产业的综合成为旅游开发的基础。旅游资源开发应坚持特色性、共生性、网络化原则。坚持以人为本，设计游憩模式；追求独创奇异，形成独特性卖点；深度挖掘地脉、文脉和人脉，用情景化、体验化设计产品。另外，应该注意开发和挖掘旅游资源的价值和功能，处理好开发与保护的辩证关系，保护好自然生态。

（三）绿色环保型

绿色环保型村庄一般位于永久基本农田保护区或生态保护区范围内，以发展农业为主，在规划期内，总体产业布局和土地利用布局不做大的改变，通过物理、生物、化学等方法进行生态环境综合整治。开展全域土地整治，在优化产业布局基础上进行景观提升，建设美丽乡村。大力发展农业循环经济，大力发展健康、安全、绿色、环保的生态农业产品，提升产品质量，增加经济效益。

（四）特产发展型

特产发展型包括发展特色农产品、特色手工产品和特色加工业产品。独特的生态环境、地貌单元、土壤环境、气候条件形成独特的微地理环境或地理资源，经历代居民的生产实践，产生受到大众欢迎的具有特色风味风俗的农产品、特色手工产品和特色加工业产品。特色产品在一定区域内具有量产和发展前景，能形成一定产业规模，但因地理条件限制也使特色产品不具备可广泛复制性。特色产品具有生产、加工一条龙生产流程，也可在生产过程及加工环节中形成独特景观或风貌，通过休闲、科普和产品推广来增加居民收入，形成特产发展型村庄。

（五）对口服务型

在大型居民区或居民集中区，因人口集中、消费和服务需求大，在这些区域周围容易形成为特定消费群体提供新鲜农产品、生活消费品、休闲服务等的产业。

（六）文化拓展型

规划的村庄在历史发展过程中出现具有一定影响的历史事件、特色文化、知名人士、地方曲艺等，对当前社会发展具有学习、借鉴、观赏、弘扬意义，可通过村庄规划将当地特色文化通过"吃、穿、住、行、作、讲、宣"显化出来，也可采用文化创作、情景重现营造特色氛围，达到吸引消费实现经济发展的目的。

（七）复合发展型

根据村庄地理和资源情况，村庄发展可以采用上述类型中多种组合形式进行规划发展，复合发展型产业规划也应有主从之分，并分步实施。

二、产业发展空间布局

依据上位规划的功能定位，结合村庄自身生态环境禀赋、特色资源要素、现实产业类型和发展诉求，以稳固农业生产功能、创新服务功能、激活乡村地区经济活力为目标，推动乡村地区一二三产融合发展。积极适应村庄新业态发展需求，鼓励借助数字赋能、文化赋能，推动乡村产业转型升级，提出产业发展引导策略，合理进行业态和项目策划，拓展农民增收致富渠道[7-10]。

（1）结合农业类上位及相关规划确定的产业发展要求，根据村庄区位、产业现状、农用地流转现状、农业生产实际需求等因素，梳理产业发展思路，合理确定农业生产用地和设施农用地的布局和规模。生产用地布局要加强与农业布局规划的衔接，科学合理安排粮食生产功能区、蔬菜生产保护区和特色农产品优势区，保障农业发展空间。

（2）村庄地理、地貌、地质、水文条件决定村庄农林牧渔业用地布局，应结合当地实际，选择合适的农林牧渔产业，合理确定生产用地布局。农业用地规划应对农田进行整理，选择合适的种植产业。林业用地规划应坚持生态效益优先、效用实惠、体系统筹的原则，在布局上做好点、线、面结合，在效果上与当地地理环境相协调，实现生态效益、景观效益、经济效益相融合。综合考虑规模化畜禽养殖用地选址和农村产业发展需要，在禁止占用永久基本农田和尽可能不占或少占耕地的前提下，鼓励利用废弃地和荒山荒坡等用地。饲养场地的选址应避开农村居民点用地，布置在村庄常年盛行风向的下风向或侧风位，与农村居民点保持足够的卫生防护距离。渔业用地既要适宜于自然条件，又要做好养殖废水的资源化利用，实现节约用水、循环用水。

（3）引导乡村地区工业企业逐步向城镇产业空间集聚。除少量必需的农产品生产加工及乡村振兴项目外，一般不在乡村地区安排新增工业用地。

（4）根据乡镇国土空间规划总体部署，在摸清存量农村集体建设用地底数和产权的基础上，结合当地自然条件、社会经济和产业发展需求，因地制宜地安排商业服务、农副产品加工、仓储物流、旅游发展等经营性建设用地。

经营性建设用地在国土空间中占比不高，但其作用至关重要。在当地经济发展中经营性建设用地布局、发展规模与村庄发展类型有关，以加工特色系列产品或吸引旅游消费为主的村庄，经营性建设用地占比稍大；以生态农业生产为主的村庄，着力于农产品质量提升和特色产品的产业链延伸，经营性建设用地占比较小。经营性建设用地选址应符合稳定性、安全性和上位国土空间规划管制方面要求。经营性建设用地应尽可能集中，要接通水、电、气、路、网，配套建设停车场、饮食、住宿、环卫、排水等辅助设施，绿化要符合生态环境要求。明确近、远期经营性建设用地规模、空间布局和用地性质，说明其中规划新增和存量利用的情况。说明集体经营性建设用地入市流转的具体地块。规划新增的经营性建设用地应说明与永久基本农田的关系。此外，集贸市场用地是经营性建设用地的重要组成部分，应综合考虑交通、环境与节约用地等因素进行布置[11]。

（5）合理保障农村新产业、新业态发展用地，根据需要明确各类产业用地规划用途、开发强度等要求。在村民自愿的原则下，积极探索农村集体经济，组织以出租或合作等方式盘活利用闲置农房，以出让、出租、入股、联营等方式盘活存量公共服务、商业、工业和仓储等集体用地，建设发展民宿、创意办公、休闲农业、乡村旅游等乡村新产业。城乡一体化建设促进城乡融合，将城市服务推广到乡村，信息化建设和"抗疫"促进了网络社会建设，推广了农产品线上交易和农产品生产线上监管，推进了农村电子商务发展，增强了经济"内循环"。这些变化对村庄产业发展规划内容及用地布局都会产生深远的影响。

（6）以宜农、生态、绿色、低碳为原则，围绕自身产业特色和生态保护要求，按照差异化、规模化、特色化的要求，提出产业发展策略，引导绿色低碳产业发展。在规划编制过程中，根据当地的资源环境条件选择合适的低碳产业，淘汰一些高耗能、高排放、高污染的企业。低碳的产业主要包括低消耗、低排放的产业和新能源的产业等。在对传统产业的发展中，要注重低碳技术的开发，对于那些高能耗、高排放的产业，要不断进行改造甚至废除。在产业结构的规划上，要注重第一产业的转型，注重第二产业低排放、低能耗的管理，提高第三产业的比重，以建立科学合理的产业结构。对于其他传统产业，要进行集中规划，一方面进行集中管理，另一方面加强产业间合作，并对集中区的废弃物进行综合治理和循环利用。[12]

第五节　土地整治和生态修复

一、基本内涵

土地整治是指为满足人类生产、生活和生态的功能需要，对未利用、利用不合理、损毁和退化土地进行综合治理的活动。它是土地开发、土地整理、土地复垦、土地修复的统称[7]。

生态修复，也称生态恢复，指协助退化、受损生态系统恢复的过程。生态修复方法包括保育保护、自然恢复、辅助修复、生态重建等。生态修复目标可能是针对特定生态系统服务的恢复，也可能是针对一项或多项生态服务质量的改善[7]。

二、基本原则

（1）坚持整体谋划，全域整治。以解决乡村空间布局无序化、资源利用低效化、耕地分布碎片化、生态系统退化为出发点，着力改善农村居住环境、加强乡村基础设施建设、促进农业产业结构优化等问题，实现全域全要素综合整治。

（2）战略引领，问题导向。坚持生态优先、绿色发展的道路，立足本行政区域自然地理格局和生态系统状况，准确识别突出生态问题，科学预判主要生态风险，研究提出基于自然的保护、修复的途径、模式和保障措施。

（3）科学编制，因地制宜。依据相关政策法规、技术规程，科学推进规划编制，合理确定规划目标。基于充分调查评价和深入研究分析，按照自然恢复为主、人工修复为辅的方针，因地制宜地提出保护修复举措。

（4）统筹协调，加强衔接。树立山水林田湖草沙生命共同体理念，综合考虑自然生态系统各要素，统筹协调自然生态系统和人工生态系统，坚持江河湖海联动，注重山上山下、岸上岸下、上游下游、河流海洋的系统性，体现综合治理，突出整体效益。充分衔接省、市重大战略、区域（流域）专项规划、市县国土空间总体规划和相关部门规划。

（5）充分论证，公众参与。坚持"开门编规划"，建立跨部门、多领域合作的工作机制，组建高水平的编制团队，广泛听取各方意见，凝聚公众智慧和共识。

三、主要内容

树立"山水林田湖草沙生命共同体"理念，结合乡镇国土空间规划等上位规划或专项规划，优化村庄水系、林网、绿道、农田等空间格局，推进生态空间整体保护、系统修复、综合治理，统筹谋划国土（全域）综合整治与生态修复工作。

（一）土地整治潜力调查和生态状况评价

在上位规划或专项规划的指导下，全面排查低效建设用地、低产田、未利用地、工矿废弃地、污染土地等的分布，并摸清其在土地整治方面的潜力[10,13]。落实高标准农田建设、耕地提质改造等农用地整理相关项目，工矿废弃地复垦利用、其他低效闲置建设用地整理等建设用地整理相关项目，统筹实施一户多宅、空心村、闲置宅基地、乱占耕地建房等农村宅基地整理相关项目[8]。

针对国土空间全域，依据乡镇国土空间规划，结合自然地理条件和人类活动影响，分析自然地理格局演变规律和土地利用方式的合理性，诊断突出生态问题、判识重大生态风险。结合基础分析结果，分析诊断生态系统存在的突出问题和薄弱环节及其主要胁迫因素和初步对策方向。坚持定性和定量相结合，探索评估不同区域生态系统恢复力水平，综合市域国土空间的生态系统退化程度与恢复力水平，对综合评价结果进行分区分类空间表达，作为人工参与生态修复程度的重要依据，并初步确定需要修复的主要任务。

（二）划定国土综合整治与生态修复区域

根据土地整治潜力调查分析结果，运用"山水林田湖草沙生命共同体"系统理念和方法，科学划分整治分区[13]。按照国家及省级国土空间生态修复规划确定的分区和生态安全格局，结合区域生态安全屏障、区域重大战略的生态支撑区和重要生态治理区（未纳入以上两类区域且生态功能重要、生态脆弱、生态问题突出的区域），以气温、降水、地形地貌、流域分区、生态系统类型等自然地理格局为基础，以重点流域和区域为基础单元，突出自然地理和生态系统的完整性和连通性，结合市级国土空间总体规划分区划定生态修复分区，明确各分区生态修复的主攻方向和总体布局[14]。分区的主要依据如下：

（1）本行政区域自然地理格局；

（2）省、市级规划，区域（流域）专项规划确定的生态安全屏障、自然保护地；

（3）市、县国土空间总体规划的"三线"划定方案；

（4）基础评价结果；

（5）生态网络和生态安全格局。

以上内容经过相应技术处理，通过空间叠置分析，划定相应的分区，可以突出自然地理和生态系统的完整性、连通性，凸显各区保护修复任务的差异性[7]。

（三）明确国土综合整治与生态修复项目

在国土空间生态修复总体布局、生态修复分区的基础上，以重点区域为指引，根据生态问题的紧迫性、严重性和生态系统的退化程度、恢复能力，在生态修复重点区域科学布置重点工程，合理安排时序[14]。

根据划定的国土综合整治区域，对工程区内实施的村庄整治、农田整治、生态修复等子项目作出统筹安排，因地制宜地明确国土综合整治项目，统筹考虑高标准农田建设、宜耕后备资源开发、低效建设用地整治、工矿废弃地复垦等规划内容和项目安排，将整治修复任务、指标和布局要求落实到具体地块。鼓励结合城乡建设用地增减挂钩，盘活低效和闲置建设用地。按照山水林田湖草沙系统治理的要求，编制工程实施方案，经批准的实施方案作为相关子项目审批和工程施工设计的依据。国土综合整治与生态修复项目表参见表3-2。

表3-2　国土综合整治与生态修复项目表

项目类型	项目名称		项目任务	建设规模	建设时序
农用地整理	高标准农田建设				
	耕地提质改造				
	……				
建设用地整理	农村宅基地整理	空心村			
		闲置宅基地			
		……			
	其他低效闲置建设用地整理				
生态保护修复	污染地块治理				
	……				

（四）明确减量化建设用地

落实上位规划确定的国土空间综合整治目标和项目安排，整理、清退违法违章建筑、低效闲置的农村建设用地、零散工业用地，提出规划期保留、扩建、改建、新建或拆除等处置方式[3,9,15]。依据上位规划的减量化目标和现状减量化潜力分析，明确建设用地总规模管控目标，说明减量化潜力规模和布局。分类落实和说明减量化建设用地（包含工矿仓储用地、宅基地、其他建设用地）的规模和布局。减量化汇总表参见表3-3。

表3-3　减量化建设用地汇总表

序号	用地类型	现状面积/hm²	可减量面积/hm²	比例/%
1	工矿仓储用地			
2	农村居民点			
3	其他建设用地			

<h2 align="center">第六节　农村住房布局</h2>

一、居民点布局

宅基地用地布局是指宅基地的组织形式、密度、大小、分布和风貌特点等综合反映的形态表现，与社会生产力发展水平、生产方式有关。按照上位规划确定的农村居民点布局、建设用地管控要求，根据宅基地选址条件、户均宅基地面积标准等，合理确定宅基地规模，划定宅基地建设范围[4]。

宅基地选址要求地基牢固，避开古河道、填埋坑塘、采矿区、地下空洞区，远离工业扬尘及对人体有害生物和化学物质等污染源，远离地质滑坡、泥土流、地质塌陷、不稳定边坡、尾矿库等地质灾害区，避开季节性洪水和大雨漫淹区。不宜选在风口、冬风直刮地带及养殖场下风区，要选在"藏风聚气"、干燥适宜、交通方便之地。宅基地选址还要充分利用水要素，为美丽乡村建设服务。此外，确定为集聚提升类的村庄要为居民点发展留有余地。

宅基地用地布局规划应先根据区域发展现状、区位条件、资源禀赋等，根据村庄不同类型（集聚提升类村庄、城郊融合类村庄、特色保护类村庄和搬迁撤并类村庄等），进行宅基地安排，形成宅基地用地布局规划。用地布局形式主要有以下几种：按规划发展的集团结构式、因工业发展形成的集中连片式、沿水或沿路条带式、跳跃串珠式、丘陵及山地等逐田而居的散列式用地布局。

二、住宅设计

在尊重村民意愿的前提下，充分考虑当地村民生活习惯和建筑文化特色，对传统农村住房提出功能完善、风貌整治、再利用、安全改造等措施，并对新建住房提出层数、风貌等规划管控要求[7]。村民住宅院落应布局合理、使用安全、交通顺畅，充分考虑停车空间、生产工具及粮食存放要求，形成绿化美化、整洁舒适的院落空间。充分考虑户均人口规模、生产生活习俗、现代功能需要，设计3~5种有代表性的住宅户型，供村民选择。对于具有传统风貌、历史文化保护特色的住房，应按相关规定进行保护和修缮。各地也可根据当地历史文化和地域特色制定地方建房风貌指引。不符合当地风貌要求的住房，宜适当进行改造。住房建设的风貌与地域气候、资源条件、民族风尚、文化价值、审美理念有关。不同地区房屋的朝向、式样等与当地气候密切相关，如多雪地区以尖状屋顶式样为主，多雨地区以快速排水式样为主，多雷地区必有避雷设备，多台风房屋结构相对牢固，多地震区房屋设计有明确要求。林区选用木材建设房屋及附属设施并形成地方特色，石材丰富地区采用石材构筑房屋及附属设施形成独特景观，经济相对贫困地区采用泥土与纤维植物构筑房屋及附属设施，形成特色风貌等。

绿色建筑，是指在建筑的全生命周期内，最大限度地节约资源（节能、节地、节水、节材），保护环境和减少污染，为人们提供健康、适用、高效的使用空间和与自然和谐共生的建筑[16]。加强住宅建筑的节能减排，尽量减少住宅建造与使用过程中二氧化碳的排放，是乡村地区住宅合理节能减排的关键。大力推行绿色建筑规划设计，研究选择不同地区气候条件的绿色建筑规划设计标准，以绿色建筑替代传统建筑，通过设计的合理性来延长使用寿命。注重节能材料的使用，实现生态节能设计。在建筑材料中大力推广节能环保建筑型材，如空心砖、纳米控透玻璃等；在一些条件合适的乡村地区使用乡土保温材料来达到保温隔热的效果，如农作物纤维块、草泥黏土等建筑材料，具有施工简单、价格低廉、坚实耐用等优点[17]，通过节能建筑材料的使用来达到农村住宅的低碳化发展。

三、乡村景观设计

提出村庄居民点建设融入周边生态环境的具体措施；明确路灯、垃圾箱等街道设施、环境设施的设计和建设要求；提出村口、绿地、广场、路侧、宅间、庭院等地段的绿化美化要求，突出生态型绿化和农业生产型景观特征。对于影响乡村景观的建筑，可通过"平改坡"或其他方式，优化整体风貌，丰富乡村景观内容[7]。

第七节 历史文化传承与保护

一、梳理与评估

深入挖掘历史文化资源，具有重要历史文化保护资源的村庄应划定乡村历史文化保护线，提出传统街巷、文物古迹、历史建筑、历史环境要素、农业遗迹、灌溉工程遗产、地质遗迹、古树名木、非物质文化遗产的保护原则、措施、名录、修复方案和活化利用策略[18]。严格落实已划定的历史文化名村保护、传统村落保护范围等重要控制线，同时鼓励将有价值的文物古迹、传统建筑、农业遗迹等保护范围一并纳入乡村历史文化保护线[4,7]。对于未列入历史文化名村保护和传统村落名录，但具有一定价值的历史文化保护资源，应录尽录地纳入历史文化和特色资源名录。村庄的历史文化保护资源可以分为物质资源要素和非物质资源要素两种，详见表3-4。

表3-4 村庄历史文化保护资源评估要素表

资源要素	具体要素	内　　容
物质资源要素	村庄环境	村庄所处的地理位置、地形地貌、气候水文、生态环境等
	村庄格局	村庄选址、聚落形态、街巷布局、河流水系、绿地景观、开放空间和古树名木等
	建筑建设	重要公共建筑、重要标志物和传统民居等
	其　他	典籍、族谱家谱、村庄堪舆图等
非物质资源要素	历史沿革	村庄变迁、历史事件等
	非物质文化	文学语言、书法美术、音乐舞蹈、曲艺杂技、手工技艺、医药历法、节庆礼仪等

二、保护与传承

按照规划保护名录制定具体的保护目标、措施和管控要求。在保护方面要做到整体性保护、原真性保护和村民自发式保护。牢固树立"绿水青山就是金山银山"理念，坚持生态优先。在保护的基础上，抢救濒临失传的历史文化资源。结合村庄产业兴旺战略，使得历史文化资源有效"变现"，增加村民就业机会和收入。对历史文化保护资源进行合理开发和利用，开展旅游业、服务业等第三产业。同时，还需注意防止过度开发。构建完整的村庄价值体系，将村庄的生态价值、文化价值、景观价值和旅游价值统筹起来，发挥村民自治能力，使村庄的历史文化资源得到永续利用[4,19]。

三、特色风貌引导

立足村庄所处自然环境、山水林田湖草沙空间格局特征，结合道路、建筑布局形态，提出整体风貌保护方案，挖掘凝练村庄自然资源、历史文化要素符号及传统建筑特色，延续村庄传统空间格局、街巷"肌理"和建筑布局，提出村庄景观风貌控制要求，保护好村庄的特色风貌[19]。结合地域特色提出建筑、道路铺装、绿化、标识牌、坐凳、围墙、垃圾箱、公交牌、路灯等样式引导。为实现村庄良好的建设风貌，需要做到以下四点：一是注意村庄整体格局的保护与修复，进行国土综合整治和生态修复；二是注意产业用地布局不能与生态保护修复区和村庄建设区相互干扰；三是按照统一的风貌管控要求，注意新批宅基地、新建公共设施、新建公用设施需与村庄原有格局相融合；四是村庄建设区按照保留、改造、拆除和新建进行规划引导[4,7,20]。

第八节　公共和基础设施布局

公共和基础设施包括电力、通信、交通、给水、排水、燃气、管廊、环卫、环保、邮电、网络、绿地、水利、消防、抗灾、应急、教育、医疗、金融、治安、文化、体育、商业网点、广场、村委会及其他管理机构等设施，是村民生产、生活和对外交流的保障用地，在进行公共和基础设施规划布局时应统筹考虑[21-23]。

一、道路交通

道路交通规划应根据村庄之间的联系和村庄各项用地功能、交通流量，结合自然条件与现状特点，确定道路交通系统。道路交通规划要求体系健全、层次清楚、密度合理、安全实用以及附属设施齐全，不同类型、不同等级、不同用途道路有机衔接。

道路功能分为交通道路和田间道路。交通道路按功能和使用特点分为公路、村庄道路和村庄内部道路三类，其中村庄道路是指联系村庄之间的非公路道路，要符合消防通道的需求，不低于4m宽度。村庄内部道路是指居民点内部交通道路，也须符合消防通道的要求。田间道路是为满足农业物资运输、农业耕作和其他农业生产活动所铺设的。包括田间道和生产路。其中，田间道主要联系村庄与田块，路宽宜为3～4m，高出地面0.3～0.5m。生产路主要联系田块与田块，路宽宜为 1~2m，高出地面 0.3m。

在乡村规划编制时，根据乡村地区的现状地形地貌条件，采用综合交通模式进行科学合理的道路交通系统规划，确立公共交通主导、慢行交通优先的低碳、绿色交通体系。一方面，让居民树立绿色出行的理念。大力发展步行和自行车出行为主的低碳出行方式；倡导新能源、清洁能源交通工具，在乡村建设电动车的充电桩设备；乡村居住社区的公共服务设施尽量靠近乡村的主干道路，减少村民的出行距离，将其控制在人行和自行车行可接纳的距离范围内；另一方面，合理设置距离适当的公交站点，尤其是经济发展水平较高的地区，城乡公共交通体系比较完善，鼓励与引导居民乘坐城乡公交进城，尽量降低村民自驾车进城的频率，从而减少乡村地区的交通碳排放。

二、农田水利设施

要从分析地形地貌以及农作物分类种植面积、需水特点、水资源情况、土壤特点、当地农民耕种方式和耕种习惯开始，以形成完整的灌溉和排水体系为目标，以工程质量为保障进行农田水利设施建设规划[24]。

农田水利工程分为沟、渠两类，渠为灌溉设施，沟为排水设施，以自流排灌为好。沟渠分为干、支、斗、农、毛五级，毛沟毛渠又分为固定和临时两类。在一定条件下，沟渠可以合用，通过涵闸调节水源流量和流向，临时毛沟毛渠不应纳入规划范围。沟渠断面大小与农作物种植类别及排灌面积有关，稻田等水系农作物在 50 年一遇降雨时 7 天内可排消水涝，旱地作物在 50 年一遇降雨时 3 天内可排消水涝，抗旱或农作物需水期灌溉应满足不超过 3 天一次的要求。沟渠断面坡度与当地土壤土质及工程选用材料有关。

三、给水工程

给水规划中，需要确定用水量、水质标准、水源、卫生防护、水质净化等，其中集中式给水还要确定给水设施和管网布置。而分散式给水要确定取水设施。消防用水量应符合现行国家标准《农村防火规范》（GB 50039—2010）的有关规定。生活饮用水的水质应符合现行的有关国家标准规定。

四、排水工程

排水工程应包括排水量、排水体制（按截污方法，有分流制和合流制）、排放标准、排水系统布置、污水处理方式。其中排水量应包括污水量、雨水量。布置排水管渠时，雨水应充分利用地面渗透和沟渠排除；污水应通过管道或暗渠排放。污水排入河流之前要进行净化处理，宜采用生物处理或生物与生态相结合的处理方法。

五、电力与通信工程

（一）供电规划

供电规划应包括预测村庄范围内的供电负荷，确定电压等级，布置供电线路，配制供电设施。供电线路的布置应符合：①宜沿公路、村庄道路布置；②应采用同杆并架的架设方式，线路走廊不应穿过村镇住宅、森林、危险品仓库地段；③应减少交叉、跨越，避免对弱电的干扰，重要公共设施、医疗单位或用电大户应单独设置变压设备或供电电源。

有条件的村庄可规划分布式光伏电站、户用光伏电站、光储充一体化等清洁能源系统。

（二）电信规划

电信规划应包括电信设施的位置、规模、设施水平和管线布置。电信线路的布置应符合：①避开易受洪水淹没、河岸坍塌、土坡塌方以及严重污染等地区；②应便于架设、巡查和检修；③宜设在电力线走向的道路另一侧。

网络设施也是通信工程的一部分，互联网要到村到户，有线网、5G网要互联互通。

六、环境卫生设施

环境卫生设施是指供居民使用的环卫公共设施、环卫工程设施和环境卫生专业队伍工作场所，其中环卫公共设施包括公共厕所、化粪池、倒粪站、垃圾容器、垃圾容器间、废物箱等。环境卫生设施应根据居民活动场所人员流量、垃圾类型、管理制度（如清扫时间、回收时间、人员数量等）设置，明确垃圾的收集、运输、处理过程及流向。

七、其他基础设施

除上述公共和基础设施外，应规划建设燃气供应点、邮电快递点、商业店铺等服务设施，保障居民日常生活需要。抗灾资源储备、应急处置、教育、医疗、金融、治安、文化、体育、广场等应与村委会及其他管理机构建设综合考虑以节约用地。具备条件的村庄可考虑采用管廊工程降低管线维护成本，提高管道安全保障能力。

企业里用于环保方面的设备，如生活污水处理设施、企业废水处理、烟气除尘脱硫脱硝装置等应纳入环保规划。建筑区绿化要求参照乡镇建设区标准执行。

随着留守老人留守儿童的现象越来越多，康养设施、娱乐设施也应作为基础设施全面考虑。

大力推广节薪灶、节煤炉，提高乡村地区能源利用效率，减少乡村资源因不合理利用导致的浪费。推广太阳能、沼气能等高效清洁能源。太阳能热水器、太阳能灶、太阳能路灯等相关太阳能技术产品在条件合适的乡村地区应大力推广与使用，可降低常规能源的使用比例。沼气是广大乡村地区最主要的生物质能，利用生物秸秆结合可分解生活垃圾产生沼气，可以用于照明和炊事，沼渣和沼水可用于农田灌溉。在满足乡村日常生活能源需求的同时又可以降低温室气体排放[25]，促进乡村地区能源消费结构多元化发展。

第九节　村庄安全和防灾减灾

一、消防

按照《中华人民共和国消防法》（简称《消防法》）的规定，公安消防部队除保证完成火灾扑救工作外，还应当参加其他灾害和事故的抢险救援工作，因此，村庄消防包括火灾扑救和应急抢险救援两部分[11]。

村庄规划消防部分有灭火水源、设施及器材配备、管理制度、应急抢险四个部分。灭火水源是村庄规划必备内容，应与饮用水源、农作物灌溉水源、环境调节及景观用水统筹设计。消防设施和器材应配置齐全、分布合理、位置明显、使用方便。在管理制度方面，按照《消防法》的规定，新建、改建、扩建、建筑内部装修和用途变更的建筑工程都必须按照国家建筑工程消防技术标准进行设计；实施日常的消防监督检查，保障消防通信和消防通道畅通；做好室内消防系统安装管理。应急抢险救援包括应急机构设置和应急响应方案启动、医疗物资和生活物资储备、疏散场地准备等[21-23]。

二、防洪排涝

农业上常见水灾有洪水超过河道宣泄能力形成的洪灾、地表径流不能及时外排形成的涝灾、地下水位上升至地表或超过地表从而影响作物生长形成的渍害三类。村庄防洪排涝涉及区域一般会超出村庄范围，往往需要在乡镇乃至县级防洪排涝规划安排或指导下进行。村庄防洪排涝规划主要包括确定排涝分区，安排水利工程，制定非工程措施三部分内容[22]。

按照区域地形、耕地、道路、沟渠、河流情况确定雨水排水分区。排涝分区统筹雨水储蓄和排放体系，设计居民点雨水收集和水利设施建造工程，完善泵站和防洪排涝规划[11]。防汛指挥系统包括防汛信息采集系统、通信系统、计算机网络系统和决策支持系统四部分。做好预报和科学调度，充分发挥工程的抗灾能力，做好防汛日常工作，保证工程安全运行；设立防洪基金，推行洪涝灾害保险制度等防灾减灾工作[11]。

三、地质灾害防治

地质灾害防治规划要在地质灾害调查的基础上进行。地质灾害调查内容有主要灾害点的分布和地质灾害的威胁对象及范围。重点关注地质滑坡、泥石流、地质塌陷、不稳定边坡、尾矿库溃坝等地质灾害易发地，应当将居住区、风景名胜区、工矿企业所在地、交通干线、重点水利工程、电力能源工程等基础设施作为地质灾害调查及重点防治区中的防护重点。

地质灾害防治规划包括地质灾害现状和发展趋势预测、地质灾害的防治原则和目标、地质灾害易发区及重点防治区、地质灾害防治项目、地质灾害防治措施等内容。地质灾害防治规划要防范、治理、抢险相结合，以防范和治理为主。建设居民点地质灾害安全区。重大工程项目不能避开地质灾害可能发生区域的，应进行地质灾害治理、监测预警和应急管理，通过制度和措施保障人员、设施和财产安全[11]。

四、地震灾害防治

地震是一种自然现象，目前人类尚不能阻止地震的发生。但是，可采取有效措施，最大限度地减轻地震灾害。地震灾害主要指由地震引起的工程结构物、供电、供水、供热，交通、生活必需品供应、信息系统以及医疗卫生系统遭到的破坏，会影响人民的正常生活。强烈的地震，常会造成房屋倒塌、大堤决口、大地陷裂等情况，给人民的生命和财产带来损失[11]。地震灾害防治规划主要有确定抗震级别、救灾物资安排、应急场地规划以及预案演练措施四部分内容。

五、沿海灾害防治

沿海地区最常见的自然灾害有：因地理位置所在的季风气候引起的台风以及台风引发的暴雨洪涝及泥石流，因台风或海底地震引起的海啸，海水污染形成的影响渔民作业的赤潮等。沿海灾害防治规划包括应急管理方案制定、信息传输设施建设、避灾工程项目安排、定位技术实施等内容。应急管理方案包括确定分片管理范围、风险类型、风险等级、预警机制、指挥体系、避灾场所分布及建设要求、应急处置方案、减灾工作方案等，天空地信息传输设施保障预警处置及救援请求信息双向及时传输到位，避灾工程项目提供避灾、减灾场所，定位技术保障避灾指标正确和救援计划有效[11]。

六、农业灾害防治

农业灾害主要类型有气象、生态、生物三类。气象灾害主要有水灾、风灾、旱灾、雪灾、冻雨、冰雹、酸雨、霜冻、雷电、沙尘暴、高温、浓雾、连阴雨等，造成作物、牲畜、果树受害或对作物生长发育不利、粮食霉变等。生态灾害是指由于生态系统平衡改变所带来的各种始料未及的不良后果，主要类型有水土流失、土地沙化、流沙扩展、森林或草原退化、环境污染。生态灾害具有重灾迟滞性、重复递增性，有时会形成生态灾害链。在自然界中人类与各种动植物相互依存，可一旦失去平衡，生物灾难就会接踵而至。如捕杀鸟、蛙，会招致老鼠泛滥成灾；用高新技术药物捕杀害虫，反而增强了害虫的抗药性；盲目引进外来植物会排挤本国植物。以上均会造成不同程度的生物灾害，危及生态安全，甚至导致人畜伤亡，危害农牧林业生产[11]。

农业灾害防治规划主要内容包括分析当地农业灾害类型、形成原因、形成时间、损害农作物名称、损害程度等，制订防治方案和执行计划[26]。

农业灾害防治的主要方法有：

1. 工程技术措施

规划栽植防风林，兴建或完善农田水利，优选与当地气候适匹的农作物，采用技术手段使农作物生产避开当地正常灾害期等。

2. 生物减灾工程

从大生态系统的整体出发，根据有害生物与环境之间的相应关系，考虑人类社会经济生活的具体要求，充分发挥自然控制因素的抑害减灾作用，因地制宜协调运用必要的防治措施，将有害生物控制在经济受害允许水平之下，避免或减轻灾变，以获得综合的生态效益。

七、公共卫生防疫

村庄公共卫生防疫规划一般由乡镇统一制定，由村庄卫生服务中心协助执行。规划应充分发挥村级卫生人员在公共卫生防疫和疾病预防控制工作中的作用，乡村医生、个体开业医生、村庄卫生服务中心在上级疾病预防控制机构的管理指导下承担基层疾病预防控制工作。应坚持预防为主、防治结合的方针，做好预防接种，报告传染病疫情及公共卫生事件相关信息，指导有关单位和群众开展消毒、杀虫、灭鼠和环境卫生整治，开展健康教育，普及卫生防病知识，承担乡村疾病预防控制的具体工作，受县级卫生行政部门委托承担公共卫生管理职能。

第十节　近期建设安排

村庄近期建设安排应符合按法定程序审批的村庄总体规划，符合国家有关方针政策，立足现状切实解决当前发展面临的突出问题。村庄近期规划建设的主要内容有：

（1）研究上一轮近期建设规划的实施情况；
（2）研究近期村庄发展重点和阶段目标；
（3）确定近期实施项目，明确建设时序；
（4）依据有关标准和项目规模进行资金预算。

参 考 文 献

[1] 自然资源部. 关于加强村庄规划促进乡村振兴的通知：自然资办发［2019］第 35 号［EB/OL］.（2019-06-08）［2021-04-01］. http：//www. gov. cn/xinwen/2019-06/08/content_ 5398408. htm.
[2] 中央农办，农业农村部，自然资源部，等. 关于统筹推进村庄规划工作的意见：农规发［2019］1 号［EB/OL］.（2019-01-04）［2021-4-01］. http：//www. moa. gov. cn/ztzl/xczx/zccs_ 24715/201901/t20190118_ 6170350. htm.

［3］浙江省自然资源厅. 浙江省村庄规划编制技术要点（试行）［EB/OL］. （2021-05-21）［2021-05-23］. https：//zrzyt. zj. gov. cn/art/2021/5/21/art_ 1289924_ 58939038. html.

［4］安徽省自然资源厅. 安徽省村庄规划编制技术指南（试行）［EB/OL］. （2020-08-20）［2021-04-01］. https：//www. huainan. gov. cn/public/118322872/1258318645. html.

［5］袁贺，杨幸. 中国低碳城市规划研究进展与实践解析［J］. 规划师，2011，27（5）：11-15.

［6］刘鹏发，马永俊，董魏魏. 低碳乡村规划建设初探——基于多个村庄规划的思考［J］. 广西城镇建设，2012（4）：66-72.

［7］河南省自然资源厅. 河南省村庄规划导则（修订版）［EB/OL］. （2021-06-15）［2021-06-20］. http：//www. hnsxczxw. cn/doc_ 20728453. html.

［8］江苏省自然资源厅. 县级国土空间生态保护和修复规划编制指南（试行）［EB/OL］. （2021-05-26）［2021-06-01］. http：//zrzy. jiangsu. gov. cn/gtxxgk/nrglIndex. action？type＝2&messageID＝2c90825479a58b160179a6885f740024.

［9］云南省自然资源厅. 云南省"多规合一"实用性村庄规划编制指南（试行）［EB/OL］. （2021-03-11）［2021-04-01］. http：//dnr. yn. gov. cn/ynsgwh/upFile/file/20210317163327_ 244. pdf.

［10］青海省自然资源厅. 青海省村庄规划编制技术导则（试行）［EB/OL］. （2020-07-14）［2021-04-01］. https：//zrzyt. qinghai. gov. cn/text-？vid＝35141.

［11］中华人民共和国建设部. 镇规划标准：GB 50188—2007［S］. 北京：中国建筑出版社，2007.

［12］李勇林. 基于低碳的乡镇国土空间总体规划编制探析［J］. 城镇建设，2021（6）.

［13］合肥市自然资源和规划局、安徽省城建设计研究总院股份有限公司. 合肥市村庄规划编制技术导则（试行）［EB/OL］. （2020-05-31）［2021-06-02］. http：//zrzyt. ah. gov. cn/xwdt/jcdt/145812891. html.

［14］全国注册城乡规划师职业资格考试命题研究组. 城乡规划原理［M］. 3版. 哈尔滨：哈尔滨工程大学出版社，2019.

［15］四川省自然资源厅. 四川省市级国土空间生态修复规划编制指南（试行）［EB/OL］. （2020-03-03）［2021-04-01］. http：//gtj. gzz. gov. cn/gzzrzy/c101362/202103/7a425ab27cc94cfa8629889bace64679. shtml.

［16］李迅. 低碳生态视角下对城乡规划的几点思考［J］. 城市，2010（3）：10-14.

［17］李秀芳. 基于低碳理念的新农村住宅建设［J］. 中外建筑，2011（9）：74-75.

［18］北京市规划和自然资源委员会. 北京市乡镇国土空间规划编制导则（试行）［EB/OL］. （2019-12）［2021-04-01］. https：//www. guoturen. com/data/ueditor/php/upload/file/20200820/1597816860133370. pdf.

［19］山东省自然资源厅. 山东省村庄规划编制导则（试行）［EB/OL］. （2019-09）［2021-04-01］. http：//www. sdmcp. net/new/247. html.

［20］海南省自然资源和规划厅. 海南省村庄规划编制技术导则（试行）［EB/OL］. （2020-08-07）［2021-04-01］. http：//lr. hainan. gov. cn/xxgk_ 317/0200/0202/202006/P020200811362553297049. pdf.

［21］广东省自然资源厅. 广东省村庄规划编制基本技术指南（试行）［EB/OL］. （2019-11-26）［2021-04-01］. http：//www. chaozhou. gov. cn/attachment/0/476/476482/3610026. pdf.

［22］黑龙江省城市规划学会. 黑龙江省村庄规划编制导则：T/HSUP 0002-2019［S］. 黑龙江省城市规划学会，2019.

［23］宁夏回族自治区自然资源厅. 宁夏回族自治区村庄规划编制指南（试行）［EB/OL］. （2020-03）［2021-04-01］. https：//max. book118. com/html/2018/0805/8004037041001117. shtm.

［24］湖南省自然资源厅. 湖南省乡镇国土空间规划编制指南（试行）［EB/OL］. （2020-08-18）［2021-04-01］. http：//www. cnll. gov. cn/llqgtzyj/tzgg/202012/5e944178a62746a09e8a5247d291c61a. shtml.

［25］任厚福. 低碳农村建设刍议［J］. 达州新论，2010（4）：29-31.

［26］河北省自然资源厅. 河北省乡镇国土空间总体规划编制导则（试行）［EB/OL］. （2020-04-17）［2021-04-01］. http：//zrzy. hebei. gov. cn/heb/gongk/gkml/gggs/tz/gtkjgh/101586925628642. html.

第四章　村庄规划数据与信息化

第一节　前期数据收集与采集

一、用数据说话

　　村庄规划是对村庄空间发展的未来做出的安排，如何安排就面临着各个规划要素的取舍、选择及优化，这就是规划师的决策过程。

　　数据是村庄规划的灵魂，不能收集、采集相应村庄与规划相关的完整信息，规划师就难以做出正确的决策，也就无法编制出合理的规划。同样，如果规划成果数据无法进入规划管理及实施监督系统，规划也无法得到很好的实施。自然资源部近期出台的一系列与国土空间规划相关的标准、规范、指南，对规划所需数据、规划成果数据以及实施监督数据模型提出了一系列规范性要求，只有遵照这些要求才能实现规划信息采集、规划编制、实施监督、评估体检的良性闭环（图4-1）。

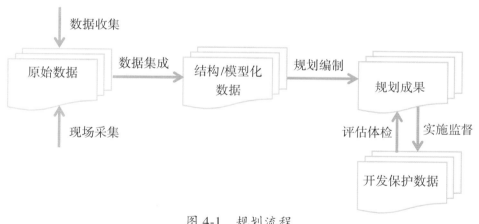

图 4-1　规划流程

　　传统的规划决策中，虽然也有数据作为依据，但这些数据往往不是十分准确的，多数数据靠"说出来"，且不易验证，因此常常给人的印象是"拍脑袋"，或"纸上画画，墙上挂挂，不如领导一句话"；而新时代国土空间规划要求资源统筹、"多规合一"，决策的科学性提升到新的高度。习近平说："规划科学是最大的效益，规划失误是最大的浪费，规划折腾是最大的忌讳。"[1]

　　我们简单举例说明怎样通过数据"说话"。

例："以人为本"规划的数据思考

区域空间（村庄）发展规划考虑服务四类人：本村居民、邻里乡亲、偶然经过的行人或探索世界的游人。同时，研究可持续发展，要使区域空间既服务这一代人还要服务下一代人，生生不息。

（1）随着村民生活水平的提高，休憩游玩的公共空间已经成为本地居民的重要需求。村庄规划中，我们可能需要安排一个"村民广场"。首先，要确定广场的位置。"85%居民走路15min步行可达"，就是可通过数据反映的目标：从每个居住点开始，15min步行距离按1000m计算，通达的点连接形成"千米界线"，界线内形成"通路面"，两个通路面交叉面就是对应两个居住点的公共可达区域，所有居住点的通路面叠加，找到公共交集，就是可选的位置（图4-2）。如果位置不够理想，还可以只选85%居民公共交集，通过居民选择不同可得到一批公共交集，再从中挑选。这里用到的数据包括房屋面及居住人数、道路面、河流面、生态保护红线、永久基本农田保护范围等。

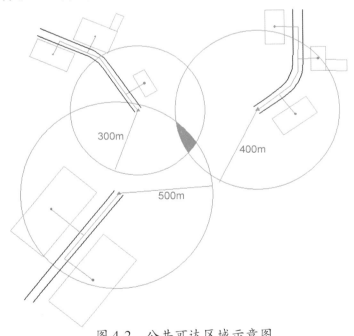

图4-2　公共可达区域示意图

（2）抓好教育是重要的国家战略，而农村地区应根据村庄聚集状态、适龄儿童数量等设置幼儿园、小学乃至中学。通过相邻村庄的人口年龄结构分析，以及近5年的人口发展趋势，预测今后10年的适龄儿童数量。历年来及本年出生人口，流进流出人口，适龄青年人口等数据，是支撑预测的基础，也就是规划的依据。

（3）关于行人，安全、方便和环境视觉是考虑因素。安全的设计，需要当前通行人或车的数量及未来预测量，以便安排道路以及设施；设计厕所间距，也需要研究经过村庄行走的时间，为行人带来方便。

（4）规划自然和美的环境，不仅为居民，也为行人。顺其自然，需要高程起伏（数字高程模型）的数据因势利导规划，且通过地质与气候数据，从资源循环利用、生态可持续、建设品质持久多方面打造，保证规划的环境可持续，造福一方。

上述各种考虑，归纳为"村民广场选址""村庄人口预测""服务设施布局""村庄环境设计"四个方面，显然都离不开数据"说话"。

二、空间数据基本类型

翔实的数据基础是村庄规划科学编制、村庄有序管理的重要前提。村庄规划数据是支撑村庄规划数字化管理的重要基础，也是村庄发展研究的首要和必要条件。它可以辅助研究人员开展村庄问题识别、村庄发展方向比较、自然风貌特征提取等，提高村庄规划编制效率，提升规划编制的科学性、实用性。

按照数据存储结构特点，从大的方面将村庄规划数据类型分为四类，包括文本数据（包括说明文字、指标数据和算法参数等）、矢量数据（定位定向的几何对象及其属性数据）、栅格数据（无差别点阵列，包括照片图像、多光谱影像等）、地理模型数据（三维实景模型、三维对象模型、地面三角网/格网模型、点云表面模型、地质构造模型）等。

（一）文本数据

文本数据一般是指不能参与算术运算的任何字符，也称为字符型数据。本文将其扩展为"不与特定地理位置相关的各种数据"。

常用的数据有 txt、doc、xls 等格式数据，也可自行定义格式，只要满足互相交换沟通即可。诸如近五年统计年鉴、"十四五"发展规划、镇志、人均GDP、美丽乡村评分表等都是文本数据。

（二）矢量数据

矢量数据是计算机中存储的可用以计算的数据。矢量数据一般通过记录坐标的方式将地理实体的空间位置表现出来。在矢量数据结构中，点数据主要可直接用坐标值描述，线数据主要可用顺序坐标串来描述，面数据（或多边形数据）可用闭合的边界线来描述，体块数据可通过包围体的面描述。规划常用到的数字线划图就是以点、线、面形式或地图特定符号形式表达地形要素的地理信息矢量数据集。

常用的数据格式有 shp、dwg、obj 等文件格式或 edb、geodatabase 等数据格式。例如：地形图、第三次全国国土调查数据库、地理国情普查数据库、生态保护红线图层、永久基本农田图层等。

矢量数据除了表现位置，还通过扩展属性来完整表现地理对象包含的信息。如一个池塘面，通过属性"村庄＝张村""承包人＝张三""到期日＝2020 年 10 月 1 日""经济作物＝莲藕"等，更加精准地描述了这个池塘地理对象。

（三）栅格数据

栅格数据是按网格单元的行与列排列、记录不同亮度或色彩等特征值的阵列数据。栅格结构是大小相等、分布均匀、紧密相连的像元阵列，以某点为位置基点，点间距离固定，每一个像元由它的行列号定位，通过点的属性（如颜色）可以区别分类，抓取空间地理特征。点云是一种三维的特殊栅格数据，可理解为每个三维空间的块体为一个格，投影到一个面上就是一般的栅格。

如水面与陆地因存在色彩区别，可用以提取水面矢量数据。

一般经常使用的栅格数据是卫星遥感影像或航空摄影影像，常用的有 tif、jpg 等格式数据。例如数字正射影像图、全色遥感影像等。其中数字正射影像图是将地表航空航天影像经过辐射校正、几何校正后，消除各种畸变和位移误差而最终得到具有准确地理位置的影像图。

多光谱分辨率遥感影像，也属于栅格数据，是利用具有两个以上波谱通道（含可见光与近红外）的传感器对地物进行同步成像的一种遥感技术成果，它将物体反射辐射的电磁波信息分成若干波谱段进行接收和记录，用以分析各种地理现象如土壤退化程度、水体污染程度、虫灾等。

栅格数据不仅可以用于影像表达，在资源环境承载能力、国土空间开发适宜性评价过程中，常常将评价区域划分为尺寸相同的若干个方格（方格大小取决于评价区域所要求的精度），每个方格为一个栅格，可以挂接多项评价参数，参数则根据包含或临近该栅格的空间要素挂接属性进行拟合计算得出。根据相邻栅格挂接参数进行聚合、叠加计算（这正是栅格模型的效率优势），反过来又可以生成多种双评价矢量+属性空间成果数据。

（四）地理模型数据

基于矢量及栅格数据，用一定的数据组织形式，表达某种地理地貌或地理对象的数据。体块数据定位后也可以看作一种特殊的地理模型。

数字高程模型（digital elevation model，DEM）是在一定范围内通过规则格网点描述地面高程信息的数据集，用于反映区域地貌形态的空间分布，其上任何一个平面位置，都可通过模型获得其高程。

分类点云对象模型，用一组点云表达对象的各个表面位置，可通过点云特征提取对象的几何特征。

实景三维模型（格式为 osgb、3dTiles 等），通过覆盖地物表面的空间三角面片矢量及其纹理图像构成，是地形地貌、人工建（构）筑物的基础地理信息的整体三维表达，反映被表达对象的三维空间位置、几何形态、纹理等信息。

建筑信息模型（building information model，BIM），是将建筑内各种可管理部件设施按对象建立的单个模型或多个子模型的合集，可应用于化工厂、电厂等规划建设，主要为项目各参与方提供建筑空间参照。

所有数据均采用法定的 2000 国家大地坐标系和 1985 国家高程基准。

三、村庄规划"一张图"及村庄规划相关空间数据

"一张图"是指按照特定的应用方向将空间位置一致的相关空间数据统一融合集成叠加建库，以便全面、准确、方便地进行分析、表达，辅助决策。一张图之下，对数据进行统一管理、统一展示、统一服务，为规划的编制、审批、管理、监督、实施等提供全方位、全周期的应用支撑。

"现状一张图"是从各个角度表达现状的空间数据（图 4-3），比如不同尺度的现状地形图、现状遥感图、基础地质、实景三维模型、双评价、高程模型等，都是表达现状；共享发展和改革、环保、住建、交通、水利、农业等部门国土空间相关信息，在一个国土空间内摸清各类自然资源的本底状况和分布，统筹协调解决好各行业各部门的数据冲突。

"规划一张图"是从各个角度表达规划的空间数据，通过叠加各级各类规划成果构建（图 4-4）。比如上位功能区规划、上位交通公路规划、区域经济发展规划，国土空间总体规划、详细规划、专项规划等；各地自然资源主管部门在推进省级国土空间规划和市县国土空间总体规划编制中，应及时将批准的规划

图 4-3 "现状一张图"数据资源体系

图 4-4 规划数据"一张图"叠加

作为详细规划和相关专项规划编制和审批的基础和依据。经核对和审批的详细规划和相关专项规划成果由自然资源主管部门整合叠加后，形成以一张底图为基础，可层层叠加打开的国土空间规划"一张图"，为统一国土空间用途管制、实施建设项目规划许可、强化规划实施监督提供支撑。

"管理一张图"是基于闭环管理思维，从规划到实施过程中的各种空间数据，建立贯穿涵盖规划编制、审查、实施、监测评估预警等环节的国土空间规划管理，用来表达空间发展过程。对规划编制开展规划分析和底图底数评估，对规划审查提供辅助支撑，对用途管制提供审批决策支持，对资源利用和国土空间开展长期监测，对规划实施情况和生态保护状况开展定期评估，对违法行为和危情隐患开展及时预警。如"批而未供"地块数据、开工放线工程数据、灾害评估数据等（图4-5）。

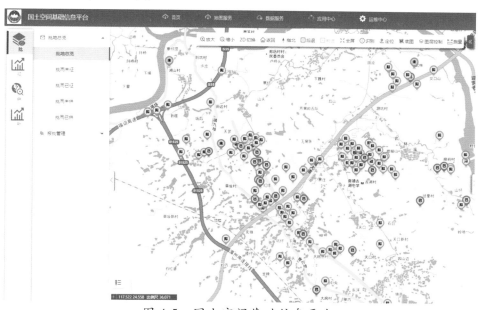

图4-5 国土空间基础信息平台

"村庄规划一张图"广义上是包括所有规划范围内的相关数据如"现状一张图""规划一张图""管理一张图"等，主要有"三调"数据、"三区三线"数据、基础测绘数据、"国普"数据、公用设施数据、专业调查数据、评价分析数据、产业数据、监测数据、法定日常确权审核登记数据、规划和上位规划数据及管控数据、在建项目数据以及其他数据。

（一）"三调"数据

"三调"数据即第三次全国国土调查成果数据。自然资源部明确规定，本次国土空间规划编制统一采用此项数据作为规划现状底数和底图基础。

第三次全国国土调查是调查全国耕地、种植园用地、林地、草地、湿地、商业服务业、工矿、住宅、公共管理与公共服务、交通运输、水域及水利设施用地等地类分布及利用状况的一项工作，数据包含定位基础、境界与政区、地貌等，并对土地利用、永久基本农田、其他土地要素、独立要素等进行了表示。

土地的社会属性（人类对土地的利用方式和目的意图）等是三调的重要内容。

该数据由自然资源主管部门提供，包含文本数据、矢量数据、栅格数据等类型（图4-6）。

图4-6　"三调"成果数据

（二）"三区三线"数据

"三区三线"：是根据城镇空间、农业空间、生态空间三种类型的空间，分别对应划定的城镇开发边界、永久基本农田保护红线、生态保护红线三条控制线（图4-7）。

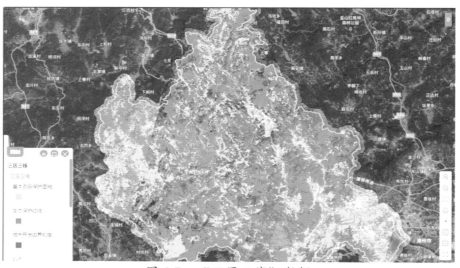

图4-7　"三区三线"数据

1. "三区"（三类空间）

"三区"是以"双评价"成果为基础划定的城镇、农业和生态空间。

（1）城镇空间：以城镇居民生产、生活为主体功能的国土空间，包括城镇建设空间、工矿建设空间以及部分乡级政府驻地的开发建设空间。

（2）农业空间：以农业生产和农村居民生活为主体功能，承担农产品生产和农村生活功能的国土空间，主要包括永久基本农田、一般农田等农业生产用地以及村庄等农村生活用地。

（3）生态空间：具有自然属性的，以提供生态服务或生态产品为主体功能的国土空间，包括森林、草原、湿地、河流、湖泊、滩涂、荒地、荒漠等。

2. "三线"（三条控制线）

（1）生态保护红线：是在生态空间范围内具有特殊重要的生态功能、必须强制性严格保护的区域，是保障和维护国家生态安全的底线和生命线（图4-8）。

图4-8　生态保护红线数据

（2）永久基本农田保护红线：是按照一定时期人口和社会经济发展对农产品的需求，依法确定的不得占用、不得开发、需要永久性保护的耕地空间边界（图4-9）。

（3）城镇开发边界：在一定时期内，可以进行城镇开发和集中建设的地域空间边界，包括城镇现状建成区、优化发展区，以及因城镇建设发展需要必须实行规划控制的区域。

"三区三线"是自上而下的刚性传导、统一管控的国土空间规划核心体系，没有这些数据，就无法编制村庄规划（图4-10）。

图 4-9　永久基本农田保护红线数据

图 4-10　城镇开发边界数据

（三）基础测绘数据

基础测绘数据是国家基础性、公益性、基本比例尺精度的数字线划图（digital line graphic，DLG），数字正射影像图（digital orthophoto map，DOM）及反映地表起伏的数字高程模型（DEM）等，如图 4-11~图 4-14 所示，由各级自然资源主管部门提供，并按要求定期更新。此数据由原国家测绘地理信息局或各级地方测绘地理信息行政主管部门提供，现归口国家自然资源部及各级自然资源主管部门。

图 4-11　数字线划图

图 4-12　数字正射影像图

图 4-13　数字高程模型（按高程渲染）

图 4-14　实景三维数据

大比例尺精度的数字线划图和数字正射影像图，实景三维数据等一般可由市县自然资源主管部门（或原城市测绘院）提供。

（四）"国普"数据

"国普"数据即地理国情普查及动态监测数据，比较精准地描述了地表覆盖情况。

地理国情普查分为 10 个一级类（如耕地、园地、房屋建筑（区）、道路等）、59 个二级类（如果园、乔木林、城市道路、交通设施等）、143 个三级类（如牧草地、停车场、堤坝、桥梁等），其重要成果之一是地表覆盖分类数据。地表覆盖分类信息反映地表自然营造物和人工建造物的自然属性或状况（图 4-15）。地表覆盖通常采用规则格网形式的场模型（也称作域模型）进行描述。该数据由原国家测绘地理信息局现归口自然资源部门提供。

（五）公共设施数据

公共设施是满足人们公共需求（如便利、安全、参与）和公共空间选择的

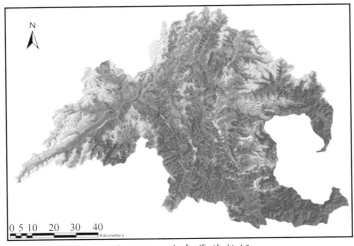

图 4-15 地表覆盖数据

设施，如公共行政设施、公共信息设施、公共卫生设施、公共体育设施、公共文化设施、公共交通设施、公共教育设施、公共绿化设施等。村庄规划中公共设施数据包含交通设施、基础设施、公共服务设施、防灾减灾设施等数据（图 4-16）。

图 4-16 公共设施数据

1. 交通设施数据

交通设施数据包括：高速公路、铁路、对外道路、村庄内部道路的建设项目；村庄内各道路的分布、等级、长度、宽度，路面质量；现状客运站、货运站的位置，客货流量以及各种机动车辆和非机动车数量，客运班线及班次、现状加油站、汽修厂等设施的规模及分布情况。

2. 基础设施数据

（1）给水：水源地、供水能力、供水方式、供水设施、供水范围、供水人口、自来水入户率、人均日用水量、各类人畜饮水工程建设情况。

（2）排水：污水处理厂、排水方式、排污管道建设情况。

（3）供电：变电站和水电站的数量、规模、装机容量；电力来源、电压等级、变压器数量、供电范围和服务人口、各村通电情况。

（4）通信：村内电信及邮电所和服务网点的分布、数量；固定电话装机容量和实有用户数量；有线电视、广播信号覆盖程度，移动网络建设情况，移动基站分布，移动用户数量。

（5）供热：供热设施现状、热源、供热方式，现有设施的数量、容量、负荷、服务范围、服务人口。

（6）燃气：气源、燃气种类、供气方式、供气规模、供气范围、管网布置和供气设施。

（7）环卫：垃圾填埋场的分布、数量、规模、处理容量、使用年限；垃圾转运站的分布、数量、规模。

3. 公共服务设施

（1）行政管理：党政、团体机构，各专项管理机构，居（村）委会的规模、等级、职能、服务范围及其人员构成情况。

（2）教育机构：中小学、幼儿园、托儿所的数量、分布、规模、学制、生源地、管理模式、设施水平、教学水平、教学环境；教师的数量、文化水平、年龄；在校学生人数、性别比，适龄儿童入学率；学校的撤并和改扩建情况。

（3）文体科技：文化站（室）、读书屋（室）、青年中心、老年人活动中心、科技站、体育活动场所及文化娱乐设施建设状况。

（4）医疗保健：计划生育站（组）、防疫站、兽医站、医院、卫生院、卫生所（室）的数量、规模、设施、水平，人员构成及其数量、年龄和文化程度。

（5）商业金融：百货店、食品店、超市；生产资料、建材、日杂商店；粮油店；药店；燃料店（站）；文化用品店；书店；综合商店；宾馆、旅店；饭店、伙食店、茶馆；理发馆、浴室、照相馆；综合服务站；银行、信用社、保险机构。拥有以上机构的种类、分布、数量、规模、服务范围、服务人口。

（6）集贸市场：百货市场；蔬菜、果品、副食市场；粮油、土特产、畜、禽、水产市场；燃料、建材家具、生产资料市场；其他专业市场。拥有以上市场的种类、分布、数量、规模、服务范围、服务人口，村庄市场建设的发展设想。

4. 文物数据

村庄文化古迹、历史建筑、传统村落名录，文物保护单位名录及相关资料，不可移动文物名录。

5. 防灾减灾设施

（1）消防：消防站位置、人员、车辆，消防给水水源及消火栓等消防设施状况，消防重点保护单位及消防建设情况。

（2）防洪：降水与河流水文资料（河流流量、历年平均水位、最高水位）及山洪情况，现状防洪标准，防洪堤、泄洪沟渠、蓄水水库等防洪设施建设。

（3）抗震：抗震设防标准及抗震专项规划，建筑物、工程设施和设备的抗震能力评估相关资料，地质灾害情况等。

以上资料由自然资源、交通、住建、水利等部门提供，类型为文本数据或矢量数据。

（六）专业调查数据

专业调查数据包括地质环境调查和海洋、林草、矿产等专项自然资源调查成果，地名普查与民政部门更新成果，农业、水利、交通等调查更新成果，"应采尽采"。

作为坐落在村庄的有关地理对象，对碳排放因子及碳汇现状和潜力的调查与监测数据采集，是"双碳"目标下的重要工作。

（七）评价分析数据

评价分析数据包括各种评价分析数据，各种专题研究报告、双评价（资源环境承载力与国土空间开发适宜性评价）成果等。其中"双评价"是要求规划前必须完成的工作。对村庄规划而言，一般利用上位规划的双评价成果，有特殊要求的，也需要专门对评价细化。

（八）产业数据

一二三产业，包括其位置、规模、产值、就业人数等。

（九）监测数据

专门用以监测的数据如水质、空气等传感器数据；风力风向等数据；水流、车流等数据；各类卫星遥感数据。

（十）法定日常确权审核登记数据

不动产登记、农村土地承包经营权确权登记、自然资源确权登记、林权登记发证数据、土地规划审批、工程竣工登记、土地整治项目审批等，产业项目登记及企业登记等，是数据动态更新的基础数据来源。

（十一）规划数据、上位规划数据及管控数据

上位规划数据包含主体功能区规划及省、市、县、乡镇国土空间规划及专项规划成果（涉及交通、能源、水利、电力、农业等基础设施、公共服务设施，生态环境保护、文物保护、林业草原等）数据。由国家发改委、自然资源部等相关业务部门提供，为文本数据或矢量数据；还包括国民经济发展规划(如"十四五"规划等)。

管控数据，如控制性界线数据明确了空间范围内具有的功能、性质及管控要求，既包括前面所述的"三区三线"数据，诸如自然保护区、自然公园（森林公园、地质公园、湿地公园）、饮用水水源地保护区、水产种质资源保护区、河湖管理范围、基本农田、开发边界等，也包括房屋道路等各种地理要素的安全距离控制，国家与地方法规规定的各项控制指标等。由自然资源部门提供，类型为文本数据、矢量数据或栅格数据。

（十二）在建项目数据

正在进行建设的项目数据，也属于控制范围，不可与之产生冲突。

（十三）其他数据

社会不断发展，村庄规划的要求不断提高，相关的数据类型及数据也会不断增加，原则上规划应该考虑的任何问题，都应该逐步数据化。

1. 区域概况数据

用于了解村庄及村庄周围环境情况，包含村庄背景、地理位置、生态环境、历史文化和地方特色等信息。它由镇政府、村委会等提供，类型为文本数据。

2. 社会经济数据

社会经济数据包含人口数据、产业数据等。人口数据用于了解村庄人口数量、人口结构、劳动力、就业安置、人口变化情况、各年龄段人口分布、人口受教育程度、历年出生人数等信息，由镇派出所提供，为文本数据类型。产业数据用于了解村庄产业发展情况，例如一二三产业发展状况，接待游客的数量，

商店、农家乐、民宿和便民小卖部的数量和规模等信息。它由农业农村部门提供，类型为文本数据。

3. 网络大数据

共享单车、汽车导航、手机信令、人口热力分布、交通流、春节人口迁徙等数据。

四、村庄基本数据快速采集方法

村庄规划的好坏，很大程度取决于基础数据的丰富程度。规划的"八度"（深度：调查与挖掘深度；广度：广泛与广大；远度：历史与未来；粒度：辨识度、颗粒度或尺度；角度：视角与站位；限度：适宜与可控；纯度：特色与聚焦；韵度：风情、温度、审美与气质），都能够通过数据得到反映。

因各个地区发展状况不同，已有的数据情况也不尽相同。已经有的数据需要尽可能收集齐全，既可避免大量的重复工作，又可保证规划的延续性和科学性。

已有的数据时间太久，现实性不强；或者规划关切的数据缺乏时，需要重新采集，卫星遥感、航空摄影、地面激光扫描、角度距离仪器测量等都是采集的方法。采集后经过专业处理的结果，形成统一坐标系的广义的"地图"，用以规划参考。无人机倾斜摄影测量，是比较适合村庄规划的采集手段，可轻松获得实景三维数据；无人机难以拍照的区域，通过激光雷达快速扫描测量，也是迅速获得精准数据的方法。

附着于图上对象的辅助信息，即"属性数据"；或者与图上对象无直接关联的文本数据，都需要通过调查获得。

（一）无人机倾斜摄影测量

无人机倾斜摄影测量系统可以定义为以无人机为飞行平台，以倾斜摄影相机为任务设备的航空影像获取系统，是近年来在测绘理论创新和装备升级的基础上发展起来的一项高新技术。倾斜摄影测量获取的高度重叠的照片，可自动计算生成三维实景模型数据，真实反映地物的外观、位置、高度等属性；倾斜摄影测量能同时制作 DEM、DOM、DLG 等多种数据成果。因其简单易用、成本低、成图快等特点，在局域数据采集中有独特优势，特别适合村庄规划使用。

无人机倾斜摄影测量技术流程（图4-17）一般包括：

（1）选定无人机及配套相机，明确相机像素、相幅、焦距等参数，确定地面分辨率（即每个像素代表地面的大小尺寸，一般可选为 3cm 以下）；

（2）按照村庄范围规划航线，预设飞行航高、照片重叠率等；

（3）在地面上标识并测量一定数量的控制点（称为像控点），用以为照片进行基准定位；

（4）按照规划航线自动飞行拍照，获取照片；

（5）利用国内外通用的建模软件将照片及像控点录入，自动计算模型（osgb文件）；

（6）利用常用的三维测图软件基于模型进行矢量数据采集处理，获得规划基础数据。

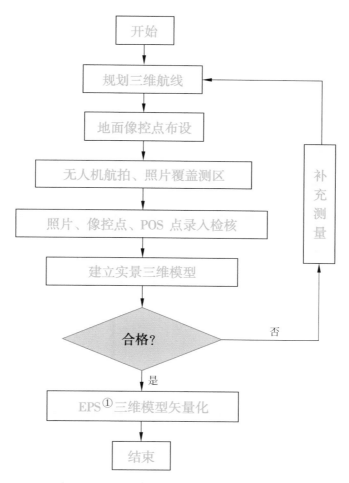

图 4-17　无人机倾斜摄影测量技术流程

---

① EPS 三维测图软件是一款优秀的针对无人机实景三维模型及激光点云进行矢量化处理的系统，可用来提取村庄规划需要的基础数据

（二）激光雷达扫描测量

三维激光扫描技术（light detection and ranging，LIDAR）是 20 世纪 90 年代中期开始出现的一项高新技术。它通过高速激光扫描测量方法，可以大面积、高分辨率地快速获取被测对象表面的三维坐标、反射率和纹理等信息，为快速建立物体的三维影像模型提供了一种全新的技术手段，具有快速性、不接触性、实时、动态、自动化等特点。

激光雷达由发射系统、接收系统、信息处理等部分组成。它利用激光对地球表面进行密集采样，以产生高精度的 x、y、z 测量值，能生成可进行管理、显示、分析以及共享的离散点数据集。该数据称为"点云"（point cloud data），有些可能含有颜色信息（RGB）或反射强度信息（intensity）。

1. 航空激光扫描点云测量

扫描器装载在飞机上，直接对地进行扫描，获得高精度地表起伏数据，可建立精准高程模型。除了获得裸露地表数据，还可透过植被、土壤、水体等获得更多信息。

2. 车载、背包、架站式激光扫描点云测量

除了前面提到的航空激光扫描是以飞机作为载体（机载），还有车载式、背包式、架站式。它可用于采集高精度地形图、立面图、断面图。

（1）车载式，即将三维激光扫描仪搭载在车辆上进行扫描的作业方式，一般针对道路或道路周边物体进行扫描，运用于公路测量、公路建模、实景底图编制等场景。

（2）背包式，即将三维激光扫描仪挂置于专业便携式背包上，由人员移动控制扫描范围，一般用于车辆无法到达的场景，如楼道、庭院、地下管廊等。

（3）架站式，即在地面某一点，将三维激光扫描仪固定架设其上，对该点周围目标物体进行扫描，一般用于无须移动扫描的场景，如室内扫描等。

激光雷达扫描测量的流程如下：

① 扫描采集点云；

② 点云校准融合处理；

③ 利用点云测图软件（如 EPS）采集处理，形成规划所用数据。

五、村庄调查数据及"手机众参系统"

既然"村民主体"，村民要全程参与村庄规划，村庄调查的数据依据显得尤

为重要，当然调查过程最好有更多人参与。

（一）村庄调查内容

可通过顺口溜记住调查的基本内容："公房道路加休闲，水电煤气一三产。保护拆并坐地户，文旅防灾守金山。"

一般调查内容如表4-1所示。

表4-1　调查内容

大　类	小　类	描　述
历史调查	自然	灾害
	人文	名人、古迹、风俗、习惯、婚丧嫁娶、节日活动、事件
	经济	产业沿革，收入变化
现状调查	自然	概况
	人文	人口、社会、文化、发展沿革
	经济	村庄发展优势与短板、发展定位、基础设施与公共服务设施
问题调查	生产	产业、就业、人才、竞争力、收入
	生活	医疗、交通、生活便利、上下水、休憩
	生态	环境、旅游、可持续
	精神文化	网络、影视、学习、社交活动、运动、公共区建设
目标调查	生产	产业发展
	生活	建设项目（广场、休憩区、文体活动场所）、展望
	生态	环境目标
	精神文化	村民希望家乡发展成为什么样的村庄

（二）手机众参系统

"手机众参系统"（图4-18）就是一个很好的全民参与方式，也可用于村庄调查。调查前能够让村民提前使用，会提高调查效率与质量。

所谓手机众参系统调查，就是将村民按花名册授权，将村庄现状实景三维数据在手机上展现出来（图4-19），让村民"看图说话"指认地图上的对象（点类如古井、线类如道路沟渠、面类如场院），或直接绘制，发表意见如"重修""古树保护""拆迁""硬化""拓宽""这里修建公园""这里设停车场""村用地"等；同时可填写调查表。

（三）村庄调查表

调查表包括：村庄总体情况调查、个人及家庭基本情况调查、住房情况、生活满意度、村庄建设、农村教育和医疗、行政服务情况、新农村建设建议。

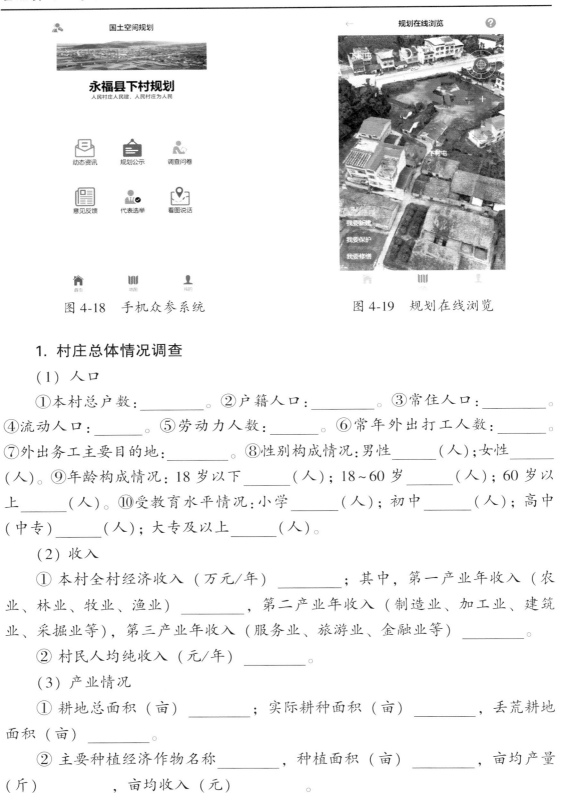

图 4-18 手机众参系统   图 4-19   规划在线浏览

1. 村庄总体情况调查

（1）人口

①本村总户数：_____。②户籍人口：_____。③常住人口：_____。
④流动人口：_____。⑤劳动力人数：_____。⑥常年外出打工人数：_____。
⑦外出务工主要目的地：_____。⑧性别构成情况:男性_____（人）;女性_____
（人）。⑨年龄构成情况:18 岁以下_____（人）; 18~60 岁_____（人）; 60 岁以
上_____（人）。⑩受教育水平情况:小学_____（人）; 初中_____（人）; 高中
（中专）_____（人）; 大专及以上_____（人）。

（2）收入

① 本村全村经济收入（万元/年）_____；其中，第一产业年收入（农
业、林业、牧业、渔业）_____，第二产业年收入（制造业、加工业、建筑
业、采掘业等），第三产业年收入（服务业、旅游业、金融业等）_____。

② 村民人均纯收入（元/年）_____。

（3）产业情况

① 耕地总面积（亩）_____；实际耕种面积（亩）_____，丢荒耕地
面积（亩）_____。

② 主要种植经济作物名称_____，种植面积（亩）_____，亩均产量
（斤）_____，亩均收入（元）_____。

③ 主要林业名称_____，规模_____，年总收入（元）_____。

④ 主要养殖业名称_____，规模_____，年总收入（元）_____；耕地承包人（公司）名称_____。

⑤ 主要作物名称_____，承包面积（亩）_____，承包方式（价格，期限）_____。

⑥ 本村主要手工业、制造业公司名称_____，从业人数_____，产值（万元）_____，员工平均月收入（元）_____。

⑦ 本村主要零售行业公司名称_____，从业人数_____，产值（万元）_____，员工平均月收入（元）_____。

⑧ 本村旅游资源开发情况：已开发旅游资源名称_____，游客规模（人/年）_____；农家乐数量_____，员工数量_____，经济效益（元/年）_____；果蔬采摘园数量_____，员工数量_____，经济效益（元/年）_____；意向开发（或具有潜力）的旅游资源名称_____。

⑨ 本村集体经济发展情况：村办企业名称_____，村办企业主营业务_____，村庄集体经济收入（元）_____，村办企业产值（元）_____。

⑩ 本村矿产资源_____。

（4）自然灾害

本村过去出现过什么特殊的自然现象、发生过什么自然灾害，什么时候发生的？（洪涝灾害、山体滑坡、塌方、泥石流，其他自然现象）_____

（5）自然

本村过去的山水林田湖草荒地与现在有什么不同？本村的自然风光特色是什么，与周边村庄有什么不同？_____

（6）文化

您了解本村发生的故事、名人、事件、风俗习惯有哪些？_____

（7）产业认识

① 有哪些过去存在的比较好的、现在逐步退化产业？

② 当前产业哪些比较突出？

③ 以后做点什么产业比较有前途？_____

（8）发展

全村的生活品质在哪一方面需要提升？怎样保护村里生态环境？你认为需要

完善的设施　A. 小学　B. 幼儿园　C. 卫生所　D. 文化活动室　E. 戏台　F. 健身设施　G. 篮球场　H. 公共停车场　I. 路灯　J. 道路　K. 供水设施　L. 污水设施　M. 排水沟　N. 环卫设施　O. 消防设施　P. 村容村貌　Q. 其他（可补充）_____。

（9）理想

你认为我们村未来应该建设成为一个什么样的村？_____

2. 个人及家庭基本情况调查

（1）姓名_____性别_____出生年月_____

（2）您的受教育程度是_____。

　　　A. 小学　　　B. 初中　　　C. 技校或中专　　　D. 高中

　　　E. 大学或以上　　　F. 其他_____

（3）您家里共有_____人，家庭年总收入为_____（单位：元）。

　　　A. 少于5000　　　B. 5000~10000　　　C. 10000~25000

　　　D. 25000~50000　　　E. 50000以上　　　F. 其他

（4）您家庭的主要收入来源为_____。

　　　A. 农业收入（种植养殖）　　　B. 政府部门或事业单位工资收入

　　　C. 打工工资收入　　　D. 集体分红　　　E. 出租房屋收入

　　　F. 生意经营收入　　　G. 其他收入

（5）您家耕种方式为_____。

　　　A. 全部自己耕种　　　B. 部分自己耕种，其余丢荒

　　　C. 部分自己耕种，部分承包给他人　　　D. 全部承包给他人

　　　E. 全部丢荒

（6）您家外出务工人员工作地点是_____。

　　　A. 本省乡镇　　　B. 本省县城　　　C. 本省市里　　　D. 外省　　　E. 其他

（7）您家常年在村里居住的有_____人。

　　　A. 1　　　B. 2　　　C. 3~4　　　D. 4~6

（8）您目前主要从事工作类型为_____。

　　　A. 务农　　　B. 事业编制、公务员　　　C. 进厂打工　　　D. 餐饮服务业

　　　E. 开店做生意　　　F. 没有工作　　　G. 旅游民营　　　H. 其他

（9）您对未来工作方式的选择为_____。

　　　A. 务农　　　B. 出租耕地　　　C. 进厂打工　　　D. 餐饮服务业

E. 开店做生意　　F. 物流运输　　　G. 旅游民营

H. 事业单位、政府部门　　　　　I. 其他

（10）您的工资主要用于_____支出。

A. 赡养父母　　　B. 家庭日常开支　　C. 子女教育支出

D. 娱乐、服装消费　　E. 生意投资　　F. 房贷、车贷　　G. 其他

（11）您家土地的使用情况是_____。

A. 有大部分的闲置土地　　B. 有少量的闲置土地　　C. 没有闲置土地

D. 其他

（12）您每天一般平均工作时间多少小时？_____。

A. 4 小时以下　　B. 4~6 小时　　C. 6~8 小时

D. 8 小时以上　　E. 其他

（13）业余时间有多少小时？业余时间在做什么？_____

A. 4 小时以下　　B. 4~6 小时　　C. 6~8 小时

D. 8 小时以上　　E. 其他

3. 住房情况

（1）您家拥有_____套住房或宅基地？

（2）您现在居住的房子建于_____年，有_____层，房屋面积_____（平方米），造价_____元；卫生间是_____A. 马桶；B. 公厕；C. 自建。

（3）住房小院的用途_____。

A. 休闲　　　B. 放农具　　　C. 其他

（4）在未来 5 年您家是否有将要达到适婚年龄的人？

如果有，有_____人？这些人是否需要新建住房？_____

（5）您个人偏向住在哪里？_____

A. 村　　　B. 乡镇　　　C. 县城　　　D. 市区　　　E. 其他

（6）如果建新房，您希望建在什么地方？_____

A. 在统一规划新村内　　B. 原地重建　　C. 不确定　　D. 其他

（7）新屋的住宅形式您喜欢哪一种？_____

A. 独门独院　　B. 联排住宅　　C. 3~6 层的多层住宅

D. 高层公寓　　E. 其他

（8）新村的布局，您喜欢采用哪种方式？_____

A. 南北行列式布局　　B. 围合式布局　　C. 其他

（9）如果搬了新屋，您认为家里祖屋（老屋）如何处置？_____

      A. 有人要买，可以考虑卖给他人   B. 政府有偿征用，可以考虑出让

      C. 要保留   D. 继承给子女   E. 其他

（10）您目前房屋主要用途？_____

      A. 自住   B. 自住-出租混用   C. 出租   D. 闲置   E. 其他

（11）您家如果有出租房屋，每月出租的收入是_____元/（平方米·月）。

（12）您家是否愿意用作民宿经营？_____。

（13）房前屋后及可见院落全村统一环境绿化整治，您是否愿意？_____。

（14）如果需要每个人贡献一点土地或资金等把村里建设更好，您是否愿意参与？_____。

4. 生活满意度

（1）您觉得购物是否方便？_____。

（2）您觉得目前小孩上幼儿园、小学是否方便？_____。

（3）您觉得现在村里的环境状况？_____。

      A. 好   B. 较好   C. 一般   D. 差   E. 很差

（4）您日常出行的交通工具主要是？_____

      A. 步行   B. 自行车   C. 摩托车   D. 地铁

      E. 公交车   F. 私人汽车   G. 其他

（5）您的出行是否方便？有什么问题_____

（6）您看病就医是否方便？_____

（7）现在农村各种各样的农家乐和度假村成为社会上的一种新风潮，您对这种在农村开发旅游业，对民众开放现象是否赞同？_____。

（8）休闲的喜好是_____。

      A. 购物   B. 体育   C. 聊天   D. 棋牌   E. 文艺   F. 散步

5. 村庄建设

（1）村里品质优良、特色鲜明、附加值高的优势农产品是？_____。

（2）村里有何特色的村庄文化、民俗文化、民间艺术等？代表本村的自然人文标志性物品是_____。

（3）村内是否有年代久远的老建筑？_____。

如果有，可在众参系统"看图说话"中标出。

（4）村内是否有古树名木？

如果有，可在众参系统"看图说话"中标出。

（5）您对本村村庄绿化是否满意？_____。问题是_____。

（6）您对村里的健身休闲场所和设施是否满意？_____问题是_____

（7）您觉得本村需要增加哪些公共设施？_____

A. 肉菜市场　　B. 文化站　　C. 运动场地，如篮球场　　D. 卫生站

E. 小学　F. 幼儿园　G. 公厕　H. 垃圾收集池　I. 老人之家(托老所)

J. 小公园　　K. 商业服务设施　　L. 公共浴室　　M. 超市　　N. 旅馆

O. 路边座椅　　P. 其他

（8）村庄周边是否存在和潜在存在污染源？_____。

若存在，污染源类型是_____可在众参系统"看图说话"中标出。

（9）您所在的村庄是否有意向使用新能源作为生活生产服务？_____。

（10）您认为村里需要完善的农业设施有_____。

A. 机耕道路　　B. 农田水利　　C. 农田电力　　D. 其他

（11）是否愿意进行土地整治，修建机耕路、硬化水沟，把小块耕地平整成大块耕地？是否愿意重新分配土地？_____。

（12）您家是否有撂荒的土地？若有，撂荒的原因是什么_____。

A. 租金低　　B. 没人种　　C. 交通不方便　　D. 土地不肥沃，收成低

E. 水利设施差　　F. 被河流冲毁　　G. 其他

（13）您是否有土地流转的意愿吗？若有，希望的土地流转方式是_____。

A. 转让　　B. 转包　　C. 出租　　D. 股份分红　　E. 其他

（14）您家闲置的宅基地最好怎么处理？_____。

A. 不理会　　B. 村集体收回　　C. 建设　　D. 转让　　E. 复耕

F. 其他

（15）您觉得目前环境整治中最需要解决的问题是_____。

A. 拆除临时搭建的建筑　B. 拆除危房　C. 理顺杂乱无章的道路结构

D. 路硬底化　　E. 改善道路照明，增设路灯　　F. 增设垃圾桶

G. 建设排水沟渠和下水管，改善生活污水排放问题　H. 污水集中处理

I. 清洁水塘　　　J. 改善村民饮水问题，建设自来水设施

K. 改善村民住宅之间的绿化环境　　　L. 改善村庄入口的环境绿化

M. 摄像头　　　N. 垃圾回收站其他

以上均可在众参系统"看图说话"中标出。

6. 农村教育和医疗

（1）您对农村儿童教育质量的看法是＿＿＿＿＿＿＿＿＿＿。

A. 非常满意　　　B. 总体还可以　　　C. 一般　　　D. 比较落后，需要改变

（2）你觉得所在乡村的科学普及程度＿＿＿＿＿＿＿＿＿＿。

A. 很好　　　B. 基本良好　　　C. 基本没有　　　D. 很差

（3）教育上的花费每年＿＿＿＿元，占总收入的＿＿＿＿（百分比）。

（4）您是否参加新型农村合作医疗保险？＿＿＿＿＿＿。

（5）您是否对现在的医疗费用报销比例满意？＿＿＿＿＿＿。

（6）请问家中如果有亲人生病，您觉得就医是否有困难？＿＿＿＿＿＿。

（7）参加合作医疗后比较关注哪些方面？＿＿＿＿＿＿。

A. 医疗费能否及时得到补偿　　　B. 看病不自由，要到指定医院才能报销

C. 到省外是否能得到补偿　　　D. 就医程序太复杂，延误治疗　　　E. 其他

7. 行政服务情况

（1）请问本村中主要事件（如水利设施，修路、桥等）是以什么方式决定的？＿＿＿＿＿＿。

A. 全部村民集体投票决定　　　B. 本村中几户村民讨论决定

C. 村干部直接下达　　　D. 其他

您期望以什么方式来决定？＿＿＿＿＿＿＿＿＿＿

（2）请问您主要是通过什么途径来获取农业科技文化知识方面的信息？＿＿＿＿＿＿。

A. 电视、广播　　　B. 报纸、书刊　　　C. 从销售农药、种子等商家那里得知

D. 邻里相传　　　E. 政府请专家解说演示宣传、请相关人员亲自指导

F. 网络途径　　　G. 其他

（3）您是否了解政府为解决"三农"问题而制定的一系列惠民政策？＿＿＿＿＿＿。

A. 一直很关注，十分了解　　　B. 有一些了解　　　C. 不是很清楚

D. 完全不关心　　　E. 其他

8. 新农村建设建议

（1）您认为新农村建设过程中需要突出解决的首要问题是？_____。

　　A. 改善乡风民俗　　B. 保证建设资金　　C. 制定科学规划

　　D. 改善生活环境　　E. 经济建设　　F. 其他

（2）您认为最有可能代表本村的标志物（活动）为？_____。

　　A. 民俗活动　　B. 祠堂、牌坊　　C. 民居建筑　　D. 自然风情

　　E. 名人故里　　F. 特产　　G. 其他

（3）您是否愿意投入一定资金改造自己的居住环境？_____。

（4）您对安置区资金启动支持哪种方式？_____。

　　A. 村民出资　　B. 开发商开发后由村民购买　　C. 开发商跟村委合资开发

　　D. 政府统一建设后由村民购买　　E. 其他

（5）您能够承受新农村建设自筹资金负担吗？_____。

　　A. 可以　　B. 勉强可以　　C. 一般　　D. 不能　　E. 完全不能　　F. 其他

（6）如果需要您家拆迁，您怎么看？_____。

　　A. 无条件接受　　B. 接受　　C. 不接受　　D. 完全不接受

　　E. 不知道　　F. 其他

（7）在新农村建设中需要您尽义务时，您是否接受？_____。

　　A. 无条件接受　　B. 接受　　C. 不接受　　D. 完全不接受

　　E. 不确定　　F. 其他

（8）您对政府征地的支持度？_____。

　　A. 十分支持　　B. 支持　　C. 一般　　D. 无所谓　　E. 其他

（9）您对现在村庄整治发展政策了解程度？_____。

　　A. 十分了解　　B. 了解　　C. 一般了解　　D. 很不了解　　E. 其他

（10）您对集中安置区建设的支持度？_____。

　　A. 十分支持　　B. 支持　　C. 一般　　D. 无所谓　　E. 不支持

　　F. 其他

（11）您对集中安置区的环境要求是？_____。

　　A. 很好　　B. 比较好　　C. 一般　　D. 没什么要求　　E. 其他

（12）您希望集中安置区的开发强度是？_____。

　　A. 高强度开发，集约用地　　B. 中强度建设，增加绿化

C. 低强度发展，搞好居住环境　　D. 无所谓　　E. 其他

（13）在集中安置区您最希望是哪一类型的公共配套设施？_____。

A. 学校　　　B. 市场　　　C. 娱乐设施　　D. 公园绿地　　　E. 其他

（14）关于本村新农村建设其他建议和意见？_____。

第二节　数据融合整理与建立"一张图数据库"

一、数据融合整理

数据融合是制作规划工作底图的主要技术工作。各种数据需要融合在一起，没有矛盾，没有冲突，保证精度，确保规划参考利用。

（一）选取必要的数据

从各个数据中提取规划参考的重要数据。

（二）比例尺融合

不同比例尺的数据，大比例尺作为优选条件，但定性需要较小比例尺数据作为参考。

（三）矛盾的数据处理

如同一地块不同数据源定性不同，需要根据标准和原则进行选择。

（四）冲突的数据处理

如地块边界不一致，应保证性质准确情况下，选择精度高的，舍弃一个次重要的。

（五）二、三维整合

保证无不一致情况。

数据融合关键在于几张图的衔接，包括：

（1）现状底图衔接：精准化，为规划和管理"一张图"建库打好基础。针对当前图件存在的坐标系不统一、底图数据单一、不精准及对农村土地权属关系重视不够的问题，应充分利用自然资源管理部门数据成果，平面坐标系须采用 2000 国家大地坐标系；应采用第三次全国国土调查数据成果或最新土地变更调查数据成果、数字线划地图和比例尺不低于 1：2000 的地形图或国土数字正

射影像图作为工作底图，并用农村地籍调查数据、地理国情普查及监测数据作补充，并将村庄规划现状底图纳入国土空间总体规划现状底图中去。

（2）规划蓝图衔接：将国土空间总体规划中确定的村域内生态保护红线、永久基本农田保护红线、城镇开发边界、永久基本农田储备区、乡村历史文化保护线、宅基地建设范围线、有条件建设区等规划控制线在村庄规划成果中予以落实。保证（地）市—（区）县—（乡）镇的国土空间规划传导体系能够将"三线"管控的要求落到实处。

（3）管理用图衔接：突出村民主体地位，将村庄规划编制流程简化为现状调查、规划编制、规划报批、规划公告四个阶段。针对县级层面村庄规划管理统筹不够、乡镇层面规划管理力量薄弱、县镇无法上下联动、规划与实施衔接困难等痛点，将规划成果的审批、管理、调整、实施监督和公众参与在管理用图中予以落实。强化县级统筹能力，突出乡镇管理职能，为村庄规划数据汇聚、管理实施、调整监督、公众参与等提供一体化解决方案，实现村庄规划的全流程服务和村庄建设项目的全生命周期管理，助力乡村振兴战略落地。

二、建立一张图数据库

前述各种村庄规划需要的数据，必须能够用起来才能发挥作用，包括支撑规划决策，发现问题、回答问题等，用起来要通过工具或计算机应用系统（比如叠加显示系统、空间分析系统、智能规划编制系统、规划实施监督系统等），但首先要有数据并建立数据库。

建立数据库首先需要考虑在什么平台上建立，也就是数据库的管理系统采用哪一个（比如 Oracle、SqlServer、PostGreSQL、MongoDB 等，或者自定义格式的文件系统）。然后制定一张图数据库标准（一般基于国家或地方标准扩展，包括数据集、数据层、数据对象的定义及数据结构等），将各种数据整理融合，利用建库工具（如 EPS）进行规格化处理、质量检查并推送到数据库。

村庄规划一张图数据库建在哪里需要考虑，主要是保证使用数据库的人员（包括规划编制、规划审批、规划监督等人员）能够访问到数据库（图 4-20）。

三、村庄规划一张图的动态更新

为保障村庄规划信息数据能够在日常的业务运行中有序运转，切实发挥支撑作用，保证数据的统一性与权威性，必须建立严格的数据成果维护管理机制，

图 4-20 "一张图"数据库

以及相应的技术支持手段。基础地理、土地利用、建筑物现状、公共服务设施、交通及市政公共设施信息必须"定期收集、动态更新",在各类规划项目的审批、实施中做到"传导约束、联动更新",在规划编制和规划实施间,建立起良好的互动,实现村庄规划"一张图"的动态维护与更新(图 4-21)。

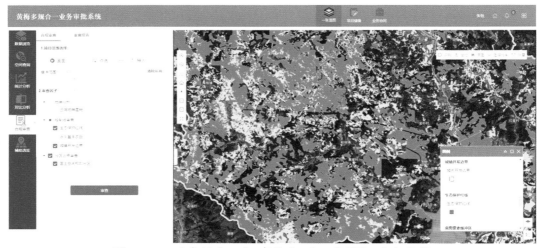

图 4-21 "多规合一"审批与"一张图"动态更新

(一) 技术方法

以"一张图"数据为基础,在数据标准上,建立动态更新机制,对现状、规划、管理、经济方面的数据进行实时、定期、联动的方式进行动态更新。优化数据生产流程,监管数据质量、完善数据汇交方式等是"一张图"动态更新的基础，对日常基础更新、规划调整更新、项目实施联动更新、指标变化更新采用标准化、开放式管理，达到"一张图"的动态更新，结合联合测绘、多测合一、智能化生产等技术方案实现生产、质检、管理、共享分发一体。

（二）建立动态更新机制

建立标准化作业与常态化更新维护机制，由年度变更、季度变更向动态更新转变；采用要素级增量更新机制，数据存储层面将现势与历史数据统一进行管理。实现增量更新，数据下载、上传、自动检测冲突，直接自动更新数据，历史数据自动存储。同时自动维护历史数据，可回溯任一时刻历史数据状况，现势数据与任意时刻历史数据可同步浏览、对比分析。

（三）数据动态更新系统建设

在建设项目用地预审、建设用地审批、城乡规划许可、土地供应、土地整治、耕地占补平衡、探矿权、采矿权、用岛用海审批、自然资源开发利用、生态保护修复、执法监察等各类审批管理业务中，做到规划审批辅助、项目实施管控、成果联动更新。对数据更新流程进行梳理和优化，建立从更新任务上报开始，到任务审核、任务分派、任务进度管理、更新成果提交、工作核算等更新任务生产的全过程的信息化管理信息系统，利用系统跟踪监管每个更新任务的执行过程，实现更新任务的规范化管理。

具体更新过程是通过服务接口方式，实现接收其他系统提供的变化区域数据，例如建设工程、不动产登记等部门标记和发起的变更区域，以便更快捷地获取数据变更的位置和范围，及时发起数据更新任务。另外，通过接口或增加其他方式可以获取到其他部门/系统的变更后的数据，作为更新数据源，从而提升数据的更新率，降低更新成本。

第三节 数据分析方法与应用

一、前期人口分析

在进行村庄规划的前期，了解村庄的基本信息、对村庄进行准确定位显得尤为重要。在这一环节，通过数据手段，利用相关关系法对数据进行分析，可以更加准确、更快速、不受人为影响，得出事物的本相或对发展趋势的预测。在村庄规划前期定位上，采用多平台获取数据，对各种人口、经济、产业的数据进行相关性分析，有利于深层次揭示村庄发展的内在规律，便于更好发挥村庄规划的定位预见性。

在研究村庄人口规模、结构、流动时，可以使用手机信令数据进行定量分析。以 GIS 平台为工具，基于通信运营商手机的数据，对手机用户出行轨迹进行可视化表达，在保护用户隐私情况下，基于村庄地理位置划定 250m×250m 的网格，利用手机用户一定时期内的定位数据对村庄地理位置内的人口基本概况及活动规律进行挖掘分析。

以某地区村庄为例，利用手机信令数据进行居住人口规模分布分析。利用 GIS 软件，打开该地区村庄的矢量地图数据，创建覆盖底图的边长为 250m× 250m 网格。添加该地区的居住人口规模手机信令点状数据，利用筛选功能，将村庄范围内的手机信令点数据覆盖到底图上，再使用空间连接工具，将居住人口规模手机信令数据属性表与网格连接，得到每个网格内的居住人口数量，利用 GIS 将数据可视化，得到该村庄的居住人口规模分布分析。

由图 4-22 可以看出，该地区村庄人口主要集中分布在东北及西北部，南部也有部分人口分布。同样，使用带有年龄、性别、职业等标签的手机信令数据，就可以分析得出该片地区的对应人口规模结构。

而利用不同时段的手机信令数据，则可以分析得出村庄地区人口流动随时间变化的趋势。基于上述手段处理不同时段的手机信令数据，将要素放入系统中，按对应时间的人口数字段依次生成柱状图，则可以对比得出一天内不同时间段的村庄地区内人口规模变化规律。

由图 4-23 可以得知，就整体而言，该村庄地区一天内的人口潮汐变化不大，而夜间的人口数量比白天多，说明在白天的时候该村庄地区人口流出量大于人口流入量，夜晚则人口流入量大于人口流出量。

以上是村庄前期分析阶段，通过利用手机信令数据对人口规模、结构、潮汐进行分析的示例，从而科学、定量地对村庄人口规模分布进行把控，结合日间人口热力地区分析村庄活力区域，结合人口潮汐变化探究村庄人口活动规律等。除此以外，还可以利用企业数据、百度地图数据、遥感影像数据等对村庄进行产业、交通、用地现状等前期村庄定位分析，通过多源数据揭示村庄发展的内在规律，辅助村庄规划编制。

二、叠置分析

叠置分析是空间分析中的一项常用、同时也是非常重要的分析方法，叠置

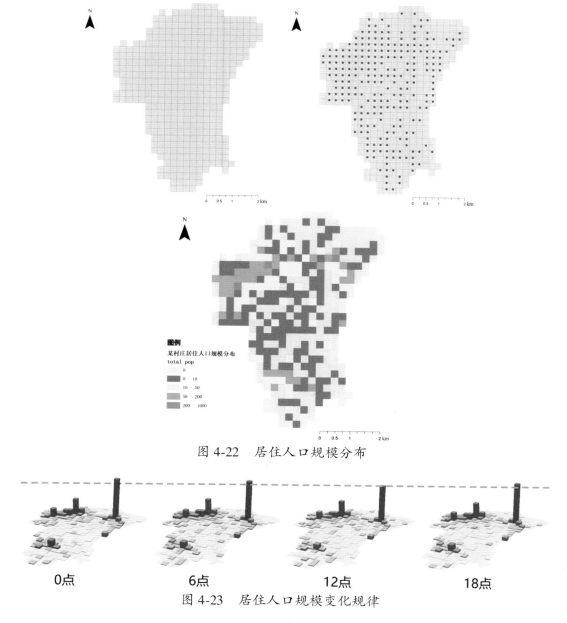

图 4-22　居住人口规模分布

图 4-23　居住人口规模变化规律

分析可以有效地综合多种地理因素，从其中提取隐含的空间信息。所谓叠置分析，就是将包含感兴趣的空间要素对象的多个数据层进行叠加，产生一个新要素图层。该新图层综合了原来多层实体要素所具有的属性特征。

在村庄规划应用中，叠置分析常被用来进行适宜性评价、农业供水条件、地质灾害风险区等分析。其中适宜性评价包括生态适宜性、农业适宜性、产业适宜性、人居适宜性等评价类型。适宜性评价通常采取构建评价指标、确定各指标权重、叠置分析评估的多因子分析方法，从而得出对目标地区的评价结果。

以某片地区为例，选取指标进行农业适宜性评价。选取地理坡度、地理起伏度、植物净初级生产力、降水量为指标，对各个指标的栅格数据进行分析与重分类评分。

首先对坡度进行等级划分，将坡度分为 5 个级别，依次赋分为 5 分、4 分、3 分、2 分、1 分，在 GIS 中对栅格分值图进行重分类（图 4-24）。坡度平缓的地区，水热条件良好，耕作便利，对于农业生产均较适宜。坡度过大的地方，不仅生存条件不佳，而且居住成本高，易发生自然灾害。

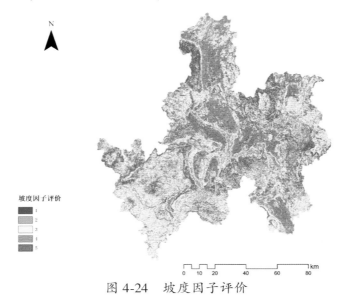

图 4-24　坡度因子评价

其次是地理起伏度。地理起伏度数据是基于 DEM 栅格数据，通过 GIS 的焦点统计工具统计得出的。焦点统计工具可为每个输入像元位置计算其周围指定邻域内的值的统计数据，运算该函数可得到例如最大值、平均值或者邻域范围内所有值的总和的统计数据。通过该工具获得 DEM 栅格焦点最大值与焦点最小值，之后使用栅格计算器得出每个栅格最大值与最小值之差，即为地理起伏度数据。

将起伏度分为 5 个级别，依次赋分为 5 分、4 分、3 分、2 分、1 分，在 GIS 中对栅格分值图进行重分类（图 4-25）。地理起伏度越低，越适宜农业生产。

净初级生产力是指绿色植物利用太阳光进行光合作用，即太阳光+无机物质+水+二氧化碳→热量+氧气+有机物质，把无机碳（二氧化碳）固定、转化为有机

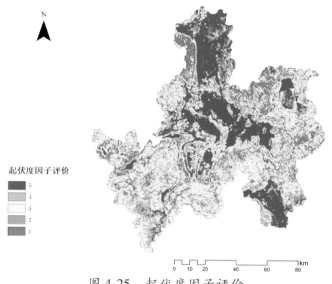

图 4-25　起伏度因子评价

碳这一过程的能力。植物净初级生产力可以通过卫星遥感影像数据获取。

　　将净初级生产力数据分为 5 个级别，依次赋分为 5 分、4 分、3 分、2 分、1 分，在 GIS 中对栅格分值图进行重分类（图 4-26）。植物净初级生产力越高，越适宜农业生产。

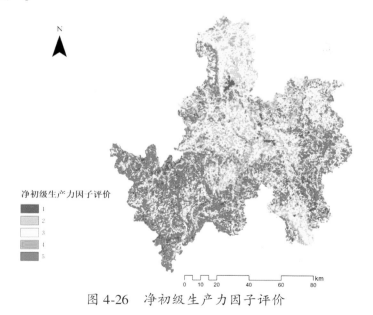

图 4-26　净初级生产力因子评价

　　降水量数据是利用气象站点数据进行空间插值，得到该地区多年平均降水量。将降水量数据分为 5 个级别，依次赋分为 5 分、4 分、3 分、2 分、1 分，在 GIS 中对栅格分值图进行重分类（图 4-27）。降水量越高，越适宜农业生产。

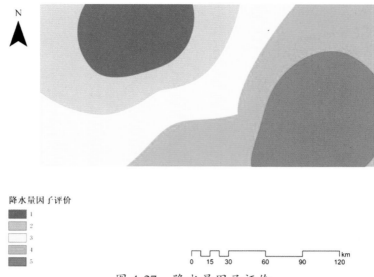

图 4-27　降水量因子评价

得到各个因子的评分后，通过建立层次结构模型、构造判断矩阵、检验判断矩阵等步骤，得到并确定各因子权重，再基于 GIS 的栅格计算器工具，依据权重进行叠置分析，得到该地区的农业适宜性评价（图 4-28）。

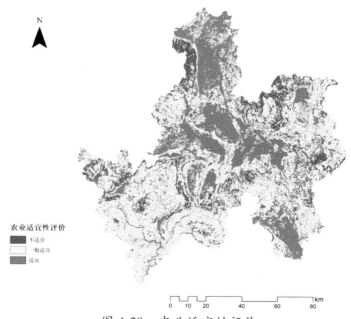

图 4-28　农业适宜性评价

三、缓冲区分析

缓冲区分析是指以点、线、面实体为基础，自动建立其周围一定宽度范围内的缓冲区多边形图层，然后建立该图层与目标图层的叠加，进行分析而得到所需结果。它是用来解决邻近度问题的空间分析工具之一。邻近度描述了地理空间中两个地物距离相近的程度。

在村庄规划应用中，缓冲区分析常被用来进行设施服务范围、保护区范围、耕作范围等分析。同时，缓冲区分析也可以与前面提到的叠置分析、人口分析结合，进行村庄居民点选址、服务设施供需平衡等分析。

以某村庄为例，进行基于缓冲区分析与叠置分析的居民点布局适宜性分析，选取了村庄道路覆盖范围、水源范围、卫生室服务范围、耕作距离、距镇政府距离几个指标来进行分析，对各个指标进行缓冲区分析并评分，最后根据权重进行居民点布局适宜性的叠置分析。

首先是村庄道路覆盖范围。提取村庄乡道村道图层，对其作缓冲区分析，按照距离道路 200m、400m、600m 三个级别进行重分类，并依次赋分 3 分、2 分、1 分，划分结果如图 4-29 所示。距离乡道村道越近，越适宜村庄居民点选址。

图 4-29 村庄道路缓冲分析

同样，对于水源地，提取水源河流图层，对其作缓冲区分析，按照距离水源 200m、400m、600m 三个级别进行重分类，并依次赋分 3 分、2 分、1 分，划分结果如图 4-30 所示。距离水源河流越近，越适宜村庄居民点选址。

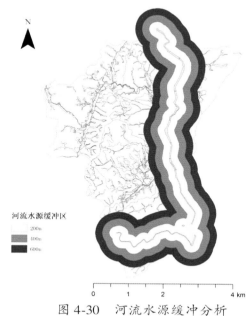

图 4-30　河流水源缓冲分析

医疗卫生是影响农村居民点布局的重要因素之一。为了衡量居民点生活看病的便捷程度，选取卫生室的距离作为指标的量化标准。提取卫生室图层，对其作缓冲区分析，按照距离卫生室 200m、600m、1000m 三个级别进行重分类，并依次赋分 3 分、2 分、1 分，划分结果如图 4-31 所示。

耕作距离是指居民点到耕地的距离，如果耕作距离过大，会影响农村居民耕作的积极性，这一点在丘陵地区的影响因子尤为高。因此提取耕地图层，对其作缓冲区分析，按照距离耕地 200m、400m、800m 三个级别进行重分类，并依次赋分 3 分、2 分、1 分，划分结果如图 4-32 所示。距离耕地越近，越适宜村庄居民点选址。

最后是城镇距离。提取规划区块所在镇的镇政府驻地，对其作缓冲区分析，按照距离城镇 1000m、3000m、5000m 三个级别进行重分类，并依次赋分 3 分、2 分、1 分，划分结果如图 4-33 所示。距离城镇越近，越适宜村庄居民点选址。

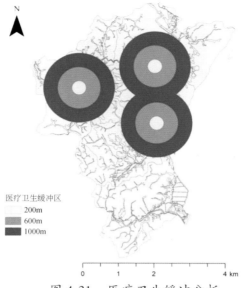

图 4-31　医疗卫生缓冲分析

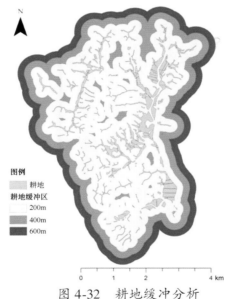

图 4-32　耕地缓冲分析

　　接着参考前面的叠置分析步骤，通过建立层次结构模型、构造判断矩阵、检验判断矩阵等步骤，得到并确定各因子权重，再基于 GIS 的栅格计算器工具，依据权重进行叠置分析，得到居民点布局适宜性评价结果（图 4-34）。

　　除了居民点布局适宜性评价以外，还可以基于设施服务范围缓冲区分析与手机信令人口分布数据进行设施服务人口数、供需平衡等分析，用以辅助村庄规划编制。

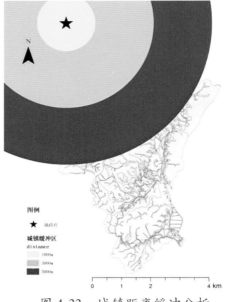

图 4-33　城镇距离缓冲分析

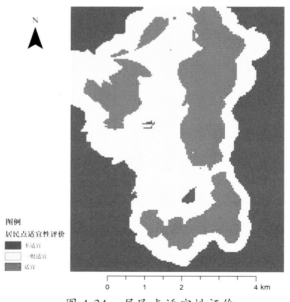

图 4-34　居民点适宜性评价

四、二维和三维综合分析及应用

村庄规划旨在改善村民生活质量，其涉及内容综合性较强，需要统筹考虑地形特征、生态环境、空间布局及建设现状等多方面影响因素，深度结合交通设施、综合管线、用地等各专项规划内容，因此对规划方案的合理性及实用性要求比较高。传统辅助规划方式主要是采用二维模式来进行方案的展示与分析，而伴随信息技术的迅猛发展，三维 GIS 技术也已广泛应用于国土空间规划业务领域当中。

与单一的二维辅助规划模式不同，与规划数据的三维可视化相结合可以更加直观地体现出各项规划方案数据复杂的空间关系。三维空间数据具有真实地理坐标，具备空间分析及运算能力，通过叠加二维矢量成果，有利于规划综合分析与评估；并且可以利用三维规划成果开展方案比选，保证了规划方案科学性与合理性，以辅助规划编制、控制预警及审批工作。同时，采用交互方式可对三维实景模型进行全方位浏览与场景漫游，能够简单、透明地解释空间上的抽象概念，有助于表达和理解。

在规划布局方面，与二维展示方式不同，三维空间动态布局模拟出了实景仿真效果，其展示方式更具有空间感及视觉色彩真实感，充分地将布局规划方案展示出来。同时，为了精确提取要素空间信息，合理比选最优规划方案，目前也多采用三维 GIS 相关技术来实现各类专项规划中的量算功能及复杂的空间分析，如通视分析、可视域分析、日照分析、天际线分析等，分析成果可转换成实时信息供相关管理部门应用。常用的分析有：

（一）建筑物三维日照分析

建筑物日照作为判定居住环境质量的重要条件之一，同时也决定了村庄规划中的住宅朝向与整体布局。日照分析是通过考察建筑物所在区域的经纬度范围及高程属性，依据太阳运动规律计算出该区域的日照时间及日照质量相关信息，进而判定出最合理的建筑物朝向。

以二维方式进行日照计算，其分析成果多以平面效果图及书面报表形式进行展示，无法直观、真实地展现建筑物阴影遮挡程度，理解较为困难，并且由于部分规划区域涉及建筑物的数量较大，操作过程十分繁琐，采集分析工作量大、成果生成的周期较长。三维日照分析是三维技术领域的一项应用，其在二维日照分析的算法上进行了优化，满足大数据计算需求，有效缩短了计算时间，提高了成果分析精度。通过构建出仿真三维模型环境，实时模拟出建筑物在各时间段的日照效果（图 4-35），规划师可以全方位观察模型动态变化，所见即所得，从而提高了工作效率。

（二）城市天际线分析

天际线即天际轮廓线，是代表城市景观特色的重要组成元素。天际线的影

图 4-35   建筑物三维日照分析

响因素有很多，包括视距远近、视点变化、视线角度及视觉环境物理因素，以及经济发展、政治文化等社会因素，不同城市的天际线形态各异。分析城市天际线可以更深入地探索城市涵盖的空间区域（图 4-36）。

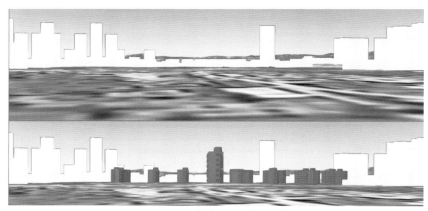

图 4-36   城市天际线分析

（三）地下实体立体空间分析

地下空间数据种类繁多，如地下通道、综合管线、地铁、人防等，空间位置关系交错复杂，尤其是综合管线数据，在进行管理时，需建立各类管线点与管线段的拓扑关系（即空间对象的互相连通、逻辑一致的关系），按照各类管点、管线的实际类型选择纹理材质进行贴图，依据属性信息及拓扑关系形成管径大小、形状特征，构建出完整的地下管线的三维空间模型（图 4-37）。采用碰撞分析法叠加综合管线、人防及地下构筑物等内容的专项规划方案，可直观分析出各方案间的空间矛盾信息及属性关联关系，避免重复开挖。

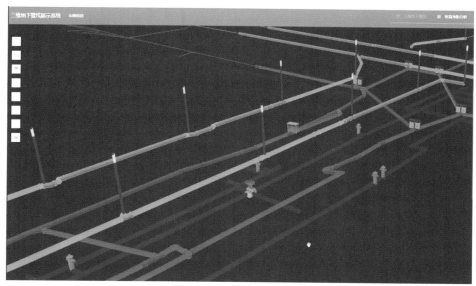

图 4-37　地下实体立体空间分析

五、"双评价"分析及应用

一般情况下，"双评价"不在村庄规划中实施，但村庄规划也需要双评价成果，这里对双评价进行简要说明。

（一）"双评价"概念

"双评价"即资源环境承载能力和国土空间开发适宜性评价，其本质是对区域资源环境特征进行认知的工具与方法。资源环境承载能力是指基于特定发展阶段、经济技术水平、生产生活方式和生态保护目标，一定地域范围内资源环境要素能够支撑农业生产、城镇建设等人类活动的最大规模。国土空间开发适宜性是指在维系生态系统健康和国土安全的前提下，综合考虑资源环境等要素条件，在特定国土空间进行农业生产、城镇建设等人类活动的适宜程度。

开展"双评价"的目标是要研判国土空间开发利用的问题和风险，识别生态保护极重要区（含生态系统服务功能极重要区和生态极脆弱区），明确农业生产、城镇建设的最大合理规模和适宜空间，为编制国土空间规划，优化国土空间开发保护格局，完善区域主体功能定位，划定三条控制线，实施国土空间生态修复和国土综合整治重大工程提供基础性依据，充分认识国土空间的本底基础现状。

（二）"双评价"流程

"双评价"的核心工作流程包括工作准备、本底评价结果校验、综合分析和成果应用4个环节（图4-38）。

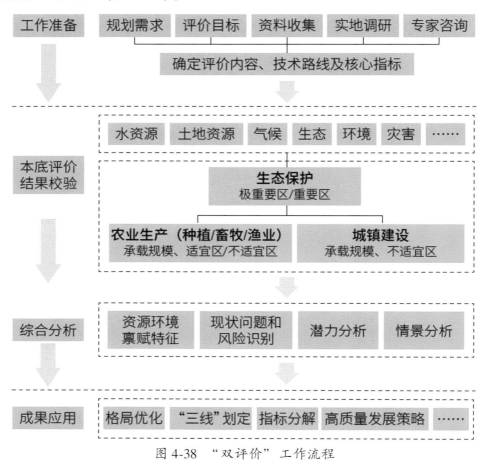

图4-38 "双评价" 工作流程

（三）"双评价" 成果

城镇建设适宜性评价见图4-39，农业生产适宜性评价见图4-40。

（四）村庄规划的 "双评价" 应用

村庄规划的双评价应用，是从县或镇的评价成果中截取村庄区域的部分进行规划考虑。

总体上，"双评价"工作包括：

一是"双评价"的准备：进行数据、资料、人员等方面的准备工作，包括

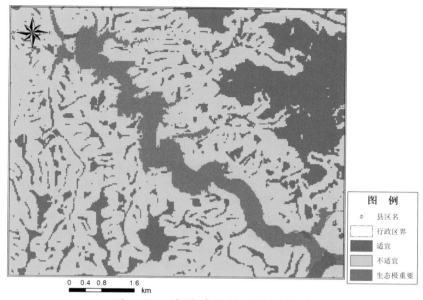

图 4-39　城镇建设适宜性评价图

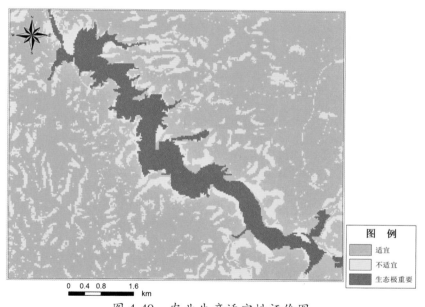

图 4-40　农业生产适宜性评价图

明确规划需求和评价目标，组织技术团队和专家咨询团队，确定工作组织、责任分工、进度安排，开展实地调研和专家咨询，以及收集相关数据资料等。

二是开展本底评价和结果校验：针对生态保护、农业生产和城镇建设的不同需求分别展开。首先开展生态保护重要性评价，在生态保护极重要区以外区域开展农业生产和城镇建设的适宜性评价和承载规模测算。为保证评价结果的准确性，初步结果应通过现场勘验、专家咨询等方式进行校验审核。

三是综合分析：在评价结果基础上，总结资源环境禀赋的优势和短板，识别资源环境开发利用存在的主要问题以及潜在风险，分析农业、城镇空间优化调整方向，预判气候变化等重大事件对未来国土空间开发利用的影响。

四是成果应用：从国土空间格局优化、主体功能定位优化、"三区三线"划定、规划目标指标确定和分解、重大决策和重大工程布局落地、高质量发展策略和专项规划编制等方面，全力服务国土空间规划的编制和实施。

（五）碳达峰碳中和的地理分析评价

除"双评价"外，"双碳"也是村庄规划的重要基础。系统可以用可视化方式展示村域内不同行业碳源碳汇数据的时空分布，为识别重点排放源和减排空间提供准确可靠的数据支持。可充分引入相关学科研究成果，构建详细碳排放模拟模型，通过数字化技术，实现对不同方案的碳排放评估与模拟推演，并将推演结果进行比对分析，从而辅助规划管理决策，为制定行之有效的双碳行动方案提供有力的支持。

第四节　村庄规划智能化编制软件的使用

国土空间规划要求，全面基于各种客观准确的现状地理信息数据、各种上位规划数据、相关管理数据甚至历史数据等在"一张图"上进行统一规划，完全不同于以往的主体功能区规划、城市规划、土地利用规划以及各种专业规划，是"区域空间发展战略信息化"。新时代的村庄规划应成为统筹协调改善农村人居环境、推动农村产业发展、促进农民收入持续增长的空间平台。村庄规划需要整合各类规划，统筹落实生态建设、资源保护、产业发展、农民居住、历史文化及特色保护、设施布局等各类需求，优化空间布局，作为国土空间用途管制和核发乡村建设项目规划许可的依据[2]。因此，村庄规划是必须基于"一张图"的详细规划，是基于大量翔实地理信息数据的规划。传统的规划编制方式，已经难以应对如此大量而复杂的数据协调与约束关系，常常会陷入顾此失彼的问题而难以察觉。比如规划一块住宅用地，是否落在一个控制区内，历史文化发展沿革对地块有什么要求，有无灾害影响，是否与上位规划冲突等，需要统筹研究各种地理信息，没有强大的信息化技术支撑是难以想象的。因此，国土空间规划对规划过程中编制软件的系统化、信息化、智能化，提出了较高要求。

村庄规划智能化编制软件（EPSTSP）集数据管理、过程管理、成果管理于一体，集图形图像编辑、地理数据处理、文字编辑排版于一体，集二维空间、三维空间、不同时间和不同方案于一体，引导规划编制者规范、全面和自由发挥，做出优异的村庄规划成果，软件界面如图 4-41 和图 4-42 所示。

图 4-41　EPSTSP 工作空间

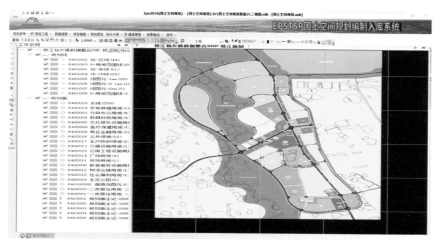

图 4-42　EPSTSP 村庄规划智能化编制软件系统

一、智能化国土空间规划编制过程及功能要点

（一）规划编制前期工作

1. 建立村庄规划项目

国土空间规划编制软件中定制了各类规划的模板，包括"总体规划""详细规划""专项规划"等几大类，供建立项目时进行选择。建立规划项目可以理解为创建一个该规划的项目总库，所属规划类别的常用快捷工具、所有规划编制成果及相关数据均在此项目中进行管理。如图 4-43 所示，建立村庄规划项目，选择"详细规划——村庄规划"类型，新建规划项目后，规划师可在当前项目中查看村庄规划所有相关地理信息数据，也包括典型案例（即规划案例库）成果数据及村庄规划相关法律法规等内容。在规划设计完成后，可将当前方案存储入库，作为下一次村庄规划项目的参考内容。

图 4-43　软件启动界面

2. 规划数据标准化

建立国土空间规划——村庄规划各种相关资源信息分类标准，统一设计不同业务（如基础地形、三调数据、国情普查数据、不动产数据等）及不同类型（如文本数据、遥感航测影像、实景三维模型、DEM、DLG、点云等）空间数据的数据格式、空间参考、分类编码等，按照内容制定模板，并依据模板要求将各类数据转为标准格式（如 edb 格式等），形成统一的数据资源体系作为规划编制利用的基础。

以村庄规划资源信息分类标准中的要素分类编码作为各类要素的唯一识别码，

通过构建各类要素与其对应属性的关联关系，保证要素的图式及属性的一致性。同时，各类空间要素的不同格式数据也可以按照其识别条件与软件中要素的对应信息建立关联关系，通过功能实现多格式的数据转换与加载，如图 4-44 所示。

图 4-44 数据转换原理示意图

3. 村庄规划"一张图"相关数据加载

导入各种村庄规划所需的数据，形成"一张图"（图 4-45）。这是有效执行智能化功能的必要条件，缺少数据则不能保证村庄规划编制过程中得到正确的提醒或响应。

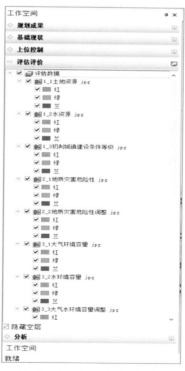

图 4-45 数据叠加目录

　　规划要素可以同时在二维、三维窗口下进行编辑处理，显示、分析可同时进行，如图 4-46 所示。从总体布局到规划单体均可多角度查看，针对建筑高度、日照程度等内容的分析计算成果展现更直观（图 4-47），保证了二维、三维的规划统一性。

图 4-46　二、三维一体化联动显示效果

图 4-47　等高线矢量数据与三维模型叠加效果图

　　4. 数据的补充录入

　　（1）基础数据的补充采集。激光雷达扫描及无人机航拍等数据采集方式可快速获取数据，软件系统提供了三维实景模型（图 4-48）及点云数据（图 4-49）等可量化的现实数据的矢量化相关功能，当各类基础数据缺失时，我们可依据

上文中提到的采集方法进行临时补充采集。

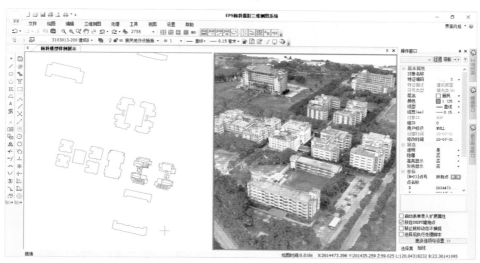

图 4-48　三维模型矢量化采集

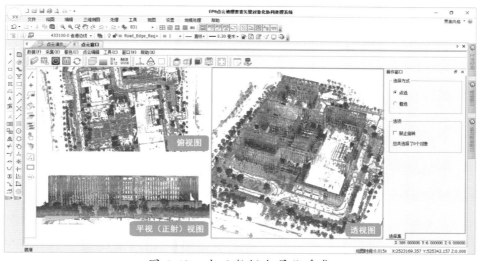

图 4-49　点云数据矢量化采集

（2）数据属性的补充录入。无论是采集编辑还是规划编制过程均会涉及属性的补充录入。部分空间属性（如面积、长度、土方量等）可由软件提供的量算功能进行属性重算，并将值赋予对应的属性字段当中。

（3）调查数据的补充录入。规划师可根据各个村庄的特点随时进行调查数据的补充录入，作为独立村庄案例的参考。成果图、村庄规划详细方案说明、典型农房示例图样等数据也可作为本次项目调查数据的一部分使用，依据规划内容进行分类存储。

（4）其他数据的补充录入。在软件中已经构建了案例库、政策法规库及指标参数库供规划师使用，如图4-50所示。在规划编制过程中可对这些资料数据进行补充录入。

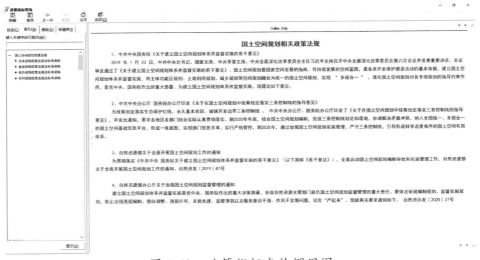

图4-50　政策指标查询调用图

规划设计前期参考内容不仅限于政策法规及各项指标监控内容，实地考察资料、各级领导意见及民情民意等也应作为村庄规划的主要参考因素之一。将沟通过程、各级结论、调查表信息通过"规划过程记录"功能录入到本系统，构建村民调查信息库，在当前建立的规划项目当中可调用查看。

规划编制应实时参照相关文件，依据政策补充指标控制。除了政策法规，规划编制过程中还应考虑指标监控等约束条件。

指标控制智能提醒。当启动智能提醒功能时，软件将自动检测规划冲突，超限时会预警提醒。通过叠置分析显示出该规划区域与生态保护红线出现压盖现象，在管理监控窗口中高亮凸显出该不合理区域，并提示其超限问题类型，便于协调规划方案。

5. 双评价成果制作

村庄规划一般不做双评价，但规划过程中需要结合其所在乡镇、县及以上区域的"双评价"专题成果及评价报告进行编制，特别是对于一些经济发达、地貌复杂需要重点规划的村庄也需要独立做出双评价成果。围绕水资源、土地资源、气候、生态、环境、灾害等要素开展单项评价，基于单项评价结果，开展集成评价。优先识别生态系统服务功能极重要和生态极敏感空间，基于一定经济技术水平和生产生活方式，确定农业生产适宜性和承载规模、城镇建设适宜性和承载规模。通过集成评价，展开生态保护、农业生产（种植、畜牧、渔业）和城镇建设（村庄为城镇的一部分或城镇郊外）三大核心功能本底评价[3]。

规划编制软件支持基于评价模型的各类专项规划功能，评价模型可进行参数定制。数据主要来源包括：第三次土地调查成果数据、DEM、各类资源相关业务数据等。评价过程需要考虑到基础数据的可获取性，尽量不对评价结果的准确性产生大的影响。本节以生态保护重要性评价、农业生产适宜性评价为例进行介绍。

（1）生态保护重要性评价。

生态保护是合理布局农业生产和城镇建设的重要前提。因此开展双评价首先要进行生态保护重要性的评价。依据区域实际情况选取评价指标，分别进行生态系统服务功能重要性和生态脆弱性评价，然后对评价结果综合分析形成生态保护重要性的评价成果。

首先根据区域特点选取补充评价子项。生态服务功能重要性可选取水源涵养、水土保持、生物多样性维护、防风固沙、海岸防护等子项进行评价；生态脆弱性可从水土流失、石漠化、土地沙化、海岸侵蚀及沙源流失等方面进行评价。

这里以生物多样性维护为例，介绍子项评价方法。生物多样性维护可以从物种、生态系统和遗传三个层次进行评价，如图 4-51 所示。在物种层次，收集国家一、二级保护物种和其他具有重要保护价值的物种资料，确定动植物多样

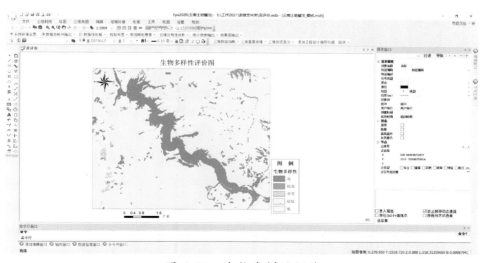

图 4-51　生物多样性评价

性和环境资源区域分布数据，确定生物多样性维护功能的重要性；在生态系统层次，收集 DEM 数据以及土壤环境、植被覆盖、林地分类等数据，根据各项因子特征差异确定算法模型，对生物多样性维护功能进行综合评价；在遗传层次，搜集重要野生农作物、水产、畜牧等优质种资源天然分布信息，把分布集中的区域判定为重点维护区域。

（2）农业生产适宜性评价。

以种植业为例，选取水、土、光热资源条件以及气象灾害条件等因素为评价子项。以水、土、光热资源条件为基础，结合气象灾害等其他因素进行综合评价。农业生产适宜性评价要在生态保护极重要区以外的区域开展，如图 4-52 所示。

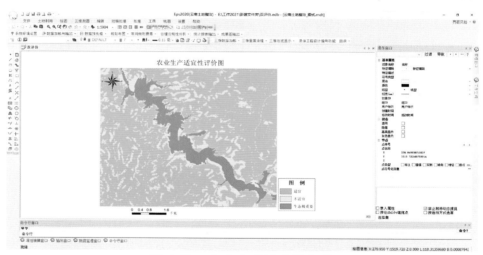

图 4-52　农业生产适宜性评价

根据区域特点确定水、土、光热资源条件的评价模型。首先分别对各评价因子进行分析，水资源通过搜集多年降雨量数据以及农业供水设施相关数据进行综合分析，得到区域农业供水条件的空间分布情况；土地资源主要结合区域坡度图、土壤质地进行分析，得到土地资源的空间分布情况；光热资源主要通过收集区域大于0℃的活动积温空间分布数据进行综合分析得到光热资源空间分布情况。然后根据评价模型对水、土、光热资源条件进行综合评价，最后结合气象灾害因素综合分析得到农业生产适宜性评价成果。

双评价成果也可作为基础数据导入，指导规划师进行规划。

6. 村庄规划分类

村庄规划分类可通过"村庄规划分类"自动计算，并可修改存入系统。其中"设置"按钮可用来设置分类参数【规模参数、特色属性字典、人口属性】。规模较大的中心村，为集聚提升类村庄；城市近郊区以及县城城关镇所在地村庄，为城郊融合类村庄；历史文化名村、传统村落、少数民族特色村寨、特色景观旅游名村等特色资源丰富的村庄，为特色保护类村庄；生存条件恶劣、生态环境脆弱、自然灾害频发等地区的村庄，因重大项目建设需要搬迁的村庄，以及人口流失特别严重的村庄，确定为搬迁撤并类村庄。

以上分类都需要数据作为支撑。类型确定后同时可预先通过"规划内容预设"设置好本村庄规划内容（此项设置将会在质量检查中起到作用，如规划成果内容缺项等）。

（二）村庄规划编制过程及功能特点

1. 软件界面框架结构

（1）工作空间：全面解决方案。

规划项目的全部内容的存储、显示及管理如图 4-53 所示。

图 4-53　规划方案工作空间

（2）菜单栏。

规划编制软件基本菜单功能如图 4-54 所示。主要包括工程管理、评价分析、辅助设计、质检及成果输出等几个部分。

| 系统环境设置 | 工程 ▾ | 数据预处理 ▾ | 评价分析 ▾ | 规划布置 ▾ | 常用规划要素 ▾ | 质检 | 统计报表输出 ▾ | 成果图输出 ▾ |

图 4-54 村庄规划菜单栏

① 工程管理：主要为数据清洗整合模块，平台的基本打开及关闭功能、规划工作前期基本的数据加载、系统环境设置相关功能。

② 评价分析：涵盖双评价功能、各评价模型管理、专项评价、评价分析叠加功能，以及基本量算查询功能。

③ 辅助设计：辅助规划设计的通用基本编辑功能，如规划布置、常用规划要素。

④ 质检：定制符合入库标准的质检方案，也可支持用户自定义方案。

⑤ 成果输出：输出最终成果（如统计报表、成果图），可供入库及成册。

另外，软件针对地形、交通、用地、绿化、管线、电力等业务内容还提供了专项规划的辅助工具。

（3）工具栏。

① 常用编辑处理工具。软件提供了常用的编辑处理工具如图 4-55 所示，包括点、线、面要素的绘制、注记标注、裁剪与延伸等功能。同时支持规划要素模糊搜索，并且针对已有要素可调整其线宽、线型、颜色等显示内容，可以基本满足规划要素的绘制需求。

图 4-55 常用编辑处理工具

② 常用规划要素绘制。依据项目类型不同，软件定制了对应的常用规划要素工具条，单击要素名称，则可快速在图面上进行绘制，且可选择要素不同式样、不同大小以满足规划要求。

③ 快捷键。软件也提供了快捷键操作功能，便于规划数据快速布局。

④ 工具箱。软件提供与工作空间对应的工具箱，以便逐级自动计算。如双评价，可设置不同栅格数据自动计算生成新的栅格数据，如根据土壤分级栅格

与坡度分级栅格算出耕种适宜性分级栅格。

（4）资源栏。

① 二维图式库。

图式库包括空间符号及注记的存储管理。依据各类业务标准定制空间数据的符号样式。在数据标准化过程中，通过要素编码将符号样式与属性字段相关联，采用图层及要素名称来进行分类存储，符号的尺寸、各类线型的分布位置存储于对应的数据库中的符号样式表内，如图4-56所示。

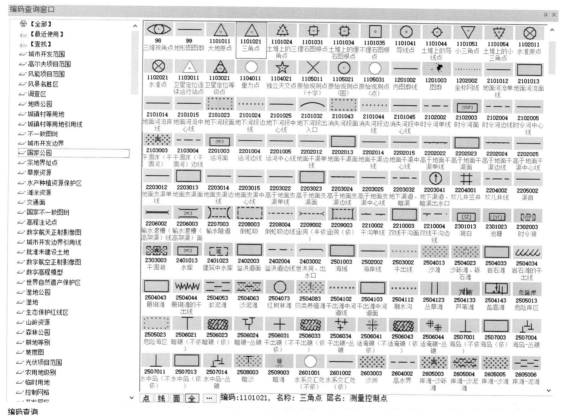

图4-56　空间数据符号样式

符号样式可由控制条件进行约束控制，这类符号称为"条件符号"。如图4-57和图4-58所示，其中的"地类图斑"要素，通过修改"地类编码"属性条件，对应的符号样式也会依据条件的变更而变化。需要注意的是，条件符号的样式发生变化但其对应的要素编码不变。

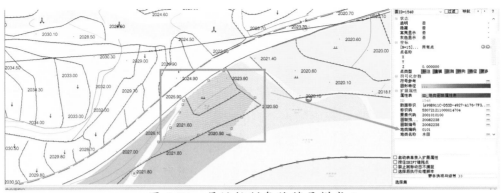

图 4-57 属性控制条件符号样式 1

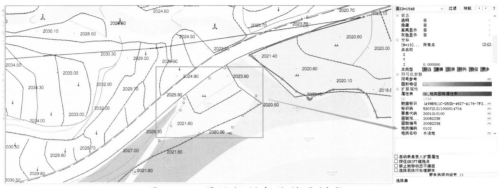

图 4-58 属性控制条件符号样式 2

如图 4-59 所示，在制作规划注记样式时，可通过设定字体名称、字高、字宽、定位点等参数控制注记样式，每个注记对应唯一一个注记分类号，该注记所包含的各项参数也记录于注记样式表中进行存储。部分空间数据符号样式需要嵌入注记进行显示，此时只需要在符号样式表中对应加入注记分类号即可。

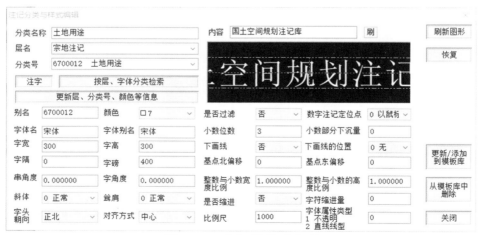

图 4-59 注记样式的定制

② 三维符号库构建。

不是所有要素的二维符号都需要定制出其对应的三维符号，像行政区边界、海岸线等不具备对应地理实体属性的要素，也仅采用二维符号表示，因此二者并不是标准意义上的一一对应关系。可设计三维符号的要素主要指：在实景三维环境下，具备地理实体信息，并且可由固定模型样式进行可视化表达的要素（地貌、水系等表面有高低起伏的面状要素，以及道路、沟渠等需要依据节点高程、线路走向、断面属性信息来建立三维模型的线状要素，可用三维表面体符号生成）。

三维符号设计完成时，将单体化的模型符号（或生成规则）按照村庄规划资源信息分类标准命名，并入库分类。命名时按照"大类—子类—样式编号"进行命名，样式编号是针对同一类别要素可能具备多种三维符号样式，对其样式进行排序。如"农村房屋"要素，会因地域差别采用多种样式进行表达。在软件中可依据分类树查看各类符号样式，三维符号加载完成后也可依据周围环境调整符号比例尺寸。

③ 模型纹理库构建。

采用纹理贴合可以反映模型材质，同时满足三维实景模型美化渲染、数据显示及出图效果需求。各类纹理按照规划业务进行分类，提供规划道路类（如路面沥青纹理等）、规划土地类（如水田、旱地、水浇地等）、水系类等常用的模型材质纹理。

④ 农房式样库。

农村宅基地的建设式样展现了村庄的地理因素及风貌特色，同时，其分布情况及大小也体现了当地村庄的发展水平，通过对农房式样进行分析可粗略地了解该区域的气候条件、村民生活水平等信息。依据现有的各个项目案例构建出农房式样库，并按照地理区域进行分类。样式包含二维平面设计图及三维模型，属性包括农房所在区域、设计理念说明等内容，农房式样可随时调用用于规划设计参考。

⑤ 规划案例库。

规划案例库可被称为规划案例"一张图一本册"，在软件工作空间的数据索引区可查看规划案例库中详细内容。目录树中可选择查看各类规划案例的主要信息，除了可以查阅成果数据及政策指标，还提供了案例的规划演示视频展播、成果图册查看等功能，了解当地民风民俗。同时，可将案例的成果叠加成"一张图"显示，在二、三维窗口显示区域对比查看平面布局与建模效果，图文并茂，全方位展示规划项目内容。

2. 国土空间布局编制

（1）概念规划。

将已经反复沟通达成一致的规划的基本方向（定位、目标等）在系统中绘制出形象直观的"概念图"。如空间格局、经济走向、产业布局等宏观上、理念上、概念上的规划图，图上无比例与位置关系，只是在规划区域之上即可。该图可作为规划文本图册中的插图，有助于村民、政府与规划师达成共识。

与专业性较强的技术图纸不同，概念规划图的实质就是从宏观层面上，以图面绘制的形式展现出规划师的规划意图、设计主题及整体构思。很多规划草图经过修编都可以演变为规划概念图的一部分，引导并细化下一步规划编制工作。

"想到就可绘到，绘到就可用到。"在软件中选择草绘方案编制模式，进入该模式后，由规划师设定好草绘模板，包括范围区域、比例尺、规划类型等。选择"村庄"规划类型，则会加载对应的村庄规划要素供规划师草绘调用。将各类数据加载完成后，可选用画笔进行草图绘制。

绘制完成后保存概念性成果，后期可进行修编完善，如图 4-60 所示。

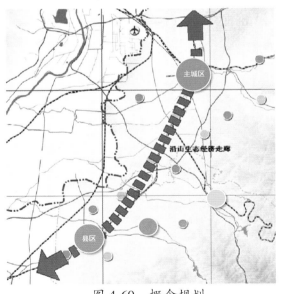

图 4-60　概念规划

（2）二维布局。

基于用地、道路、管线、沟渠、绿地等要素特征设定了对应的快速布置及要素处理功能，辅助各业务规划进行平面规划设计。

如管线规划，在软件中可实现批量调整管线规划要素管点的位置朝向、自动生成道路规划中心线以及土地构面等辅助平面布置功能。

以农村道路的规划为例。在布置规划道路时，需要处理道路起止点与其他规划要素边界的超限及空间冲突问题。如图 4-61 所示，采用线要素的延伸及裁剪功能可自动处理机耕路边线的超限及悬挂问题。

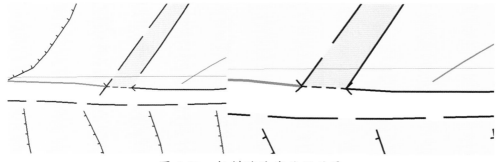

图 4-61 机耕路边线处理效果

对于交叉路口压盖现象，也可进行设置调整。同时比例尺设定不同，在图面上显示的道路宽度不同，通过自动识别路宽、转角等属性进行拓扑构面自动生成出道路中心线，如图 4-62 所示。

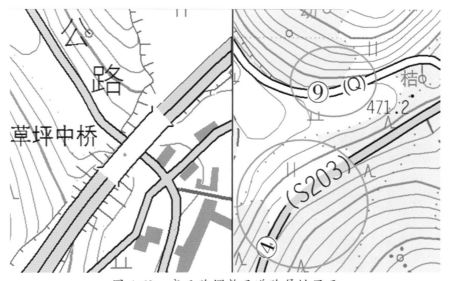

图 4-62 交叉路调整及道路属性显示

（3）三维实景置平及模型融合。

利用三维实景来获取现状数据可有效地减少外业调查工作量，提高了工作效率，并且测图精度较高。同时，采用三维实景进行村庄规划也为规划成本控制起到很大的作用。

当在三维实景下进行规划时，往往需要将某原数据模型进行更替，如将某村的某一建筑物单体进行改建，则需要将原建筑物替换成为新的规划单体模型。在软件中采用三维实景置平功能，人工指定某一高程值，或通过 DEM 可将现状数据如建筑物等模型压平至该高程所在的水平面内，如图 4-63 和图 4-64 所示。从外部数据中调入已经设计好的规划后的房屋模型至置平后的原建筑物所在位置，加载完成后可将该房屋模型与其周围的实景三维环境相融合，满足规划后的显示效果。

三维实景模型可利用无人机航拍，并经过处理生成，导入系统即可使用。

图 4-63　三维实景模型置平效果图 1

图 4-64　三维实景模型置平效果图 2

同时，融合后的三维实景可按照正射角度进行批量置平，可生成规划后的正射影像图，用户可以随时按需提取模型规划后的矢量化数据。

如果没有实景模型数据，可直接利用单体模型定位叠加，但想要达到全面覆盖，工作量会非常大。

（4）三维规划布置。

以二维平面设计图为基础，利用三维符号在模型数据上进行规划布置，可形成三维空间布局方案，软件可依据要素的坐标属性自动将空间要素三维符号插入到对应位置，每个空间要素均为独立的模型单体。

如图 4-65 所示，通过识别路灯对应的点坐标，利用 DEM 计算出地面高程，将相应的三维符号自动插入至该点要素的位置。与上述的房屋布置不同，路灯类等具备阵列点特征的要素不仅可以采用单体模型来进行布置，也可以依据阵列的方向及间距设置相关参数，实现批量导入。

图 4-65　路灯三维符号插入效果

3. 产业发展规划编制

村庄产业发展规划是指对村庄在未来某段时间内某类产业发展提出的战略性决策，是村庄提升经济发展水平的指导基础。产业布局的规划编制应从优势出发讲究协调性、合理性，与土地利用总体规划、村庄发展规划协调统一[4]。

依据产业发展规划的特点及目标，产业发展规划编制工作主要内容有：分析产业发展现状，确定产业发展定位和目标，落实产业发展规划具体方案。

产业发展应满足产业发展的政策、原则要求，因地制宜，结合村庄的自然条件、地理位置、交通环境、人才条件等内外部资源环境深入分析村内产业发展现状及特点。在软件中通过规划分析工具进行区域分析，理清各区域产业发展优势及产业分布情况。

产业用地布局以及土地产业属性，是编制的主要内容，通过图形编辑实现。

4. 土地整治和生态修复

土地整治目的是对利用不合理、分散、闲置的土地实施深度开发，提高土地利用率，提升已开发的土地质量，增加有效耕地面积，进而改善生产、生活条件，满足生态可持续发展需求。对于已经遭受污染的环境，需要结合物理、化学等修复措施进行修复。广义的土地整治包括土地整理、土地复垦和土地开发。

土地整治包括可行性研究阶段及规划设计阶段。在软件中叠加多源数据确定项目选址，通过项目周边区域的制约条件进行合理合规性分析，确定项目区范围及各类建设规模图斑，并基于已有建设规模进行平面布置。规划设计各项单体工程，同一规划单体的属性在平面布置图与单体规划设计图中均具备关联性。

通过区域分析得出生态保护和修复重大行动重点位置及分布信息，在图面以颜色区分。

例如土地整治的田块设计，先进行田块划分：根据实测地形数据将计算对象田块划分成若干横截面，即格田，划分原则为垂直于等高线，各个断面间的间距可以不等，一般可用 10m 或 20m，等高线走向较直的田块可以更长，但应控制在 100m 以内；再计算出梯田的设计高程（可以参考田面的平均高程）；然后绘制横断面（格田）图形。按比例绘制每个横断面的自然地面和设计地面的轮廓线。自然地面轮廓线与设计地面轮廓线之间的面积，即为挖方或填方的断面。断面图如图 4-66 所示。

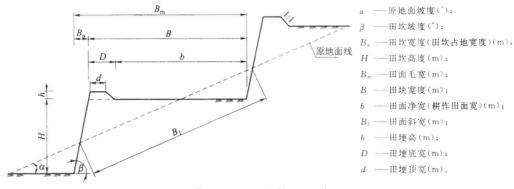

图 4-66　田块整治设计

具体操作过程包括：①基于建设规模使用【田块→建设规模生成田块】功能生成田块图斑；②加载三角网并打开【田块→田块设计器】功能；③选中田块图形，自动计算出田块的高差、坡度与宽度；④录入相关设计参数，单击【应用】按钮即可计算出规划条田个数；⑤继而在图面上生成规划格田、规划田坎、规划田埂图形（图4-67）；⑥单击【土方计算】按钮，即可计算出填挖方量以及相关面积，单击标注按钮将计算结果自动录入到图形属性中（图4-68）。

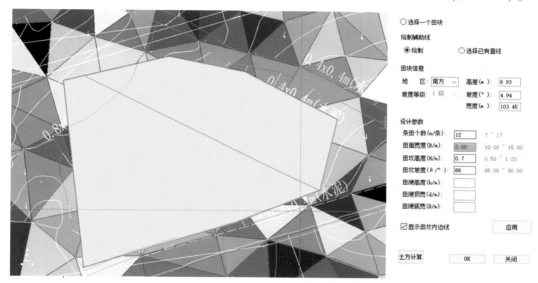

图 4-67　田块计算

图 4-68　田块设计成果

5. 农村住房布局及建筑设计引导

农村住房的选址、布局、朝向应充分考虑其周边自然地理环境，顺应村庄长足发展需求，充分结合所有条件打造具备村庄韵味与风貌的住宅群体。

在实景三维环境下，基于上述条件设计出农村住房单体模型，或从农房式样库中调入已有模型样式进行规划布置。布局完成后可依据需求快速矢量化，并与路网数据、防灾减灾等其他专题类型的规划数据进行叠加分析，判断布局的合理性、便捷性。

若在二维矢量窗口下进行住房规划布置，可提前生成二维规划布置方案，并依据要素的地理属性及住宅属性挂接对应的三维住房模型，生成农村住房三维规划设计方案。

6. 历史文化传承与保护

历史文化需要传承，历史文化资源亟待保护。在推动旅游业、服务业等第三产业发展的同时需要考虑村庄价值的可持续利用与发展，避免过度开发。

历史文化资源包括物质资源要素及非物质资源要素，非物质资源要素的保护应与规划过程记录相结合，对于实地走访过程中的需要重点保护的历史文化资源，按照其年限类别详细录于规划过程记录库中。

物质资源要素中的一些建筑物或构筑物及自然资源需根据对应的地理属性（如地理位置、占地面积、河流长度、历史沿革等）进行管理分析，作为当前历史文化传承与保护项的重要内容。在规划时依据条件筛选出重点保护资源（如保护年限、管理单位等），建立关键点进行空间分析，分析成果可作为历史文化资源专题数据与其他规划项目叠置分析，为规划合理合规性作出参考。

7. 服务和基础设施布局

公共服务设施种类繁多，在村民的生产、生活当中必不可少，是规划布局应统筹考虑的主要因素。以道路交通基础设施规划设计为例，内容包括道路网规划，隧道、道桥、停车场、公共交通、出租汽车、机场等交通运输设施的布局。

（1）道路网规划。

路网规划必须符合村庄发展客观规律，主要内容分为：结合路网发展目标分析规划道路网的分布、规模及体系结构；确定村庄道路骨架结构及道路红线，明确交叉口形式及控制范围；确定各类路线的走向；设计道路横断面；提出初步规划方案。

路网的布设应力求密度小及运输效率高。除了基本的路网规划编辑处理及规划方案分析功能，软件还提供了路网密度计算功能，选中区域范围内的路网，直接计算即可。

（2）交通设施布设。

以道路网规划成果为基础，确定交通设施布设的位置与控制条件。部分交通设施如车站、机场等交通枢纽可设置为关键点设施进行缓冲区分析，同时与村民居住位置信息进行叠置，分析设施布设的合理性。

8. 村庄安全和防灾减灾考虑

村庄防灾减灾建设是农村规划编制中不容忽视的内容，也是一项综合性较强的规划内容。在合理范围内应规划出灾害应急避难场所及抗灾救灾基础设施，保证电力、通信线路通畅，供水排水设施布设合理。在抗震性方面，除了加强住宅内部抗震结构强度外，还应合理规划分布连片住宅，这也对消防、传染病等灾害的疏散防护起到了一定作用。

在软件中叠加防灾减灾方案与各类规划数据，输入距离因子，判断工程、仓库等与居住、医疗、教育、文体、市场等之间防火距离是否满足安全要求；选中当前村庄区域范围，检索范围内是否具备水电、环卫、消防等防灾减灾基础设施。

9. 近期建设安排

近期建设安排是指在村庄规划过程中，对短期内的发展目标、规划布局及主要建设内容所做的安排。在软件中指定区域输入相关规划因子，如村庄人口规模、历史文化物质资源年限、各类基础设施选址信息等内容，并由人工核实预览效果，形成近期建设安排结果。

10. 美学研究设计

习近平总书记 2021 年 4 月在考察清华大学美术馆时强调，把更多美术元素、艺术元素应用到城乡规划建设中，增强审美韵味，把美术成果更好地服务于人民群众的高品质生活。

村庄规划中，将雕塑、绘画、景观统筹安排，将文艺活动、体育活动一并考虑，必然会提升村庄的审美韵味，美的村庄更能让人"记得住乡愁"。

从软件角度，记录各方对村庄设计形式的美化要求及审美文化，展现设计美学理念，软件提供全方位多角度展现成果方式，提供美学需要的辅助手段。

（1）规划成果整饰及美化渲染。

规划的成果除了规划设计专题图纸，有时会需要制作出对应的三维渲染效果图集，用于进行方案演示、项目汇报、设计案例宣传等。因此，在规划设计成果输出前应对图面进行整饰及美化渲染，包括矢量数据、三维模型等数据的处理。

软件中图幅整饰系列功能可提供缩略图、指北针、比例尺、各类统计表等要素的编辑生成，通过设定字体、字号、间距等参数定制图例生成方案，统计图表即改即出，满足用户不同的出图需求。在三维环境下支持多种数据显示模式，如白模模式、渲染模式等，调整好模型显示角度后可输出当前三维场景，如图 4-69 所示。

图 4-69　三维场景输出

（2）三维实景规划展播制作。

选择"实景规划漫游"菜单，在实景模型数据中选择视角（无人机模式、行走模式）、初始点及出发路线，则视角位置自动调整至出发点，按照设定路线及方向行进，使规划者身临其境，查看规划细节。在漫游过程中可随时拍摄规划相片，并且可录制漫游过程，成果也可以存储至本地文件或直接上传至案例库中，为出图出册提供基础。

（3）美学设计。

规划设计不仅仅作为指导村庄实施发展的战略性工作，规划方案应营造出村庄的"韵度"，运用色彩、布局、结构来体现规划师的艺术和创意思维，展现规划"美学"。

效果图是规划美感的重要体现，局部、整体、不同角度、不同场景都需要美化。软件通过色彩、符号、结构形状以及丰富的效果案例库支持设计。

实景三维，则更能够直观地反映规划效果。软件中可设置不同滤镜的三维显示方案，如果简单查看规划白模，可选择"白模模式"，各类模型以外包围盒的形式展现出来。并且可以通过选择时间点、天气信息，展现不同时段、不同气候的规划设计场景。

将雕塑家、画家、其他艺术家及景观设计师的美学设计，利用"概念图"方法，表现出关于"美"的规划设计意向。

二、规划编制数据质量检查

村庄规划编制成果数据在提交入库前应进行质量检查。在智能化村庄规划编制软件中封装了常用质量检查算法，包括属性数据标准性检查、空间图形数据检查、规划属性检查等内容，可供用户参数化定制规划编制数据质量检查方案，用户仅需在方案定制窗口选择参与质检的图层或编码以及常用质检类型即可。针对较为复杂的规划质检项，则需依据规划实际情况采用软件内嵌的 VB Script 进行脚本级开发定制。定制后的质检方案均存于软件环境下，依据相关标准定制出的多个质检方案可应用于各类别专项规划的质量检查。在使用时，用户依据需求选择方案并一键执行，在监理窗口生成当前工程数据检查问题列表，便于形成质检报告（图 4-70）。

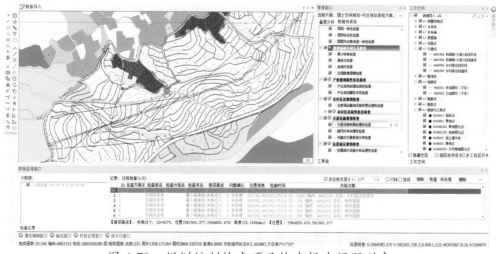

图 4-70　规划编制检查项及检查报告问题列表

三、二维和三维规划成果入库更新管理

在通过规划编制成果质量检查之后，数据同时也满足了入库管理要求，并且同一规划要素的二维、三维符号通过要素编码及空间坐标等属性实现关联，实现要素

级关联，其空间数据以"骨架线"① 的形式进行存储，防止数据冗余（图4-71）。

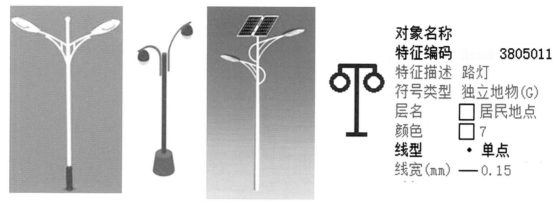

图 4-71 二、三维一体化入库数据

规划编制软件与国土空间规划"一张图"数据库管理系统无缝对接，实现数据下载、上传、自动检测冲突，实时入库增量更新，保持规划数据的现势性，并实现多期修编数据状况回溯，以及当下最新规划数据与任意时刻历史数据可同步浏览、对比分析。

第五节 国土空间规划"一张图"实施监督管理系统

新时代国土空间规划特别要求落实规划的落地，因此，除了做好规划，还要确保规划的实施。因此，建立规划实施监督系统，也作为规划的必然要求。通过实施监督系统，既可以指导建设项目按规划进行设计，也可以对项目的实施进行监督，防止偏离既定规划。

一、总体框架

为规范国土空间规划"一张图"实施监督信息系统建设，构建基于国土空间规划"一张图"的规划实施监督体系，国家于2021年3月9日颁布了《国土空间规划"一张图"实施监督信息系统技术规范》（GB/T 39972—2021）（简称《规范》），并于2021年10月1日开始实施。国土空间规划"一张图"实施监督信息系统是建立国土空间规划体系并监督实施的重要技术支撑，基于新技术、

---

① "骨架线"是指在空间数据入库时，每个要素作为一个独立的个体进行存储，不按照符号样式以多点多线的形式入库。如图4-71中的路灯要素（要素特征编码：3805011），仅以图左侧点要素的方式进行存储。将三维符号样式名称存储于要素属性中的三维符号样式（如关联模型、几何体等多个可选）字段，实现二维、三维联动。

新手段，为国土空间规划编制、审批、修改和实施监督全周期管理提供信息化技术支持，为打造可感知、能学习、善治理和自适应的智慧型规划奠定基础。如图 4-72 所示为系统总体框架。

图 4-72　国土空间规划"一张图"实施监督信息系统总体框架

实施监督工作可以在实施前、实施中、实施后进行。实施监督的基础是要求数据的实时性跟踪，因此需要解决数据的动态更新问题。

二、国土空间基础信息平台建设

前面提到的"一张图"各种数据，如果能够做到共享应用，必须使应用者对数据有共同的认识，因此数据需要标准化、规格化，最终都要存储到"数据库"中。有了数据库，就需要进行数据管理并提供应用服务，因此还需要一个管理系统，各种应用管理应架构在平台上，即"国土空间基础信息平台"。

国土空间基础信息平台是按照"共建、公用、互联、共享"的原则，集成整合并统一管理各级各类国土空间数据信息，为统一行使全民所有自然资源资产所有者职责，统一行使所有国土空间用途管制和生态保护修复职责，提升国土空间治理体系和治理能力现代化水平，提供基础服务、数据服务、专题服务和业务应用服务的基础设施。

图 4-73 为国土空间基础信息平台的功能框架。可见其不仅用于支撑国土空间规划评价、编制、实施、监督，也是所有自然资源业务系统的支撑平台，是面向其他部门业务系统提供数据共享以及面向公众和各类单位提供公共服务的服务平台。

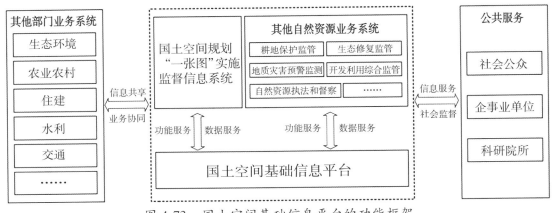

图 4-73 国土空间基础信息平台的功能框架

村级平台建设的具体物理位置，可建立在有条件的乡镇，也可建立在县里，甚至可建立在市里，主要看网络连接，保证村里可以访问。

（一）完善村庄数据库标准

村庄数据库，一般与所属镇、县、省相适应，往往会有相应的标准可引用或参考。但因为各个村庄区域不同特点，可能需要进行完善，以适应地方情况。研究完善一般需要收集相关国家级标准规范资料、广泛征求意见、凝聚共识，还应承接上级规划数据库标准，并掌握相关技术导则对规划的编制要求。

（二）完善数据库并关注重点图层

空间要素图层中基期地类图斑、建（构）筑物、规划分区、永久基本农田保护图斑、生态保护红线、村庄建设边界、规划地类图斑属于重点图层。

1. 基期地类图斑

基期地类图斑为面要素图层，指的是规划基期年的地类图斑。

规划基期也称规划基准年，指规划编制的资料引用的基础年份，通常为规划期起始年的前一年。

该图层包括行政区代码及名称、图斑编号及面积、地类编码和名称、权属性质、权属单位代码及名称、坐落单位代码及名称、扣除地类编码、系数及面积、耕地类型及坡度级别、线状地物宽度、城镇村属性码、数据年份等属性字段。

其中，核心字段有地类编码、地类名称、耕地等别、城镇村属性码 4 个字段。填写地类编码和地类名称时，以三调成果为基础，将三调分类转换为村庄规划用途分类。耕地等别根据《农用地质量分等规程》（GB/T 28407—2012）开展耕地分等调查评价，填写利用等。填写城镇村属性码时分为两种：城市、建制镇和村庄范围内的地类图斑，标注为城市（201 或 201A）、建制镇（202 或 202A）或村庄用地（203 或 203A）属性；城镇村外部的盐田及采矿用地和特殊用地，标注为"204"或"205"属性。

2. 建（构）筑物

建（构）筑物为面要素图层，按现状补充调查填写。

该图层包括结构、层数、屋顶样式、使用状态、图斑面积、调查时点等属性。其中，结构、层数、使用状态、图斑面积及调查时点为核心字段。建筑物结构指的是建筑物的承重骨架，是建筑物中由承重构建组成的体系，直接关系到建筑物的结构形式、安全性能、使用寿命和可改造性等。使用状态按照使用、闲置填写。图斑面积约等于建筑物的基底面积。调查时点指数据的调查日期。

3. 规划分区

规划分区为面要素图层，该图层包括规划分区代码、面积等属性。其中，规划分区代码为核心字段。该规划分区针对的是村庄规划，所以规划分区类型应适用于乡村地区。一般来说，村庄规划的规划分区代码大类分为 010（生态空间）、020（农业空间）和 030（基础设施网络）。010 分为 0101（生态保护区）和 0102（生态修复区）。020 分为 02001~02003（分别为一般农业区、林业发展区和牧业发展区）、02011~02015（分别为居住生活区、公共服务区、产业发展区、公共设施集中区、未利用区域）。

4. 永久基本农田保护图斑、生态保护红线

永久基本农田保护图斑和生态保护红线为面要素图层。属性结构分别按照《永久基本农田数据库标准》（2019 年版）和生态保护红线评估调整数据标准，本节不做详细介绍。

5. 村庄建设边界

村庄建设边界为面要素图层。村庄建设边界不应突破上位国土空间规划确定的村庄建设边界规模，是村庄规划中的刚性管控线。

村庄建设边界按村庄规划编制划定的实际范围提供，作为后期乡村建设、

管理的依据。该图层包括行政区代码及名称、自然村名称、自然村现状户数、自然村现状人口及规划人口、自然村面积、自然村特征大类和小类等属性字段。其中，核心字段有行政村名称、自然村名称、自然村特征大类和小类。自然村特征按照《自然资源部办公厅关于加强村庄规划促进乡村振兴的通知》有关要求的村庄特征分类分型图填写。一般各省会根据地方特点对自然村特征调整细化，如《云南省自然资源厅关于加强村庄规划工作的通知》村庄特征分类分型图中的 5 大类 24 小类。

6. 规划地类图斑

规划地类图斑为面要素图层。规划地类图斑图层包括规划地类编码和名称、经营性用地、新建住宅高度控制、新建住宅层数、规划设施分类、规划设施类别及名称、规划主要内容、实施年限等属性字段。其中，规划地类编码、规划地类名称为核心字段。规划地类编码和规划地类名称按照村庄规划用途分类填写。

（三）控制数据库质量

数据的准确性和完整性直接影响规划决策的正确性，因此需要控制数据库的建库质量。编制单位及管理部门可利用质检软件工具从成果符合性、完整性、规范性等方面对编制成果进行质量检查，自动生成质检报告，从而规范并提升规划成果质量。

质检软件主要对成果文件、空间数据、属性数据和元数据进行质量检验。

对成果文件的质量检验包括文件规范性、数据类完整性和数据类正确性。文件规范性检验应检查数据文件命名和交换格式的正确性和符合性；数据类完整性检验应符合数据库标准规定的数据类及数据子类项；数据类正确性检验主要是检查数据类名称和数据类分类的正确性。

空间数据的质量检验包括空间数据完整性、一致性、空间参考系、位置精度、拓扑关系和时间准确度检查。空间数据完整性检验检查各类空间数据是否按数据库标准规定完整录入，特别是规划图层及基础数据三调图层，如未完整录入应说明原因；空间数据一致性检验检查数据的格式一致性、几何一致性、拓扑一致性；空间数据空间参考系检验检查数据投影方式、平面坐标系统、高程基准的正确性；空间数据位置精度检验检查平面精度、高程精度、遥感影像数据地面分辨率等的符合性；空间数据拓扑关系检验检查线、面数据拓扑关系的正确性，应符合标准的规定；空间数据时间准确度检验检查数据时间属性和时间关系的准确度。

属性数据的质量检验包括属性结构正确性、属性内容完整性和字段内容正确性。属性结构正确性检验检查字段代码、字段类型、字段长度的正确性；属性内容完整性检验检查必选属性项的完整性；字段内容正确性检验检查属性值填写内容的有效性、合理性、定性属性（如代码，含分类码和标识码）的正确性、定量属性的准确度。

元数据的质量检验包括元数据完整性和现势性。元数据现势性检验应符合下列规定：空间规划数据更新时，元数据应同时更新；元数据文件中应记录元数据版本。

（四）建立国土空间基础信息平台

国土空间基础信息数据横向涵盖国土、测绘、发展和改革、环保、住建、交通、水利、农业、林业等不同部门；纵向贯穿国家、省、市、县、乡镇五级。按照数据类型分为现状数据、规划数据、管理数据和社会经济数据。

（1）现状数据包含基础地理、遥感影像、地理国情、土地利用现状、耕地后备资源、矿产资源等，为掌握国土空间的真实现状和国土空间的开发利用与变化状况提供数据基础。

（2）规划数据包含基本农田保护红线、生态保护红线、城市扩展边界、国土规划、交通规划等专项规划，为行政审批和国土空间用途管制提供管控数据依据。

（3）管理数据是行政审批过程中产生的数据，包含不动产登记、土地审批、土地供应、矿业权审批等，为实施批后监管提供数据基础。

（4）社会经济数据为动态获取数据，包含人口、宏观经济等，通过结合时事、舆情等信息进行综合分析与决策。基于国土空间基础信息统一数据模型，实现各类数据的综合管理，建立统一的国土空间基础信息数据目录，形成全国覆盖、内容完整、准确权威、动态鲜活的统一国土空间基础数据资源。

国土空间基础信息通过国土空间基础信息平台进行统一管理、应用与服务（图4-74），形成应用数据、共享数据、发布数据，支撑国土空间规划编制、自然资源统一管理、开发利用保护、资源综合监管、行政审批、辅助决策支持等应用。

（五）规划成果智能表达

村庄规划的需求代表了民众的建设意愿，由于地区差异，每个村庄的规划建设主体不尽相同，规划风格也比较多元化。在村庄规划编制过程中，规划师

图 4-74　国土空间基础信息平台

应从乡村特点入手，深入了解当地村民及村级领导干部对规划建设的需求，多方面考虑村庄发展因素，保证建设实用性，避免村庄的规划千篇一律，丧失其独有的村庄特色风貌。因此，村庄规划成果面向的参与主体较为多样，成果表达也需突出层次感，面对不同的参与主体要有针对性。同时，村庄规划成果需要通过审核、报批等一系列的工作程序，要与管理深度结合，确保规划编制成果正规化、标准化，保障未来村庄规划的可实施性及实用性。

1. 规划成果可视化

以往的规划成果通常使用纸质图表形式来进行表达，其内容具有很高的专业性及复杂性，而村民对规划领域的认知程度有限，往往对规划成果无法进行有效的理解，缺乏主观参与感。因此，规划成果需要以一种更加直观的模式来表达，采用场景图与文字说明相结合、二维平面与三维实景相结合的方式，可以增强规划方案及成果图的可读性，便于公众反馈规划意见，将规划落实到实处，深入到细节，如图 4-75 所示。

运用规划专题图（图 4-76）与文字说明相结合的方式可将村庄的整体规划思路、建设方向与发展定位详细展示出来，起到良好规划引导作用，通过规划对象矢量成果的颜色及符号样式来加深村民对规划内容的理解。实景三维模型（图 4-77）可真实展示出规划对象的纹理、色彩、形状与材质，通过模拟与重构真实三维空间来描述规划空间，实现三维可视化（如地下管线、道路规划等），与地形、影像相融合能较为直观反映出设计场地的功能分区及设施类型，在规划设计过程中优化了建设实施效果。通过浏览实地场景效果（图 4-78），村民可

图 4-75　村庄规划案例

（图片来源：广东国地规划科技股份有限公司株洲市荷塘区仙庾镇仙庾岭村、黄陂田
村村庄规划综合规划）

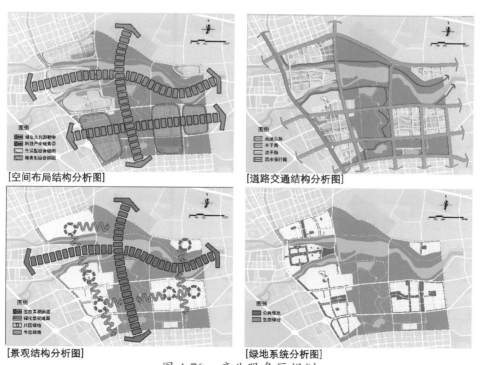

图 4-76　产业服务区规划

（图片来源：北京城市学院）

图 4-77　规划成果展示 1

图 4-78　规划成果展示 2

以身临其境地了解规划进程。

2. 成果管理信息化

村庄规划成果一般包括汇编资料、规划文本、规划说明书以及规划成果图等内容，早期的规划成果存在管理不统一、数据更新工作量较大、成果兼容性较差等问题。作为村庄管理依据，村庄规划成果需要保证其内容的完整性与规范性。目前的主流管理模式是采用信息化技术手段来实现二维与三维规划成果的网络化、专题化管理。针对不同格式不同类型的规划成果数据，相关部门基于 GIS 技术建设"一张图"规划成果管理系统，以整合现有的村庄规划成果，实现信息化管理。

三、国土空间规划"一张图"实施监督信息系统

基于国土空间基础信息平台构建国土空间规划"一张图"，为国土空间规划编制、审批、修改和实施监督提供技术支撑的信息化系统。图 4-79 为实施监督系统功能结构图。

根据国家部署，系统应按照国家、省、市、县分级建设，并在横向上实现

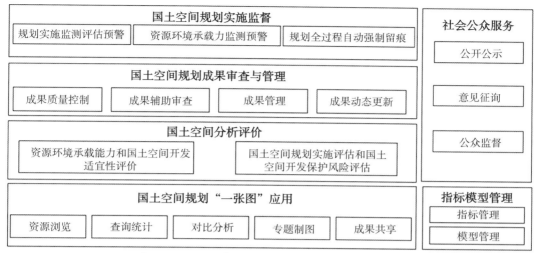

图 4-79　国土空间规划实施监督功能结构图

与其他信息系统的对接，纵向上实现上下贯通，为业务协同提供基础，如图 4-80 所示。乡镇可将上级系统作为本级国土空间规划的信息化支撑。省级及以下系统应由省级统筹，省结合本地实际因地制宜选用省市县统分结合模式进行省市县系统建设。

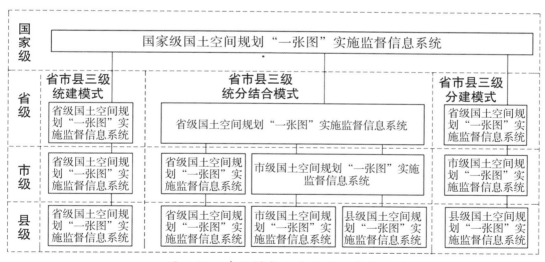

图 4-80　建设模式及系统层级关系

由此可见，一般情况下，乡镇、村庄无须建设国土空间规划实施监督系统，而需要将上级系统作为乡村实施监督系统的信息化支撑。这里的上级系统视省市县统分建设模式而定，既可能到县一级系统，也可能到市或省一级。

按照自然资源部对国土空间规划"一张图"实施监督系统的建设要求，乡镇及村庄规划都应该在上一级系统之上进行数据建库、分析、进行规划编制、成果输出及实施监督。但由于各级系统要建设成一套高可用的规划一张图实施监督系统，需要一个较长时期和过程，村庄规划不可能等到上级系统建设完备后才开始进行规划编制及实施监督。可能需要与上一级系统建设并行推进。因此本节后续内容既可作为上级系统未完成建设情况下的规划编制与实施过程，也可以作为上级系统的一个国土空间规划"一张图"数据采集、建库、更新的补充。无论如何，村庄规划必须在现势性最好的数据基础上进行规划编制和实施监督。

（一）系统功能要求

国土空间规划"一张图"实施监督信息系统是基于空间规划数据体系，监测评估预警指标体系、监测评估预警规则体系、监测评估预警模型体系等四大技术体系，覆盖规划编制、审查、实施、监测、评估、预警全流程的信息系统，可实现一张蓝图、智能编制、在线审查、精准实施、长期监测、定期评估、及时预警和模型管理八大应用功能，为实现可感知、能学习、善治理和自适应的智慧型规划提供信息化支撑，如图4-81所示。

图4-81 "一张图"实施监督信息系统

（1）"一张蓝图"功能（图4-82）：可集成基础地理、现状、规划等各类数据，提供包括数据处理、资源浏览、专题图制作、对比分析、查询统计、成果共享等功能，服务于国土空间规划管理工作。

（2）智能编制功能：主要服务于自然资源主管部门或编制单位，可辅助资源环境承载能力、国土空间开发适宜性评价和国土空间规划实施评估和风险识

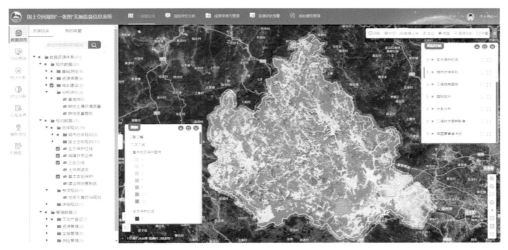

图 4-82　"一张蓝图"功能

别评估，精准划定"三区三线"。

（3）在线审查功能：服务于自然资源主管部门，用于总体规划、专项规划和详细规划成果的质检、审查和管理。

（4）精准实施功能：服务于政府及自然资源等相关部门，可实现合规性审查、辅助选址、协同审批和指标台账管理等功能。

（5）长期监测功能（图 4-83）：主要服务于自然资源主管部门，可实现规划的常规监测、体征监测、专项监测和资源环境承载能力监测等功能。

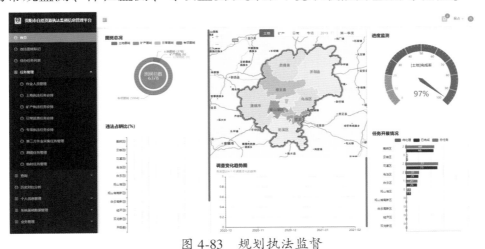

图 4-83　规划执法监督

（6）定期评估功能（图 4-84）：主要满足"一年一体检、五年一评估"的管理需求，支撑国土空间规划实施评估和资源环境承载能力状况评估工作，辅助生成评估报告。

图 4-84 定期评估功能

（7）及时预警功能（图 4-85）：可实现对控制红线、总量规模、土地节约集约利用等指标和资源环境承载能力相关因子的动态巡查，可对规划实施中突破控制红线、突破总量规模等违规及资源环境承载能力超载情况启动相应的预警信息发布。

图 4-85 及时预警功能

（8）模型管理功能（图 4-86）：服务于系统运行维护工作，可实现国土空间规划监测评估预警过程中指标和模型的可视化管理和配置，满足业务调整的需求。

（二）村庄规划实施监督管理系统

针对县级层面村庄规划管理统筹不够、乡镇层面规划管理力量薄弱、县镇

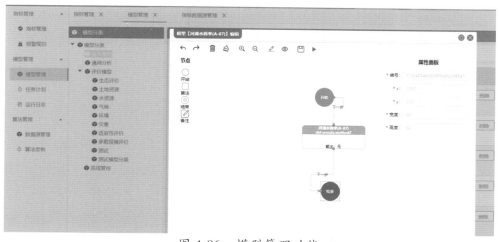

图 4-86　模型管理功能

无法上下联动、规划与实施衔接困难等痛点，村庄规划实施监督管理系统可以强化县级统筹能力，突出乡镇管理职能，为村庄规划数据汇聚、管理实施、调整监督、公众参与等提供一体化解决方案，实现村庄规划的全流程服务和村庄建设项目的全生命周期管理，助力乡村振兴战略落地。

（1）建设成果丰富标准全面的底板数据库。要以全要素数字化为基础，改善以往村庄规划成果标准不统一、组织形式分散、无法集中管理查看等现实困境，建立以"一图一表一规则"为基础，包含现状资料、规划文本、规划数据集、图件、表格、批文等全面翔实的底板数据库，实现数据资源及规划成果的快速浏览、便捷查阅、高效应用。

（2）研发实用好用高效智能的系统功能。要以推动用途管制智慧化、项目管理便捷化、规划调整规范化、监督监管动态化、公众参与灵活化、要素管控精准化为目标，针对以往乡村工程建设项目在申请、审核、发证、监督等生命周期过程中存在的相关问题，提供高效智能的技术支撑和辅助解决手段。

（3）建立县镇一体化的村庄规划实施联动机制。要以村庄规划的高效科学实施为目标，从数据的汇交更新、乡村工程建设项目的线上报送与受理、违法建设的联动督察、管控要素的逐层传导等方面，厘清乡镇政府与县级自然资源主管部门的职责与分工，以系统联动为手段，建立推动乡村规划实施与监督的长效机制，强化乡镇信息化能力，逐步形成村庄规划实施考核机制。

（三）规划实施监督技术方法

村庄规划一经批准，必须严格执行。乡村建设等各类空间开发建设活动，必须按照法定村庄规划实施乡村建设规划许可管理。加强对村庄规划实施监督和管理，正确引导农民按村庄规划要求有序建房，是改善农村居住环境，提高生活质量，统筹城乡发展，推动乡村振兴，构建和谐社会的重要保证。这一节主要介绍规划实施监督的内容和用到的技术方法。

1. 实施监督内容

新时代的村庄规划，是国土空间规划体系中乡村地区的详细规划，是国土空间规划在详细规划层面的重要落实，是法定规划，是开展国土空间开发保护、实施国土空间用途管制、核发乡村建设项目规划许可、进行各项建设等的法定依据。之前的规划"重规划、轻实施"，严重影响规划的落地实施，造成规划只是墙上挂挂，是否实施无人问津，各种监督也是流于形式，造成极大的浪费。新时期的村庄规划将在实施监督上有重大变化，向"快审批、重监管"方向改进，确保规划的落地实施，为乡村的底线管控和各类开发建设活动指明方向。

村庄规划的实施监督应该建立动态监测评估和实施监管机制。对村庄规划中各类管控边界、约束性指标等管控要求的落实情况进行监督检查，监督村庄规划的审批情况、执行情况等，为村庄规划的实施评估、动态完善等提供坚实的数据支撑。

2. 相关技术方法

之前的规划实施监督基本依靠巡查、卫片执法等发现，但人力资源有限，效果甚微。不能及时发现、及时制止违反规划的建设行为，并且缺乏有效的技术手段和平台支撑，致使规划的权威性不强。

新时期的规划实施监督，应充分利用互联网、云计算、信息化、智能化等技术手段，依托国土空间信息平台，建立村庄规划管理系统，以智能化工具辅助规划实施监督工作，做到及时发现、及时制止违反规划的行为，将规划的实施监督切实落到实处，提升乡村的现代化治理能力和治理水平，助力乡村振兴。

群众参与也是监督的重要手段。

下面探讨一下具体实施监督过程中用到的一些技术方法。

1）数据库技术方法

数据库技术是信息系统的一个核心技术，是一种计算机辅助管理数据的方法，它研究如何组织和存储数据，如何高效获取和处理数据。

数据库技术是通过研究数据库的结构、存储、设计、管理以及应用的基本理论和实现方法，并利用这些理论来实现对数据库中的数据进行处理、分析和理解的技术，即数据库技术是研究、管理和应用数据库的一门软件科学。

村庄规划数据库是村庄规划管理系统的核心，也是国土空间规划"一张图"实施监督系统的重要内容。它按照"物理分散、逻辑集成"的原则，建立村庄规划数据库，确保村庄规划数据库的规范性、一致性和完整性，实现村庄规划成果的数字化管控、成果的集成管理和网络调用，为规划实施监督提供数据基础和参考依据。

2）数据融合与共享技术

通过数据融合处理，对各行业主管部门数据资源进行梳理、整合，形成统一标准的规划数据资源体系，最大程度发挥数据价值，打破数据之间的壁垒，实现规划资源数据的共享，为规划许可、用地审批等用途管制工作和督察执法工作提供数据基础。同时汇集与规划相关的项目审批、确权登记和违法处置信息等反馈数据，支撑与相关行业主管部门的信息交互和协同。

依托国土空间信息平台，以国土空间规划"一张图"为基础，构建"一窗受理、信息共享、同步出件、全程监督"项目审批新机制，实现审批资源信息共享、项目协同和建设、项目审批全程信息化，全面解决审批环节互为前置、要件反复把关、信息重复填写、信息孤岛等问题。实现建设项目审批流程精简和优化，提升建设项目行政审批效率，以应用为导向做到"一张蓝图管到底"。

3）信息获取与汇集技术

充分利用现代测量、信息网络以及空间探测等技术手段，构建起"天-空-地-网"为一体的信息获取技术体系，满足多源数据的信息汇集，如遥感动态监测数据、管理人员的巡查数据、公众举报数据等，为村庄规划实施监督提供多源数据支撑，实现对村庄规划要素信息的现代化监管。

（1）航天遥感。利用卫星遥感等航天飞行平台，搭载可见光、红外、高光谱、微波、雷达等探测器，实现广域的定期影像覆盖和数据获取，支持周期性的规划实施监督。

（2）航空摄影。利用无人飞机等，搭载各类专业探测器，实现快捷机动的特定区域监督与巡查。

（3）实地调查。基于手机开发调查小程序，便于村民借助手机、照（摄）相机等设备，进行实地调查和取证。

（4）网络获取。利用"互联网+"等手段，通过村庄规划信息系统，有效集成各类获取的信息，提升信息获取工作效率。

4）变化检测与分析技术

目前，遥感变化检测技术大多是针对两个时相的遥感影像进行操作。根据处理过程来分，遥感变化检测方法可分为三类：

（1）图像直接比较法。图像直接比较法是最为常见的方法，它是对经过配准的两个时相遥感影像中像元值直接进行运算和变换处理，找出变化的区域。目前常用的光谱数据直接比较法包括图像差值法、图像比值法、植被指数比较法、主成分分析法、光谱特征变异法、假彩色合成法、波段替换法、变化矢量分析法、波段交叉相关分析以及混合检测法等。

（2）分类后比较法。分类后比较法是将经过配准的两个时相遥感影像分别进行分类，然后比较分类结果得到变化检测信息。虽然该方法的精度依赖于分别分类时的精度和分类标准的一致性，但在实际应用中仍然非常有效。

（3）直接分类法。结合了图像直接比较法和分类后比较法的思想，常见的方法有多时相主成分分析后分类法、多时相组合后分类法等。

通过遥感解译的现状图斑与法定规划的对比分析，提取违法违规的疑似图斑，通过多期遥感影像监测建筑变化图斑，并与审批资料、建筑物调查数据等进行比对分析，提取违法建筑的疑似图斑。借助遥感信息技术提高对违法、违章监督对象发现、统计和分析的效率，提高管理部门依法办事、依法行政的水平。

5）数据分析与建模技术

规划实施监督的指标模型种类多，维度丰富，需要进行梳理与建设，实行各类指标和模型的可视化管理，专业定制，动态调整。通过指标模型，依据相关信息对规划实施进行客观、公正、合理的全面评价，为规划的动态调整完善提供客观依据。

第六节 "多规合一"业务协同平台建设

村庄规划编制完成并得到批准后，就具备了法定效力。规划的具体实施，是通过一个个建设项目的报批、实施、竣工最后落地。这个过程通过"多规合一"业务平台实现。同时，平台的运行结果，反过来更新规划一张图，形成规划全流程闭环管理。

一、系统建设要求

"多规合一"信息平台的建设目标是以"一张图"为载体,按照统一技术准则、统一工作底图、统一信息平台、统一工作机制的原则,融合主体功能区规划、土地利用规划、城乡规划、国民经济发展规划、环境总体规划等空间规划,构建统一的国土空间规划,形成"多规合一"的一张蓝图,搭建集"信息共享、业务协同、项目审批"为一体的"多规合一"综合信息平台。

平台实现多部门空间数据在线共享调用,实施统一空间治理管控体系,建立"多规合一"工作组织协调、运用维护、项目生成、协同并联审批、业务审批、制度建设等保障机制;平台是融合多种规划的信息联动平台,并完成多部门的并联审批系统、"多规"部门地理信息系统、"多规"部门业务审批系统对接,发挥如下作用:

(1)空间规划信息共享平台。将融合主体功能区规划、土地利用规划、城乡规划、国民经济发展规划、环境总体规划等空间规划,构建统一的国土空间规划,形成全市"多规合一"的一张蓝图。

(2)"多规"协调矛盾的工作平台。将涵盖城乡建设、重大项目、土地资源、环境保护、市政设施等涉及空间要求的信息要素叠加,提供统一的"多规合一"信息基础,开发规划对比、协调工具,辅助完成"多规合一"。

(3)通过搭建多规合一综合信息平台,充分发挥"统筹规划、规划统筹"的作用。利用平台提供的统一基础、量化分析、辅助编制等功能,可支撑空间规划体系的全面统筹与科学编制,形成"一本规划、一张蓝图";利用平台提供的信息共享、空间管控、部门协同、项目审批、辅助决策、实施监督等功能,空间规划体系可以全面统筹经济与产业、社会与人口、土地与空间、设施与配套、资源与环境,深度统筹发展取向、发展目标、配套政策和机制、发展策略与实现路径,实现"一张蓝图干到底"。

二、数据体系

"多规合一"数据体系应包含规划数据、建设项目生成数据、城市设计数据、建设项目审批数据、全域数字化现状数据。除了前面章节已经提到的规划数据等,"多规合一"还包括:

（一）建设项目生成数据

建设项目生成数据应包含红线图形数据和其他项目数据。

1. 红线图形数据

几何类型应为封闭多边形，红线图形数据应包含项目基本信息、项目分类指标信息、项目发起人信息、项目建设单位信息。

2. 其他项目数据

其他项目数据包含项目投资与进度计划信息、项目基本信息、项目分类指标信息、项目发起人信息、项目建设单位信息、项目投资与进度计划。

（二）城市（城镇）设计数据

总体城市设计数涵盖各类评估、控导及区域划分等二维专题数据，用于指导控规单元、地块层次及城市设计的编制。三维基础数据作为控规单元及地块级层次城市设计方案的基础三维场景，主要用于方案演示、研讨以及审批等方面工作。

城市设计数据应包含总体城市设计基础数据、控规单元及地块层次级三维基础数据、管控要素三维数据。

1. 总体城市设计基础数据

总体城市设计基础数据由各类评估图、控导图及重点片区划定图等二维数据构成，应包含现状特色资源评估图、公共空间系统控导图、景观风貌体系控导图、城市设计重点地区划定图。

2. 控规单元及地块层次级城市设计三维基础数据

控规单元及地块层次级城市设计三维基础数据包含地表、建筑、道路三类模型数据。

3. 管控要素三维数据

管控要素三维数据包含建筑体量、建筑外观、功能布局、街道空间、街道设施、山水景观、慢行系统、开放空间、标识标志和交通设施类管控要素。

（三）建设项目审批数据

建设项目审批数据主要包括用地规划阶段的行政审批和行政管理相关数据。在有条件实施工程建设项目 BIM 报批的地区，作为确定用地规划建设指标的一种参考依据。

1. 行政管理数据

行政管理数据包含项目选址、用地规划许可、建设工程规划许可空间数据，包含乡村建设规划许可、用地预审、用地报批、土地征收、用地结案和土地供应空间数据。

2. BIM 结果数据

BIM 结果数据包含建设工程规划、方案设计、建（构）筑物工程规划、市政工程规划的 BIM 模型元素及其几何和非几何信息。

三、系统功能

（一）"一张蓝图"建设

多部门空间规划综合展示应用，面向参与"多规合一"的所有用户，如发展和改革、自然资源和规划、生态环境、园林等部门，统一规划空间坐标，共享部门的规划成果数据，将各部门的空间规划数据落到一张图上。

一张图展示应用汇集各种规划与社会经济数据建成"多规合一"综合数据库，经过信息化处理，成为"一张蓝图"，通过一个信息平台实现共享展示（图 4-87）。横向打穿部门信息壁垒，实现"多规合一"国土空间规划、土地利用总体规划、城乡规划、环保、林业等专题数据的跨部门联动共享，同时提供丰富的地图操作应用，完成对各类专项数据的叠加展示与综合查询。

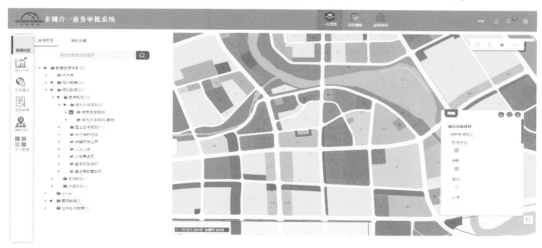

图 4-87　"一张蓝图"

（二）项目储备库建设

项目储备库包含近期建设和年度建设储备项目（图 4-88）。近期建设储备项目是指城市近期建设规划确定的重点建设项目；年度建设储备项目是指年度项目空间实施规划确定的年度重点建设项目。

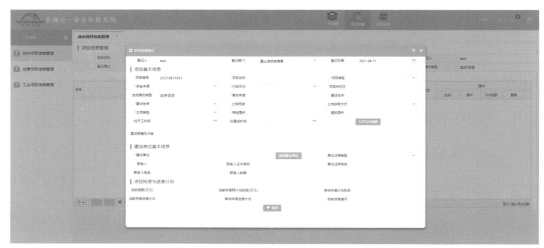

图 4-88　项目储备库

（三）项目协调

开展项目前期的生成策划工作。对城市的建设项目计划和招商引资计划，在"多规合一"信息平台基础上，发展和改革、住建、自然资源和规划、生态环境等部门对项目进行初步审核，提出空间规划上的差异，协调项目空间位置的合理性，落实项目落地的可行性，为进入并联审批环节节约时间，提高审批效率（图 4-89）。

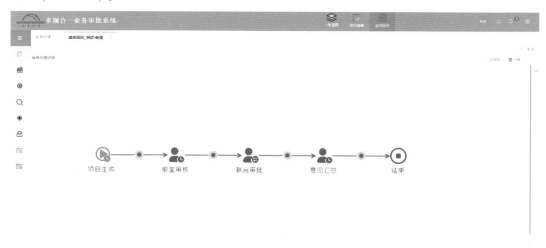

图 4-89　项目协调

（四）辅助决策

实现基于"一张蓝图"的决策支持，结合选址条件和管控规则建立选址模型（图 4-90），完成规划冲突检测、控制线检测，实现项目辅助选址；定制各部门专题统计分析，辅助各部门在项目审批的过程中快速科学地完成相关审批任务。

图 4-90 项目方案三维展示

（五）规划监督

基于不同时期的遥感数据，辅助识别变化图斑，判断变化图斑是否违反总规强制性内容，进行图斑核查，保障规划执行，实现基本农田、生态保护、建设用地规模和建设用地扩展边界以及其他总规强制性控制线的动态监测（图 4-91）。

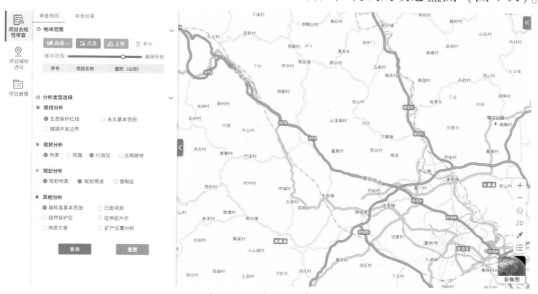

图 4-91 合规性审查

（六）业务审批

"多规合一"业务审批系统主要是基于统一的标准与规范，以国土空间规划"一张图"为基础，构建"一窗受理、信息共享、同步出件、全程监督"项目审批新机制，实现审批资源信息共享、项目协同和建设项目审批全程信息化，实现建设项目并联审批，提升建设项目行政审批效率。它强化建设项目落地前的合规性审查，是项目实施过程中的重要监督环节。包含了建设项目用地预审与选址意见书、建设用地规划许可证和建设工程规划许可证等在线协同审批功能（图4-92）。

图4-92　建设用地规划许可审批

（七）"多测合一"竣工验收

工程项目实施过程中有规划跟踪监督环节，确保建设符合规划；最后完成，需要竣工验收，除了验收是否符合规划，还要在消防、人防等各个方面通过"多测合一"进行全面检查。验收的时间点，应该是现状数据的更新时间点，需要启动现状一张图的数据更新，保证新一轮规划或规划修编使用现状底图的现势性及准确性。

参 考 文 献

［1］李斌.规划失误是最大的浪费［N］.人民日报，2014-05-21(5).

［2］陈小卉，闾海.国土空间规划体系建构下乡村空间规划探索：以江苏为例［J］.城市规划学刊，2021（1）：74-81.

［3］自然资源部.资源环境承载能力和国土空间开发适宜性评价指南（试行）［EB/OL］.（2020-01-21）［2021-10-10］.http：//gi.mnr.gov.cn/202001/t20200121_2498502.html.

［4］刘益锋.产业发展规划编制要点研究［J］.中国工程咨询，2015（7）：48-49.

第五章 村庄规划评价和实施保障

第一节 规 划 评 价

村庄规划评价是对村庄规划编制的系统性、科学性、实用性及可实施性的评定，评价工作需要紧紧围绕"产业兴旺、生态宜居、乡风文明、治理有效、生活富裕"的乡村振兴总目标开展，并从"深度、广度、远度、粒度、角度、限度、纯度、韵度"上总体把握。

一、评价目的

2014 年，习近平总书记在北京市规划展览馆考察时曾强调：规划科学是最大的效益，规划失误是最大的浪费，规划折腾是最大的忌讳。开展村庄规划评价，分析规划成果的符合性，定期开展规划实施评估，建立常态化村庄规划体检评估机制，用定量、定性的方法分析规划及实施过程的科学性、合理性和经济性，可以及时发现规划存在的问题并制定行之有效的修正方法，提高规划实施的科学性，避免规划浪费。

村庄规划评价（包括规划过程及规划成果）的目的包括：

1. 选择与监督

对过程因素与成果内容逐项测定分析，给出定性定量的评价，帮助政府或村民做出选择。同时，依据评价导向，监督规划的行为。

2. 总结与发展

从评价中发现优劣，互相借鉴，总结提炼，从思想、行动到要素使村庄规划水平逐步提高，使规划成果不断优化，规划过程科学发展。

3. 持续提高规划水平

帮助规划从业者发现规划问题或不足，提示其工作方向，激励其不断改进。

二、评价原则

（一）遵循村庄发展规律原则

我国农耕文明源远流长、博大精深，是中华优秀传统文化的根。我国很多村庄有几百年甚至上千年的历史，至今保持完整。很多风俗习惯、村规民约等具有深厚的优秀传统文化基因，至今仍然发挥着重要作用。村庄是农业生产和生活的重要载体，"大国小农"是我国的基本国情。

乡村振兴战略是习近平同志 2017 年 10 月 18 日在党的十九大报告中提出的战略。农业农村农民问题是关系国计民生的根本性问题，实施乡村振兴战略，要坚持因地制宜、循序渐进，科学把握乡村的差异性和发展走势分化特征，做好顶层设计，注重规划先行、突出重点、分类施策、典型引路。既尽力而为，又量力而行，不搞层层加码，不搞"一刀切"，不搞形式主义，久久为功，扎实推进。

村庄规划中对村庄发展方向，要顺应城镇化大势，但也要认识到对我国这样一个农业大国、人口大国来说，不管工业化、城镇化发展到哪一步，乡村都不可能消亡，城乡将长期共生共存，城镇化和乡村振兴互促互生。独特的国情，独特的农情，决定了必然要走独特的乡村振兴之路。

村庄规划对于村庄治理，在实行自治和法治的同时，注重发挥好德治的作用，推动优秀传统文化和法治社会建设相辅相成，要继续进行这方面的探索和创新，并不断总结推广。

因此，村庄规划要顺应大势，顾全大局，满足大众，遵循发展规律。

（二）落实生态文明建设要求尊重村庄历史原则

建设生态文明，昭示着人与自然的和谐相处，意味着生产方式、生活方式的根本改变，是关系人民福祉、关乎民族未来的长远大计。建设生态文明是顺应人民群众新期待的迫切需要。随着人们生活质量的不断提升，人们不仅期待安居、乐业、增收，更期待天蓝、地绿、水净；不仅期待殷实富庶的幸福生活，更期待山清水秀的美好家园。生态文明发展理念，强调尊重自然、顺应自然、保护自然；生态文明发展模式，注重绿色发展、循环发展、低碳发展。大力推进生态文明建设，正是为顺应人民群众新期待而做出的战略决策，也为子孙后代永享优美宜居的生活空间、山清水秀的生态空间提供了科学的世界观和方法论，顺应时代潮流，契合人民期待。

农村不同于城市，是人与自然相处发展的历史产物，最直接反映人与自然的关系，是一个独立的小生态，自成体系。村庄建设与发展，是基于生态和谐发展的完善、是对人与自然关系的改进，村庄规划编制，必须要落实生态文明建设要求，必须要坚持可持续发展，必须要立足人与自然是生命共同体，必须践行党中央国务院以及地方政府关于村庄发展的大政方针，遵循村庄规划相关技术要求。

另外，在立足生态文明建设的基础上，村庄规划要强调现状导向，强调尊重历史，在确定用地布局、各类用地的比例和分布的时候都要尊重历史，理论上的合理布局并不一定是最合适的布局，要尊重村庄的历史、文化以及风俗。规划要符合村庄实际，以多样化为美，突出地方特点、文化特色和时代特征，防止"千村一面"；要逐村研究村庄人口变化、区位条件和发展趋势，因地制宜、详略得当规划村庄发展，做到与当地经济水平和群众需要相适应。村庄规划要坚持保护建设并重，防止调减耕地和永久基本农田面积、破坏乡村生态环境、毁坏历史文化景观。

（三）以人为本可操作性原则

村庄规划要强调村民参与、重在实施，需要满足表达的可视性、规划的易获性、实施的经济性这三个基本条件。

（1）表达的可视性主要指规划内容要清晰明了，容易理解，并且没有歧义，成果形式要符合大部分人的阅读方式，针对不同的使用者，如规划管理者、乡镇政府、村委会、村民，规划成果内容表达要各有侧重，避免"一本规划走天下"，鼓励采用先进技术，信息化手段表达成果内容。国土空间规划体系下，村庄规划是国土空间规划体系中城镇开发边界外的详细规划，是管理村域国土空间开发保护、实施国土空间用途管制、核发乡村建设规划许可的法定依据。村庄规划的管理者是各级村庄规划主管部门，管理对象是村庄全域，落实主体是村民，因此村庄规划归根到底是村民的规划。规划的实施监督是全民监督，因此，村庄规划应该是一本村民可以看得懂的规划，村庄规划的表达内容要直观易懂，用通俗的语言和图式表达规划及管控内容。

（2）规划的易获性主要指成果获取和信息获取两个方面。成果获取主要指各个对象能够通过明晰的途径获取到规划成果，村庄规划编制过程中，要明确成果使用方法，鼓励各地在国土空间基础信息平台和国土空间规划"一张图"实施监督信息系统的基础上，完善村庄规划管理功能，通过信息化手段完善规划成果管理。成果信息获取建立在表达可视性的基础上，主要指各类使用主体能够容易理解规划表达的内容，做到可读、易读、易懂。

（3）实施的经济性是指规划建设内容要与村庄的实际经济社会发展相适应。

规划是一个全周期生命体，好的规划更体现于其落地实施，规划内容要充分与村庄的实际经济能力相结合，要建立切实可行的管理机制，要建立长效机制，避免出现"有规划、无投资"，使规划"束之高阁"。

（四）配套动态调整机制原则

村庄规划要有一定的灵活性，要根据实施来进行不断优化和调整，这是村庄规划的职责和任务，如何建立完善机制以及如何做到既能保证规划的全面性，又能保证规划的实施性，这是关于村庄规划的重点工作。

村庄规划要强调问题导向，规划要把村庄存在的问题理清楚，不能盲目去做，规划要围绕问题开展，形成有效的解决方法及思路。农村问题是一个长期问题，要改变"一个规划能够解决所有问题"的想法，村庄问题要在发展中解决。村庄规划要明晰建立健全规划动态调整机制，明确不同环境条件下规划内容的实施方法，开展情景分析，针对问题提出适应和应对的措施建议，不搞"一刀切"，要用发展的思路编制规划，使规划在不突破刚性要求的前提下，增加规划的兼容性、适应性。因此，好的规划应有配套的调整机制。

三、评价内容

（一）规划成果评价

成果是村庄规划的直接物质体现，好的村庄规划是从完善的村庄规划成果开始的。村庄发展各具特色，村庄规划也因地制宜，各省根据实际情况出台村庄规划技术导则，有条件的市县也可以根据需求出台符合自己实际的村庄规划技术导则。地方的技术导则更多的是基于各地管理需要，引导地方村庄规划编制科学有序。因此，村庄规划的成果要求，全国不尽统一。但村庄规划作为法定规划，是国土空间规划体系中乡村地区的详细规划，规划成果的基本要求应该是相同的。因此，主要从以下几个共同方面对规划成果进行评价。

1. 资料完备性

基础资料是开展村庄规划编制的根本，是村庄规划载体的重要内容，村庄规划的基础材料包括经济社会数据、自然资源及环境数据、土地利用现状数据、公共服务与基础设施数据、产业数据、历史文化和特色风貌数据、相关规划数据等材料，同时要求基础资料的现势性要强。完备性主要是指是否存在其他更好的资料可以替代。因此，对基础资料的完备性审查，重点评价基础资料完整性、现势性和完备性，资料完备性的审查主体主要在县、乡两级。

2. 过程规范性

规划成果的形成要经过调查研究、规划编制、意见征求、专家论证、成果审批和批后公布、成果汇交等过程。各环节的规范性是规划评价的重要因素。驻村调研是规划编制的重要内容，没有充分的村庄调研，不足以谈规划，规划师必须保证最少驻村时间，调研内容、调研方法、调研范围直接反映规划的深度、准确度以及能否落地；规划编制过程中要做到落实上位规划、衔接相关专项规划、遵循技术导则等基本要求。规划过程中要坚持以村民为中心，村民要参与规划编制全过程，规划成果要充分征求村民意见，按要求组织专家审查，通过"上墙""上网"等方式依法公开规划内容，并将规划成果逐级汇交，纳入国土空间规划"一张图"管理。

3. 内容完整性

规划内容的完整性主要有两个方面：一方面是规划体系的完整性，村庄规划必须落实上位规划的指标传导、发展定位，保证底线约束，能够满足引导，同时满足详细规划的强制性要求，在村庄开发边界划定情况、村庄建设布局内容、农房建设管理要求、村庄配套设施建设内容等方面要满足、引导约束国土空间开发保护活动、实施国土空间用途管制、核发乡村建设项目规划许可证。另一方面是内容结构的完整性，村庄规划要落实地方技术导则规定内容，一般包括村庄发展定位与目标、国土空间总体布局规划、生态保护修复、耕地及永久基本农田保护和农业发展、历史文化保护及乡村特色风貌塑造、基础设施和公共服务设施布局、产业发展空间布局、村庄安全和防灾减灾、人居环境整治等，规划内容的完整性要坚持问题导向，要有效解决村庄的问题或针对村庄的问题提出可行性建议。

4. 方法科学性

技术路线、技术方法是规划编制的核心内容。规划编制技术路线必须正确，指导思想、发展定位必须符合生态文明建设和经济社会发展研究，特别是在村庄开发边界划定、村庄建设布局、村庄配套设施建设、规划"留白"等方面技术方法要科学，同时考虑技术方法是否适用于村庄实际。

5. 成果可读性

鼓励采用新技术、新方法、新形式开展村庄规划编制，包括村庄规划调研、意见征求、成果管理及成果利用各方面，规划成果的表现形式可以结合新媒体，使得规划融入生活、深入民心，有利于规划的实施监管。可做成一本村民看得明白，村委和乡镇用得好、管得住，各级国土空间规划主管部门可监督的规划。

6. 村民认可度

村民是村庄规划的使用者、村庄的建设者，也是村庄规划和建设成果的所有者，村民主体责任要求全村村民参与规划，村民认可度是至关重要的评价因素。

（二）规划实施评估

规划实施评估是指规划编制完成后，对实施效果进行系统、客观的评价。通过动态评价，可以及时掌握规划实施过程中出现的问题，针对问题不断优化和调整，能够使规划更为合理、指导意义更强。评价是基于实施效果及产生的效应开展分析的，主要包括以下五个方面。

一是区域协调发展情况。主要评价规划是否落实上位规划的要求，区域定位及发展方向是否与实际相符，与周边区域发展是否协调。

二是目标指标实现程度情况。规划目标落实情况是表征一个规划实施情况的重要评价因子，主要是对评价规划目标是否落实以及落实程度，规划建设项目是否落地实施及进度情况，保障措施是否到位等进行评价分析。

三是"三生"空间格局实施情况。重点分析生态空间保护实施情况、生产空间保护利用情况、生活空间开发利用实施情况。

四是经济社会发展情况。重点分析规划实施以来，村庄经济发展情况、村民收入情况等。

五是群众幸福指数评估。重点分析规划实施过程中村民获得感、幸福感，评价分析村民对规划成效的认可度等。

（三）评价之评价

通过规划期末的实施效果，重新评价当初的规划编制的实施情况，并对规划评价的评价原则、过程方法进行重新审视，分析评价是否合理并进行改进，持续提高规划水平

四、评价标准

村庄规划在不同维度所表现的特征和产生的效应不同，开展村庄规划评价，要对不同维度进行分析（表5-1）。评价工作应坚持目标导向、问题导向和操作导向，建立多维度评价指标体系，客观全面反映村庄规划在生态安全、粮食安全、国土空间开发保护结构、土地利用效率、村民宜居水平、社会发展、人民幸福等方面产生的效果。

表 5-1　规划各阶段评价特征表

项　目	设计方案评价	实施过程评价	实施结果评价
评价阶段	规划前期	规划实施过程中	规划全部或者部分实施之后
评价标准	以法律法规、技术规范、规划落实与衔接、村情民意来衡量规划合理性和可行性	实施过程的合规性和合理性、实施效率	规划的落实情况：包括规划的执行情况与预期的对比、规划产生的影响等
评价内容	规划方案：包括规划定位、规划布局、实施措施等方面	规划实施过程的机制和程序、规划实际落地的布局和工程等	对规划实施结果、影响、制度建设以及可持续发展的评价
评价主体	政府部门、专家、村民在内的规划利益相关者	政府部门、规划师、村民在内的规划利益相关者	政府部门、规划师、村民在内的规划利益相关者
评价方法	专家评审、方案公示	动态监测评估	定量或定性评价

（一）明确评价维度

村庄规划具有多视角、多对象、动态性等特征，根据规划的特征属性，评价维度主要分为时间维度、空间维度、政策维度。

1. 时间维度

时间维度主要是从村庄规划编制的全周期进行评价，主要分为编制成果评价、实施过程评价、实施结果评价（表 5-2）。

表 5-2　规划时间维度评价

评价阶段	评　价　重　点
规划编制成果评价	对规划编制过程的合规性、规划成果的完整性和科学性进行评价
规划实施过程评价	对规划实施进度、质量以及与规划的符合度等进行评价
规划实施结果评价	对规划实施效果的评价，包括村民满意度、工程完成情况等

2. 空间维度

空间维度主要是对同一时期全域各类用地空间状况的评价分析，主要分为生产空间评价、生活空间评价、生态空间评价（表 5-3）。党的十八大明确提出评价重点为：生产空间集约高效、生活空间宜居适度、生态空间山清水秀。

表 5-3　规划空间维度评价

空间评价	评　价　重　点
生产空间评价	评价村庄规划生产空间的规划和落实情况
生活空间评价	评价村庄规划生活空间，包括村庄内部及规划生活和产业区域的规划和落实情况
生态空间评价	评价村庄规划生态空间的划定和落实情况

3. 政策维度

政策维度主要是根据各级国土空间规划行政主管部门对规划的管控重点开展评价分析，主要分为国家级、省级、地市级、县级、乡镇级五级（表5-4）。

表5-4 规划政策维度评价

政策评价	评 价 重 点
国家级	全国村庄规划推进情况
省 级	辖区内村庄规划类型情况、村庄规划覆盖面、规划编制和实施完成比例
地市级	辖区内村庄规划类型情况、村庄规划覆盖面、规划编制和实施完成比例
县 级	村庄规划布局落实情况、规划实施推进情况
乡镇级	村庄规划具体实施情况

（二）确定评价指标

指标是评价的量化因素，根据各评价维度特征，构建各维度评价指标体系。

1. 时间维度

根据时间维度各阶段评价重点确定的量化指标具体如表5-5所示。

表5-5 时间维度评价指标

评价阶段	评 价 指 标
规划编制成果评价	村庄基础设施、乡土人情、历史文化以及实地调研情况，村民参与度、空间管制、生态保护、生产发展、村庄特色风貌保护、土地利用、基础设施、公共服务设施、村民住宅设计及规划引导、近期建设规划等
规划实施过程评价	村民参与度、资金落实情况、工程建设年度实施计划落实情况、建设内容与规划符合情况、建设标准与规划要求符合情况、工程质量情况等
规划实施结果评价	村民满意度、规划编制指标落实程度、经济和文化发展情况、社会进步情况、规划实施保障措施建设情况、规划建设资金落实情况等

2. 空间维度

根据空间维度各区域评价重点确定的量化指标具体如表5-6所示。

表5-6 空间维度评价指标

空间评价	评 价 指 标
生产空间评价	耕地保有量和永久基本农田保护面积、果园面积、林地保有量、产业用地面积
生活空间评价	人口规模、户均宅基地面积、公共管理与公共服务设施用地规模、新增建设用地规模、基础设施用地规模、人均村庄建设用地、道路硬化率、农村卫生厕所普及率、生活垃圾无害化处理率、饮用水水源水质达标率
生态空间评价	生态用地保有量、生态红线保护红线规模、湿地面积、村庄绿化覆盖率

3. 政策维度

根据政策维度各层级评价重点确定的量化指标具体如表5-7所示。

表 5-7　政策维度评价指标

政策评价	评　价　指　标
国家级	村庄规划开展（规划、实施）
省　级	村庄规划布局情况、规划编制情况、规划实施情况
地市级	村庄规划布局情况、规划编制情况、规划实施情况
县　级	村庄规划布局情况、规划编制情况、规划实施情况、资金落实情况、经济社会效应情况
乡镇级	规划编制情况、规划实施情况、工程质量情况、群众满意度情况、经济社会发展情况、生态环境情况、农业发展情况、产业发展情况

五、评价方法

（一）定性法

1. 随机定性法

随机定性法是根据评价对象的评价指标，随机选取调研对象进行调查，根据调研反馈情况确定评价结果（表5-8）。随机定性法具有一定的概率性，村庄规划采用随机定性法进行评价，可以采用现场调研、公众访谈、问卷调查、实地踏勘等形式，针对不同调研对象进行随机调查，能够直接反映受访群体对规划的直观评价。

为有效推进规划评价的开展，避免人为的干预，随机定性法可以充分利用信息化技术，实现在线调研，扩大调研对象范围。

表 5-8　随机定性法指标表

一级指标	二级指标	二级指标含义
村庄规划建设内容落实情况	规划建设内容完成率	建设内容占规划建设内容的比例
	规划建设内容完成质量	建设内容的工程质量
	规划建设内容符合度	建设内容与设计内容的符合程度
村民参与情况	村民认知度	村民对规划内容的了解程度
	村民参与度	村民在规划过程中的参与情况
	村民满意度	村民对规划内容及效果的满意情况
规划实施管理情况	长效管理机制建设情况	村规民约、管控办法等制定情况
	建设资金落实情况	规划建设内容资金投资情况、招商引资计划以及相应政策制定
	监督体制	规划实施的有效监督办法

例如，针对村庄规划实施成效，乡镇政府或县级国土空间规划行政主管部门可以委托驻村规划师开展随机调研，针对规划实施的情况制定调研表格，调研表格的形式可以采用线上调研，如村庄规划意见征集 APP、在线意见征求表等，可以最大范围地采集到村民的意见。

2. 专家定性法

专家定性法，也称专家审查法，是根据规划各阶段要求组织业内专家开展的技术审查。专家审查的依据包括：规划审查技术要点、工程建设审查要点、专家根据自身知识结构所做出的具有建设性意义的意见。一般情况下，专家定性法分为两个阶段：一是村庄规划设计的审查，主要审查规划编制情况；二是规划建设工程竣工审查，主要审查规划建设完成情况。

3. 德尔菲法

德尔菲法，也称专家打分法，是 1964 年美国兰德公司发明并应用于预测分析。德尔菲法具有匿名性、反馈性和统计性的特点，对专家采用匿名函询的方式来获取评审意见，经过几轮征询，使专家小组的预测意见趋同化或集中化，最后得出相对最为正确的预测结论（图 5-1）。经典德尔菲法一般分 3~4 轮征询。

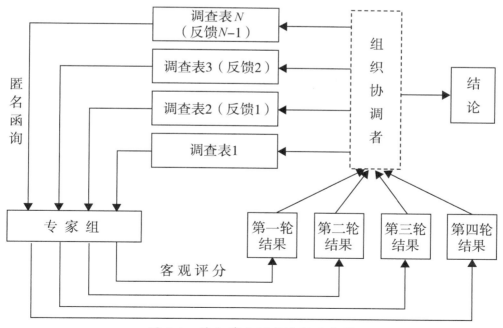

图 5-1　德尔菲法研究过程示意图

例如对于村庄规划实施情况的评价，乡镇政府或县级国土空间规划行政主管部门作为组织协调者利用德尔菲法，首先编制规划实施情况调查表，调查表可以涉及规划实施完成情况、质量情况、与实际符合情况、村民参与情况等内容，然后选取对本村熟悉的乡贤、村干部、村民代表或者乡镇干部等组成专家组，由专家组相互独立打分，形成初步评价结果，然后组织协调者统筹分析结果后，确定各项评价指标的初步结果，再次征求专家组意见并打分，反复多次，最终形成评价结果。

（二）定量法

1. 层次分析法（analytic hierarchy process，AHP）

层次分析法，是指将与决策总是有关的元素分解成目标、准则、方案等层次，在此基础之上进行定性和定量分析的决策方法（图5-2）。

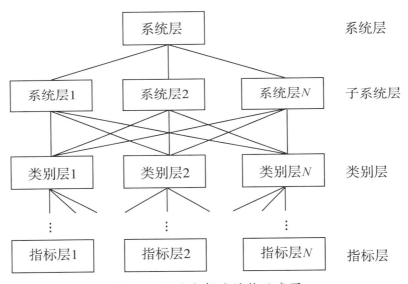

图5-2　层次分析法结构示意图

层次分析法具有系统化和层次化的特性，是一种多准则决策系统方法，将与决策相关的元素分解为系统层、子系统层、类别层和指标层等，利用层次传递相关性，构造两两判断矩阵来确定每一层次内部相对重要性，从而得到决策因素对于总目标重要性的总顺序，尤其适用于目标结构复杂且缺乏数据的情况下，有效减少了主观因素影响。

层次分析法的运用主要分为以下四个步骤：第一，根据各因素间的关系，构建系统的递进层级关系；第二，利用同一层次中各元素相对于上一层次的相对重要性进行元素间的两两比较，构建判断矩阵；第三，由判断矩阵计算相互比较的元素的权重值，并对矩阵的一致性进行检验；第四，对各层次进行排序，最终得到各层次中元素的最终排序，即得到各元素的权重值。

例如，运用层次分析法对村庄规划实施情况进行评价，以空间维度为例，一是构建三层层次结构模型，首先确定系统层，即村庄规划实施后成效评价；然后确认子系统层，分别为生产空间评价、生活空间评价、生态空间评价，同时确定本层指标权重；最后确定指标层，指标包括但不限于实施后耕地保有量、林地保有量、园地面积、产业用地面积、种植结构、基础设施用地规模、道路硬化率、公共服务设施用地规模、卫生厕所普及率、村民收入、村民满意度、生态用地保有量、生态保护红线面积等，并确定各指标的上层类属关系，同时确定各指标权重。二是可以采用专家打分法或者德尔菲法等，确定第二层和第三层指标相对上层指标的权重，构建判断矩阵。三是对判断矩阵进行一致性检验，判断矩阵一致性检验就是检验判断思维的一致性，即假如生态保护红线面积比产业用地面积明显重要，而产业用地面积比园地面积较为重要，则结果一定是生态保护红线面积比园地面积重要，这样才能维持判断逻辑的一致性，否则的话矩阵判断有矛盾。四是对各层次指标权重进行综合计算并排序，确定最底层评价指标相对目标层的权重值，最后根据建立的结构模型和指标权重确定评价打分表，得到最后评价结果。

2. 模糊综合评价法（fuzzy comprehensive evaluation，FCE）

模糊综合评价法，由美国加利福尼亚大学的控制论专家查德提出，是以模糊数学为基础，利用模糊关系原理，将不易定量的指标定量化，进行综合评价的一种方法，是研究和描述模糊性现象的一种数学工具。其特点在于评判逐队进行，对被评估对象有唯一的评估值，不受被评估对象所处对象集合的影响。

模糊综合评价是通过构造等级模糊子集把反映被评事物的模糊指标进行量化即确定隶属度，然后利用模糊变换原理对各指标综合。一般包括以下六个步骤[1]。

（1）确定评价对象的因素论域。

p 个评价指标，$u = \{u_1, u_2, \cdots, u_p\}$，$i = 1, 2, \cdots, p$。

u_i 指第 i 个评价指标。

（2）确定评语等级论域。

等级集合 $v = \{v_1, v_2, \cdots, v_m\}$，每个等级可对应一个模糊子集。由于村庄规划各因素的评价较为模糊，一般将各因素评价的等级集合设置为 5 个等级：

$v = \{优，良，中，较差，差\}$

（3）建立模糊关系矩阵 $\boldsymbol{R}$。

在构造了等级模糊子集后，要逐个对被评事物从每个因素 u_i（$i = 1, 2, \cdots, p$）上进行量化，即确定从单因素来看被评事物对等级模糊子集的隶属度（$\boldsymbol{R} \mid u_i$），进而得到模糊关系矩阵：

$$\boldsymbol{R} = \begin{bmatrix} R \mid u_1 \\ R \mid u_2 \\ \vdots \\ R \mid u_p \end{bmatrix} = \begin{bmatrix} r_{11} & r_{12} & \cdots & r_{1m} \\ r_{21} & r_{22} & \cdots & r_{2m} \\ \vdots & \vdots & & \vdots \\ r_{p1} & r_{p2} & \cdots & r_{pm} \end{bmatrix}_{m \cdot p}$$

矩阵 $\boldsymbol{R}$ 中第 i 行第 j 列元素 r_{ij}，表示某个被评事物从因素 u_i 来看对 v_i 等级模糊子集的隶属度。一个被评事物在某个因素 u_i 方面的表现，是通过模糊向量 $(\boldsymbol{R} \mid u_i) = (r_{i1}, r_{i2}, \cdots, r_{im})$ 来刻画的。

（4）确定评价因素的权向量。

确定评价因素的权向量：$\boldsymbol{A} = (a_1, a_2, \cdots, a_p)$。权向量 $\boldsymbol{A}$ 中的元素 a_i 本质上是因素 u_i 对模糊子集的隶属度。

（5）合成模糊综合评价结果向量。

利用合适的算子将 $\boldsymbol{A}$ 与各被评事物的 $\boldsymbol{R}$ 进行合成，得到各被评事物的模糊综合评价结果向量 $\boldsymbol{B}$。即

$$\boldsymbol{A} \cdot \boldsymbol{R} = (a_1 \ a_2 \ \cdots \ a_p) \begin{bmatrix} r_{11} & r_{12} & \cdots & r_{1m} \\ r_{21} & r_{22} & \cdots & r_{2m} \\ \vdots & \vdots & & \vdots \\ r_{p1} & r_{p2} & \cdots & r_{pm} \end{bmatrix} = (b_1 \ b_2 \ \cdots \ b_m) = \boldsymbol{B}$$

式中 b_i 是由 $\boldsymbol{A}$ 与 $\boldsymbol{R}$ 的第 j 列运算得到的，它表示被评事物从整体上看对 v_i 等级模糊子集的隶属程度。

（6）对模糊综合评价结果向量进行分析。

按照最大隶属度原则，用 $\boldsymbol{B}$ 中隶属度最大者所对应的评价等级作为评判对象的等级，即为综合评价的结论。对 $\boldsymbol{B}$ 做归一化处理，即用 $\boldsymbol{B}$ 中各分量之和去除 $\boldsymbol{B}$ 中的各个分量。第 i 个评价等级 v_i 对 R_i 的隶属度为 v_i 在综合评价结果中所占的比例，根据最大隶属度原则，用 $\boldsymbol{B}$ 中隶属度最大者所对应的那个评判等级作为评判对象的等级。

例如，利用模糊综合评价法，以空间维度为例对村庄规划实施成效进行评

价：一是确定村庄评价的因素论域，即生产空间效益、生活空间效益、生态空间效益；二是确定评价等级为优、良、中、较差、差 5 个等级；三是建立模糊关系矩阵，即确定生产空间效益、生活空间效益、生态空间效益涉及的评价指标，如耕地保有量、园地面积、林地保有量、产业用地面积等，并通过调研法或者专家打分法确定各项指标的隶属度，即用获取到的各项指标数字除以标准值，得到各评价要素结果占总数的比重；四是确定各评价因素的权向量，可以利用层次分析法计算各评价指标的权重；五是将各级指标权重向量与隶属度向量相乘，即可得到模糊评价结果向量；六是根据隶属度最大原则，可得到村庄规划实施后在空间维度的总体效果情况。

（三）村庄规划评价表

村庄规划评价就是在分析、细化评价方法的基础上，针对村庄规划各阶段重点，确定各阶段不同指标的权重（表 5-9）。村庄规划各阶段评价指标是对评价方法的量化体现，其中 0~59 分为不合格，60~79 分为合格，80~94 分为良好，95~100 分为优秀。

表 5-9　村庄规划评价指标表

阶段	一级指标	权重	二级指标	权重
一、规划设计	（一）自然地理格局	0.12	1. 生态保护与"双评价"的符合度	0.50
			2. 农业生产与"双评价"的符合度	0.50
	（二）定位与目标	0.15	1. 落实上位国土空间规划定位与目标	0.40
			2. 与村情的符合度	0.30
			3. 产业发展规模	0.20
			4. 人口发展规模	0.10
	（三）管控与布局	0.08	1. 永久基本农田布局	0.10
			2. 生态保护红线布局	0.10
			3. 耕地保有量	0.10
			4. 村庄建设用地规模	0.10
			5. 新增宅基地布局	0.10
			6. 人均村庄建设用地面积	0.10
			7. 户均宅基地用地面积	0.10
			8. 产业用地布局	0.05
			9. 基础设施布局	0.10
			10. 公服设施布局	0.10
			11. 防灾减灾布局与措施	0.05
	（四）生态与安全	0.08	1. 落实上位规划空间治理要求	0.15
			2. 水土流失控制与治理	0.05
			3. 退化植被控制与恢复	0.05

阶段	一级指标	权重	二级指标	权重
一、 规划设计	（四） 生态与安全	0.08	4. 土壤污染控制与修复	0.10
			5. 水体污染控制与修复	0.10
			6. 生活污水和畜禽废物管控与处理	0.15
			7. 生态农业建设	0.10
			8. 空气质量改善	0.05
			9. 水质量改善	0.05
			10. 生活用水保障	0.20
	（五） 基础设施	0.08	1. 道路建设	0.30
			2. 给排水系统建设	0.20
			3. 农村环境治理有关设施建设（包括卫生厕所改造等）	0.30
			4. 电气化和信息化建设	0.20
	（六） 产业发展	0.08	1. 特色农业发展	0.40
			2. 农业产业用地	0.40
			3. 乡村旅游建设	0.20
	（七） 文化建设	0.08	1. 历史文化保护	0.15
			2. 村容村貌引导	0.40
			3. 文体基础设施建设	0.20
			4. 村规民约建设	0.25
	（八） 村民需求	0.10	1. 农业生产需求落实	0.30
			2. 农民生活需求落实	0.50
			3. 生态环境需求落实	0.20
	（九） 村民参与	0.15	1. 规划编制参与度	0.40
			2. 征求意见范围	0.30
			3. 村民意见采纳情况	0.30
	（十） 组织建设	0.08	1. 规划管理制度建设	0.60
			2. 规划管理人员落实	0.40
二、 规划实施	（一） 规划落实情况	0.15	1. 规划指标落实情况	0.30
			2. 发展定位与目标落实情况	0.30
			3. 空间布局完成情况	0.10
			4. 规划项目实施情况（完成率）	0.30
	（二） 布局合理	0.12	1. 耕地保有量	0.08
			2. 永久基本农田保护面积	0.10
			3. 园地面积	0.04

阶段	一级指标	权重	二级指标	权重
二、规划实施	（二）布局合理	0.12	4. 林地保有量	0.04
			5. 村庄建设用地面积	0.04
			6. 村内空闲地面积	0.10
			7. 人均村庄建设用地面积	0.04
			8. 户均宅基地用地面积	0.06
			9. 人均宅基地用地面积	0.05
			10. 新增宅基地面积与分布	0.10
			11. 产业用地面积与分布	0.05
			12. 基础设施面积与分布	0.05
			13. 公共服务设施面积与分布	0.05
			14. 防灾减灾建设分布	0.05
			15. 居住建筑密度	0.05
			16. 居住建筑风格统一度	0.10
	（三）生态保护	0.12	1. 生态保护红线面积	0.12
			2. 生态用地保有量	0.10
			3. 森林覆盖率	0.06
			4. 村庄绿化覆盖率	0.10
			5. 空气质量优良天数	0.06
			6. 水质量改善	0.10
			7. 土壤污染治理面积	0.10
			8. 水土流失改善面积	0.06
			9. 退化植被恢复面积	0.06
			10. 生活污水和畜禽废物处置率	0.12
			11. 生活垃圾无害化处理率	0.12
	（四）经济社会发展	0.20	1. 村集体年总收入	0.18
			2. 村民人均年纯收入	0.14
			3. 人口总量	0.08
			4. 常住人口数量	0.10
			5. 村民人均可支配收入比	0.15
			6. 服务业年总产值	0.15
			7. 农村恩格尔系数	0.20
	（五）生产进步	0.10	1. 高标准基本农田建设面积	0.15
			2. 农业产业化经营率	0.10
			3. 农业机械化率	0.20

阶段	一级指标	权重	二级指标	权重
二、规划实施	（五）生产进步	0.10	4. 农业年总产值	0.12
			5. 亩均产值	0.12
			6. 道路通达度	0.16
			7. 农业灌溉保证率	0.15
	（六）文明幸福	0.20	1. 村庄历史文化风貌保护面积	0.08
			2. 文化娱乐基础设施数量	0.08
			3. 户用卫生厕所普及率	0.10
			4. 自来水普及率	0.15
			5. 饮用水卫生合格率	0.08
			6. 道路硬化率	0.15
			7. 给排水系统通达率	0.08
			8. 电气化和信息化普及率	0.08
			9. 村民关系和谐度	0.20
	（七）规划实施可靠	0.11	1. 村规民约建设	0.20
			2. 规划实施监管组织建设	0.20
			3. 工程质量合格率	0.20
			4. 规划建设资金落实	0.20
			5. 村民满意度	0.10
			6. 村民参与度	0.10

1. 典型应用

吉祥村位于广西壮族自治区河池市环江毛南族自治县明伦镇，下设 16 个村民小组，处于朝各草甸景区、牛角寨瀑布群景区、文雅天坑景区、杨梅坳景区四个风景名胜区之间，受景区旅游发展辐射，区位条件优越。村里的总户籍人口为 3195 人，总户数 981 户，其中常住人口约 2485 人。吉祥村以种植业、养殖业为主导产业，种植业以水稻、玉米为主，耕地总面积为 6325 亩，养殖业以香猪、香鸭、桑蚕为主。2019 年，全村经济收入 1905.3 万元/年，其中，第一产业年收入 1400.3 万元，第二产业年收入 505 万元，村民人均年纯收入 5800 元。国家农业部在吉祥村建有国家级环江香猪原种保种场，香猪产业成为农民增收的新亮点，带动村民脱贫致富。村屯集体经济主要以山林出租为主，年均收入

4万余元。2020年，吉祥村已实现全村脱贫。

基于乡村振兴和构建国土空间规划体系背景下，结合吉祥村发展需求，2020年7月启动了村庄规划编制工作，调研工作全程运用广西自然资源厅推广的专业调研软件《国土空间规划调研（村庄规划版）》（试用版）开展。调研内容包括村庄基础设施、公共服务设施、村民经济收入、一二三产业情况、村庄环境、生态环境、文化特色等。本次村庄规划吉祥村的定位目标是依托吉祥村优良的田园资源，便捷的区位交通，以党建文化活动、乡村休闲观光体验为两大主题，香猪、香鸭、香米等乡村特色种养产业发展为突破口，打造明伦镇商贸物流转运中心，构建"明伦之窗"，形成党建文化浓厚、田园生态宜居、特色产业振兴的区级"党建+"系列品牌示范村、广西乡村特色产业振兴示范村、明伦镇商贸转运中心和田园风光休闲驿站（图5-3）。

图5-3　吉祥村村庄规划示意图

如表5-10所示，运用评价指标对吉祥村规划成果进行打分，吉祥村规划总分为90.74，总体评价为良，主要不足点在与"双评价"结合度、落实上位国土空间规划定位与目标、落实上位规划空间治理要求、村庄建设用地规模、村规民约建设以及规划管理人员落实等方面。

表 5-10　村庄规划案例自评打分表

序号	1	2	3	4	5	6	7	8	9	10	合计
一级指标	自然地理格局	定位与目标	管控与布局	生态与安全	基础设施	产业发展	文化建设	村民需求	村民参与	组织建设	
得分	8.4	13.5	7.84	7.6	8	8	6.8	10	15	5.6	90.74

2. 问题分析

一是与"双评价"结合不够，在区域"双评价"成果尚未完善的情况下，村庄规划中自然地理格局更多是利用村庄实地地理、资源等相关数据进行分析。

二是因上位国土空间规划和村庄规划同步编制，存在村庄规划落实上位规划定位与目标不全的问题，同时落实上位规划空间治理要求也存在不足。

三是因基础存量建设用地规模已经突破上位规划规定，实际村庄规划在建设用地规模上不能做到完全减量规划。

四是规划成果中对村规民约的要求不明确，拟将村规民约作为与村庄规划平级的内容，容易出现规划管理与村民组织之间的冲突，不利于规划的管理。

五是对规划管理人员落实要求并未明确，不利于指导、规范村庄规划管理人员的管理，为后期村庄规划实施管理留下隐患。

第二节　规划实施

村庄规划的实施不能简单照搬城市规划实施办法，现代城市规划是在已有的"人类创造的要素"的背景上做规划，村庄规划则是在已有的"自然进化的要素"的背景上做规划，按城市规划去做村庄规划，乡村便"城市化"了。我们将失去农业生产空间，失去自然的开放空间，失去良性的生态循环链，失去乡村居民点的各种自然特征，失去乡村社区的地方文化特征。

村庄文化与城市文化不同，村庄更多的是人与自然的和谐关系，在村庄规划实施过程中，要避免出现村庄自然社会失衡和社会生态失衡。与其说我们在设计乡村，不如说我们在恢复自然本身。乡村的布局形式已经由自然地貌决定，我们要做的只不过是通过规划设计让自然的生机可以看得见，使我们的环境具有灵气。

一、规划实施的瓶颈

习近平总书记强调，实施乡村振兴战略要坚持规划先行、有序推进，村庄规划是实施乡村振兴战略的基础性工作。但是在编制过规划的村庄中，规划完全实施的比例不高，规划实施落地困难，具体原因有以下几个方面。

（一）没有把握村庄发展规律

农村发展、农村建设是一门科学。村庄规划作为村庄发展的计划，同样是一门科学。因此，要实施好一个村庄规划，首先要顺应村庄的自然发展规律。每个村庄都要经历发生、发展、兴盛、衰亡的一个过程，要针对各阶段特点采用合适的措施，才能够实施好规划。目前村庄规划虽然能够把握住乡村振兴大格局、大规律，却往往忽略了村庄本身的小气候、小规律。规划实施建设过程中对本村发展的历史沿革、文化内涵、建筑特点等了解不够，没有把握住村庄发展规律。村民对实施的内容和方式不认同，就会缺少村庄的内部动力，单靠政府的力量，村庄规划实施很难落实。悟透、读懂这种自然规律，懂得如何去尊重这种自然规律，是保障村庄规划实施的要点。

（二）规划权威不足、统领不强

一直以来，相比城市规划的法律法规和标准体系，针对村庄规划的相关法规标准仍相对较为欠缺，现行的《村镇规划编制办法（试行）》（2000 年）中并没有将村和镇的编制主体进行区分，导致大部分地区将各种规划建设资源投向镇区，出现"重城镇、轻乡村"的现象。同时我国农村地区长期缺少规划，造成了村民规划意识淡薄，老百姓对村庄规划的认可度不高，规划统领作用弱化，存在"无规划可依、有规划不依"的现象，形成了无序建设、大拆大建问题恶性循环，往往有新房无新村、有新村无新貌，破坏了乡村生态环境、毁坏了历史文化景观。一些具有历史意义的古村、古宅不断消失，村庄建设缺少了情怀。另外，我国乡镇层面规划管理技术力量不足，缺乏管理手段，落实"无规划不建设、无规划不投入"的政策也比较困难，也没有村庄规划项目落实的全流程监管。再者村庄不是我国的行政管理单位，在村层面无法建立实施问责制，无法进行行政考核，约束性、引导性抓手不足，村民法律意识不强，农村乱搭乱建现象多。规划权威性没有很好落实，直接影响规划实施。

（三）农村问题的根源没有解决

农村的问题，根源是观念和文化问题，落脚点是教育问题，规划缺失是村庄发展无序的外在原因，内因是观念落后文化水平不高，观念和文化的转变提升是需要一个较为长期的过程。规划的前瞻性、科学性，在落实过程中会因具体实施者自身素质产生瓶颈效应，效果会打折扣。同时，规划也无法妥善解决农村土地问题、农民投入与产出不相符等问题，长期的文化建设和制度建设应在实施中得到体现。

（四）村民意愿平衡点难以把握

农村是一个自然系统与人文社会相结合的综合体，村里的人、物、事都具有传承性、家族性、集体性，存在着相互交叉的关系和利益。村庄建设不仅要确保国家的粮食安全、生态安全，更重要的是让"耕者有其田，居者有其屋"，为老百姓留一个供他们安养生息的场所。如何融入村民需求、融入农村社会，把握村民利益平衡点，是村庄规划实施的一个难点。一方面存在建设者和使用者割裂的现象。村庄规划是一项涉及村域全体群众利益的事情，开门编规划是国土空间规划体系改革的一项重要要求。村干部、村民代表完全替代村民，导致村庄规划的实施中村民的参与度不够，使得村民对规划建设不了解，甚至出现阻挠建设等现象。另一方面建设者没有充分把握、摸清村庄的内部关系，虽然规划内容布局合理，但打乱了原有农村人、物之间的关系，村民对规划建设不支持。另外，规划改变了原有经济结构，规划了产业发展方向，但同时又存在一定的不确定性，农村具有的小环境特点，使得村民对未知事情存在畏惧感，宁可安于现状有基本生活保障。这些都是实施过程需要掌握的情况。

（五）规划建设与农村经济发展不适应

经济性是规划落地的根本，村庄建设和管理的最大困难就是资金问题。目前村庄规划往往是投入型，规划师习惯对标先进发达地区村庄建设的经验，规划建设标准高。特别是随着信息互通的便利，村庄外出务工人员将城市建设标准带回来，使得村民的建设要求也在不断提高，导致建设标准与村庄实际经济状况不匹配。规划建设投入不足，很多村庄存在产出不多需求旺盛的现象，村庄实际能够注入的资金有限，致使规划无法实施。村庄的基本建设如宅基地、基本交通等，主要是依靠村民自己建设，村民自主建设内容往往更多是根据实际需求开展，更倾向于经济实惠，不会完全遵循规划建设标准，村庄规划蓝图的实施就会打折扣，也影响规划权威、导致规划无法落实。

解决以上的瓶颈问题，既要从评价方向上进行引导，也要在实施措施上加以保证。

二、规划实施的程序

再好的村庄规划，若不能很好地实施，那也只能是一纸空文。村庄规划的实施是实现村庄可持续发展、促进农村变化的重要手段。明确规划流程，厘清每个环节的主体责任，制定严格的规划实施制度，才能保障规划的顺利实施，才能正确处理近期建设与长远发展、局部利益与整体利益、经济发展与环境保护、现代化建设与历史文化保护等关系，促进合理布局，节约资源，保护环境，体现特色，充分发挥城乡规划在引导城镇化健康发展、促进城乡经济社会可持续发展中的统筹协调和综合调控作用。

根据《城乡规划法》和《村庄和集镇规划建设管理条例》等有关要求，按照国土空间规划体系要求，拟定村庄规划实施程序，具体如图 5-4 所示。

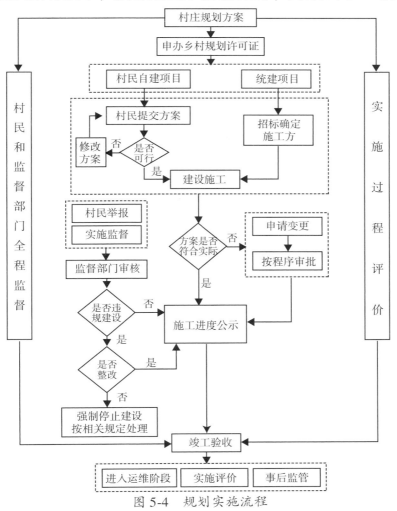

图 5-4　规划实施流程

规划实施分为村民自建项目和统建项目，其中村民自建主要是村民自己投资，统建项目是由财政或者社会资金投资建设。所有规划建设项目必须取得乡村建设规划许可证。

规划实施过程中，如果规划与实际不符，可以申请设计变更，由个人或施工方提出变更申请，按照程序报规划审批部门，变更内容属实可以做设计变更，若不属实，则应按原设计施工。村民和实施监督部门的监督管理贯穿实施全程，并开展动态监测评价，对施工过程中出现的违规行为，应及时报监督部门审核，经实地核查确实违规，应责令个人或施工方整改，若为按要求整改，对于自建项目可以执行强制拆除，对于统筹项目可以走司法诉讼程序解决。

三、规划实施的组织

村庄规划的实施是一个多方参与的过程，涉及多部门多群体，其中包括地方政府、村民委员会、村民、投资方、规划师以及相关技术单位等，实施过程中需要他们的通力合作和协调。按照《城乡规划法》要求，地方各级人民政府应当根据当地经济社会发展水平，量力而行，尊重群众意愿，有计划、分步骤地组织实施村庄规划。

（一）政府部门

加强规划管理是乡村振兴的基础性工作，用好"五级书记抓乡村振兴"的工作机制，加强党对乡村人才工作的领导，健全适合乡村特点的人才培养机制，强化人才服务乡村激励约束，鼓励政府工作人员回乡参与村庄规划及建设。推进村庄规划实施，要充分发挥政府主导作用，各级党委农村工作部门，农业农村、自然资源、发展和改革、财政等部门要在同级党委政府的领导下，立足职责、密切配合，形成村庄规划工作合力，国土空间规划主管部门主责推进，做好村庄规划编制和实施管理工作。各县（市、区）结合国土空间规划编制在县域层面完成村庄布局，村庄规划做到应编尽编，实现村庄建设发展有目标、重要建设项目有安排、生态环境有管控、自然景观和文化遗产有保护、农村人居环境改善有措施，按照县级统筹、乡镇组织、村级主体、部门协同的原则，负责建立具体实施的工作机制，成立联席会议制度，共同推进村庄规划编制和实施工作，乡镇人民政府具体负责村庄规划实施建设管理工作。规划实施过程中，地方政府要改变以往"自上而下"命令式、主导式的参与方式，逐步转变规划意识和工作方式，由"命令式"角色向和村民"合作式"角色的转变。

（二）村民委员会

村庄规划的实施主体是村民委员会，要推进村委会规范化建设和村务公开"阳光工程"，建设政治过硬、本领过硬、作风过硬的乡村振兴干部队伍，选派优秀干部到乡村振兴一线岗位，夯实村委会人才技术力量。村委会在县级农业农村、国土空间规划主管部门和乡镇人民政府的指导下工作，依法行使村民自治职能，在居民点布点、村庄发展需求预测、农房建设及基础设施建设名单排序、规划选址、逐户分配等过程中按照规定组织讨论和公示，确保村民全程参加，配合做好村庄规划实施和村民住宅建设管理工作。

（三）村民

村民是规划实施过程中的主角，要以主人翁的态度全程参与规划实施，充分发挥监督检查、出谋划策、问题协调的作用，村民要努力提高自身观念和能力，积极参与到规划中来，保障自身利益，从以前的边缘式参与向主体式参与转变，避免村庄建设"只见干部，不见群众"。

（四）规划师

规划师应具有多重身份，是引领村民参与规划、表达诉求的引导者；是整理需求、挖掘资源、分析研究、制定方案的规划者；是联系政府与村民、统筹双方力量的沟通者等。规划师主要负责协调多方参与主体的利益，有效搭建起问题双方尤其是政府与村民的桥梁，积极配合政府对各个规划阶段进行评估和优化编制内容的工作，配合村庄自治组织加强对规划实施情况的宣传，对村民满意度的信息进行统计分析并完成项目完成度的评价工作，强化规划的动态适应性的功能，使规划设计方为乡村发展提供全面的服务。

（五）开发商

开发商作为村庄规划建设中的主要经济实体，最直接的诉求就是获得利益最大化。开发商在村庄规划过程中除了获取一定经济利益的同时也该重视其社会利益。首先，开发商在规划实施建设过程中应严格遵循规划要求，尊重村庄特点和村民意愿，在不破坏村庄生态环境、村落原有肌理的前提条件下搞开发。其次，开发商在关注自身经济利益的同时关注村庄发展，给村庄注入一些新的发展"血液"，比如为村庄兴建第三产业，提高村民收入，带动村庄一起发展。

开发商的社会责任应高于经济利益，对社会做出应有的贡献，企业才能长久生存下去。

四、规划实施的监督管理

（一）明确实施监督责任和制度

自然资源主管部门要加强规划评估和监督检查，及时研究规划实施中的新情况，做好规划的动态完善，及时制止和纠正违法违纪行为。农业农村主管部门对非法占用土地建住宅的，责令退还非法占用的土地，限期拆除在非法占用的土地上新建的房屋。探索研究村民自治监督机制，引导村民在规划实施中积极监督，完善实施监督方法，明确监督主体、监督形式及相互之间的配合关系，构成相互监督、良性运转的村庄规划监督模式，保障规划的长效有序运行。构建政府村民双向监督体系，强化规划实施管理主管部门信息公开和透明化。

（二）成立规划实施监管小组

监管小组可以由县级有关部门和乡政府相关工作人员、村委工作人员以及村民代表组成，定期对规划实施情况及资金的投向进行监督管理，对于实施过程中存在的问题及时提出并寻求解决的策略，保障规划实施的高质量完成，省级自然资源主管部门对监督小组进行政策和技术指导。

（三）实施村民自治监管制度

拓宽公众参与的渠道，强化公众监督意识，实施重大事务公开制度，定期召开村庄规划实施评议会，接受群众的监督。例如，在规划实施的过程中，组织村民进行施工项目的满意度调查，对村庄规划的资金投向进行公开，接受群众监督，听取群众对于规划实施的意见，对于基础设施建设、土地结构调整等与村民利益相关的重大村务的决策，制定严格的程序，确保村民更好地行使民主监督的权力，保障监督的有效进行。

（四）建立规划实施反馈机制

对规划实施过程中出现的问题，建立一套简洁、明晰的反馈机制，让村民或监督小组能快捷地反馈实施过程的监督情况和问题给规划实施管理部门，及时修正规划方案，调整实施中的具体行为措施，保证规划和实施效果的一致性。

（五）完善建设资金管理机制

村庄规划建设资金需要一套完善的管理机制，要从资金预算、筹措来源、预算安排、支出制度等方面规范资金管理，确保"有源、有理"。

（六）改进技术方法、提高监督效率

鼓励采用无人机、互联网、大数据等新技术手段，改进实施监督方法，能够快速、准确发现问题。鼓励采用信息化管理手段，依托国土空间基础信息平台和国土空间规划"一张图"实施监督管理系统，搭建村庄规划实施监督信息系统，实现规划实施动态监督完善，提高实施监督管理服务水平。

第三节　实施保障措施

一、加强组织领导

村庄规划的实施是一个多部门、多主体共同参与的活动，需要在管理、行动、技术层面建立一套实施管理机制的配合。加强组织领导，是保障规划实施的重要基础，地方各级党委政府要强化对村庄规划工作的领导，建立政府领导、自然资源主管部门牵头、多部门协同、村民参与、专业力量支撑的工作机制。要将村庄规划工作情况纳入市县党政领导班子和领导干部推进乡村振兴战略实绩考核范围，并作为下级党委政府向上级党委政府报告实施乡村振兴战略进展情况的重要内容。

加强党的农村基层组织建设和乡村治理，加大在优秀农村青年中发展党员力度，加强对农村基层干部激励关怀，以农民群众喜闻乐见的方式开展工作，强化乡村振兴特别是村庄规划实施督查，创新完善督查方式，及时发现和解决存在的问题。纠治村庄基层中的形式主义、官僚主义，坚持实事求是、依法行政，把握好农村各项工作的实效。

二、创新体制机制

（一）把握改革红利

在我国全面实施乡村振兴战略背景下，开展村庄规划要坚持改革创新。一是完善农村产权制度和要素市场化配置机制，加强宅基地管理，稳慎推进农村宅基地制度改革试点，规范开展城乡建设用地增减挂钩，稳步推进农村集体产权制度改革，充分激发农村发展内生动力，发展壮大新型农村集体经济。二是推进农业供给侧结构性改革和高质量发展，不断解放和发展乡村社会生产力，激发农村发展活力。三是深化供销合作社综合改革，鼓励供销合作社加强与农民利益联结，健全服务农民生产生活综合平台。四是深化农村金融改革，推动农村金融机构回归本源。

（二）管理机制

建立由乡镇政府、村委、投资企业组成的村庄建设管理委员会（管委会），统一监督管理村内各项规划建设工作。将村庄规划作为村庄内各项开发建设行为的管理依据和规划文件。由县（市、区）自然资源主管部门对管委会执行规划建设的业务进行指导并行使上级监管职能，确保用地建设开发和乡村资源使用处于规划管理的控制范围内。管委会促进规划行为与乡村自身的村规民约、村民自治、乡村群治结合，是规划乡村本土化的重要途径。企业组织进入管委会，参与到乡村群规划建设的常规监督管理工作中，有利于促进市场资本对乡村资源的有序合理开发。同时，管委会要加强与国家、省、市有关改革政策对接，主动调整相关政策措施，确保村庄规划建设顺利推进。

（三）实施机制

完善规划实施责任制度，制定出台适应地方实际的村庄规划实施管理办法，加强村庄规划实施管理工作，保证村民"一户一宅"合法住宅，明确核发乡村建设项目规划许可规范要求、建设工程规划管理要求、规划实施参与单位和个人的职责，完善相关执法，明确违反法定村庄规划的法律责任和执法要求，明确村民全程参与村庄规划实施要求，建立奖励与处罚机制。立法明确村民全程参与村庄规划的法律地位，明确村民参与规划实施的权利和义务。构建规划实施自上而下的行政决策与自下而上的民主决策机制。

落实规划实施违法用地、违法建设查处工作责任。建立和完善查处违法用地和违法建设地段责任制和日常巡查制度，按照"早发现、早拆除，先停控、后清拆"的原则，严肃查处违法用地和违法建设行为。对违法用地、违法建设行为监督、制止和查处不力的，要对相关责任人进行问责。

（四）监督机制

建立健全规划实施监管制度，落实巡查制度，加强对村庄规划建设配套政策执行落实情况的检查。村民委员会应加强对本村规划建设的监管，将加强村庄规划实施管理要求纳入村规民约，严禁项目未经审批先行建设，严禁农用地上开展非农建设，严禁非法改变土地利用用途，严禁非法建设销售"小产权房"。强化群众监督，把村庄规划公示和公开列入村务公开事项，鼓励有偿举报。

（五）纠错机制

鼓励技术和方法创新，建立村庄规划实施容错纠错机制，规范创新过程中出现偏差失误乃至错误的容错纠错程序和要求，明确依规依纪依法从轻、减轻处理或者免予责任追究的容错情形和条件，以及整改纠错办法。坚持容错与纠错并举，规划实施过程中对已经出现的与规划内容偏差失误的，应及时主动采取补救措施，坚决予以纠正，对失误错误造成损失的，应尽快消除影响、挽回损失，防止负面影响或损失进一步扩大。

三、拓宽投资渠道

（一）统筹财政资金的投入

县级人民政府是村庄规划建设的主体，要安排配套资金用于村庄规划建设，县级以上政府有关部门可以按相关政策规定给予一定的财政补助，将村庄建设所需经费分年度列入其年度部门预算，加大村庄规划建设资金安排力度。省级、市级有关单位和县级政府要以村庄规划建设为契机，进一步增加公共财政对农村基础设施建设投入比重，改善农村道路、水利、环境等生产生活条件。加快建立涉农资金统筹整合长效机制，结合各地农村工作实际，建立符合实际各具特色的涉农资金整合形式，加强部门督查督导，强化了涉农资金统筹整合的事中事后监管，确保依法依规、有序高效地推进涉农资金统筹整合工作。

（二）鼓励社会资金参与

村庄规划要挖潜村庄在一二三产业的发展潜力，把实施村庄规划与建设美丽乡村工程、发展乡村旅游、农民住房改造、历史文化保护、生态村庄建设等有机结合，吸引社会资金投资参与村庄建设，支持社会资本参与农村垃圾、污水治理、村道巷道整治、养老设施等工程建设。创新村庄规划建设一体化投资模式，支持投资乡村建设的企业积极参与村庄规划工作，探索规划、建设、运营一体化，积极延伸村庄设计、村庄建设到运营的产业链条，创新开展政府和社会资本合作（public-private partnership，PPP）＋设计、采购、施工总承包

（engineering procurement construction，EPC）模式，加强与社会企业的交流合作，解决建设资金投资问题，打造"看得见效果"的乡村振兴名片。

（三）鼓励村集体投资经营，创办村办企业

村集体投资经营是村庄规划持续落实的源泉和动力，鼓励和引导农村集体经济组织按照自愿有偿的原则，将集体经营性建设用地使用权以出让、出租、入股、合作等形式进行流转，引入企业和社会资金进行集约化开发利用，参与村庄规划建设。鼓励创办村办企业，充分利用村庄资源、挖潜潜力、增加农民收入。同时，引导和发动村集体和全体村民充分发挥主人翁作用，主动出资出力，积极参与村庄规划建设。

（四）鼓励能人回乡投资建设新农村

村民投资是村庄发展的一种重要方式。可以以点带面，带动村庄集体发展。各地政府应针对返乡能人出台制定相关优惠政策，用真心、真情吸引能人回乡，返乡能人带回来的不只是资金，更有技术，有项目，有想法。返乡创业的能人将所拥有的优势引进家乡与家乡丰富的资源实现有效的整合，可以极大提高当地的农业生产力水平推动农村生产的发展，为新农村建设奠定坚实的物质基础。另外，外出打拼的能人受城市文化的熏陶，使自身的思想观念文化品位都有大幅提高。回乡的能人就是一个文明的火种，可以将先进文化带回家乡，通过影响一个人进而影响一个家庭，一个家族，一个村庄，最后带动整个农村社会的文明。

（五）推进农村住房建设金融创新

加快农村信用体系建设，推进小额贷款公司和村镇银行发展，拓展农村建房融资渠道。探索建立利用农村集体建设土地使用证、宅基地使用证和农村房屋所有权证抵押贷款制度，帮助农民将土地和住房转化为财产，投入到村庄规划中的自有住房建设。保障金融机构农村存款主要用于农业农村，在继续推进小额信用贷款的基础上，大力推广林权抵押贷款及其他有效资产抵质押贷款模式，进一步激发农村发展活力。

（六）鼓励集体经营性建设用地入市

做好全域土地综合整治和山水林田湖草系统生态修复安排，在符合村庄规划管控规则的前提下，对通过集中连片整治后形成的集体建设用地指标允许入市，优化产业布局和城乡统筹发展，同时应该允许存量建设用地直接入市，鼓励农村宅基地和农村集体经营性建设用地入市，为村庄规划实施和乡村振兴筹措资金。

四、强化技术支撑

（一）建立驻村规划师制度

建立驻村规划师制度是加强基层（乡镇、街道）规划实施管理、提高乡村国土空间规划建设管理水平、促进乡村高质量发展的强有力手段。各地应该依据本地资源优势确定规划师模式，建立管理制度，通过建立驻村规划师制度，规划师在完成规划编制任务的同时，兼任乡村发展的长期顾问，成为乡村规划的传播者，使村民充分了解规划，成为规划真正的实施主体，同时乡村规划师还要成为政府与村民的桥梁，负责村民、规划管理部门、规划投资建设单位之间的协调沟通，衔接各自的利益诉求和公共需求，最终推动项目的实施。

（二）鼓励乡贤参与村庄建设，出谋划策

充分发挥乡贤在村庄规划编制和实施过程中的重要作用。乡贤属于社会精英阶层，又身处乡里，与乡村百姓有着广泛接触互动，他们是沟通联结精英阶层和底层社会的桥梁和纽带，乡贤群体在品德和才学方面被乡里推崇敬重，具有良好的社会声望和较大的社会影响，乡贤有能力、有财力、见识广，是实施乡村振兴战略中不可忽视的力量，借助乡贤力量建设美丽乡村，不仅可减轻政府的部分负担，还能调动村民积极性，带动他们成为振兴乡村的主体，鼓励乡贤参与到村庄规划中来，有利于凝聚人心、促进和谐，有利于重构乡村优秀传统文化，是乡村治理的新模式。

（三）完善村规民约

村规民约是国家治理的重要制度工具，有着深厚的传统文化积淀。乡规民约以服务和保障村庄共同体利益为宗旨，以情理动人、道理感人、法理服人。在国家和社会适时、恰当的引导、帮助下，乡规民约依托自身软治理优势可以有效地弥合现代民主法治理念与传统伦理道德观念之间的内在张力，对于维护农村稳定、宣传民主法治、弘扬传统文化、推动村民自治等方面有着积极意义。将村庄规划内化为村规民约，将村庄规划的成果转化为村民的自治规范，保证村民积极行使村庄规划参与权，将有效地推进村庄规划成果的实施。

（四）鼓励引导大学生回村建设

村庄建设需要靠有文化的人来指导，但有文化的人特别是大学生未必会长期扎根农村。在当今就业压力、生活压力、竞争压力严峻的情况下，各地应该出台政策鼓励本村的大学生或者高职生回村建设，让更多的年轻人回到村里，他们熟悉村里情况，可以长期扎根农村，引导村民认识规划、懂得规划、熟悉规划，提升村民文化素养，保障村庄规划实施。

（五）引导动员社会力量开展规划服务

搭建乡村规划综合服务平台，引导大专院校、规划设计单位下乡开展村庄规划编制服务。支持优秀"规划师、建筑师、工程师"下乡服务，提供驻村技术指导。引导投资乡村建设的企业积极参与村庄规划工作，探索规划、建设、运营一体化。鼓励各地结合实际开展示范创建，总结一批可复制、可推广的典型范例，发挥示范引领作用。

（六）采用新技术，提高规划实施科学性

充分运用遥感、大数据、云计算、区块链、人工智能等前沿技术推动规划实施，发挥规划在乡村治理的引导作用，依托国土空间基础信息平台和国土空间规划"一张图"实施监督信息系统，搭建村庄规划实施管理信息系统，将村庄规划纳入"一张图"管理。建立全面的村庄规划实施管理数据库，完善村庄地形地貌等自然地理数据、农村人口与劳动力数据、农经统计数据、自然资源数据、农田水利数据、社会综合管理数据、农村土地承包管理数据、道路交通数据，补齐村庄规划基础数据缺失的短板。

（七）纳入自然资源监测监管体系

将村庄规划实施监测纳入自然资源监测工作中，以监测促进监督监管，利用"天空地人网"立体智能监测网，对村庄规划的实施进行全生命周期监测，构建规划实施动态评估监督预警体系，动态监测规划实施情况，定期对规划进行体检，实现"源头严防、过程严管、后果严惩"工作机制，夯实规划落地的技术手段和数据基础。

参 考 文 献

[1] 刘渌璐.广府地区传统村落保护规划编制及其实施研究 ［D].广州：华南理工大学，2014.

第六章 村庄规划专题案例选编

二十六、美丽渔村精品标范项目——海南省文昌市欧村与下东村资源丰富的海港生态村

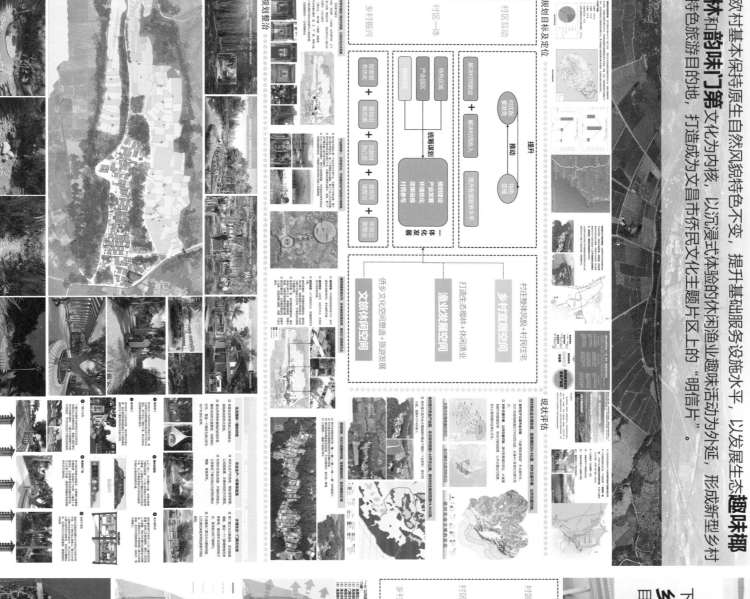

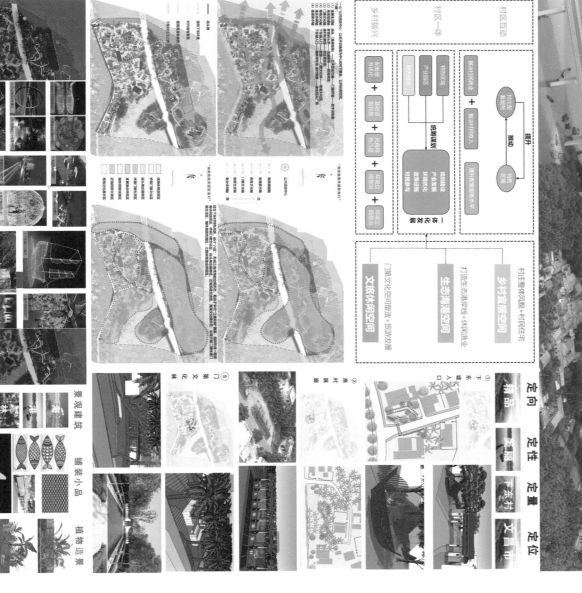

二十五、五彩森林·魅力笸箩——杨镇破罗口村村庄改造提升工程

破罗口村位于顺义城区东北 19 公里，杨镇镇区的东北部。西临别庄村，南连良庄村，东接龙湾屯的柳庄户村，北靠龙湾屯的南坞村。金鸡河从村庄中部流过，区位条件优越。

村庄环境改造提升以"五彩村庄·魅力笸箩"为主题，提出"新自然主义""新乡主义""可持续发展"的理念。"安全性原则""实施性强场维护原则""不大拆大建原则""文化特色原则""村容整洁原则""经济适用原则"的六大原则，分别对村庄主要和部分次要道路基地设施进行改造更新，并对沿街景观节点进行美化提升。

效果图展示

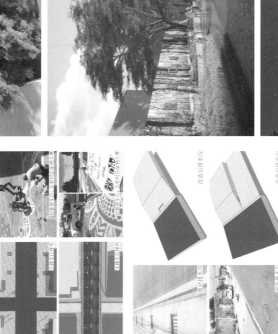

理念与原则

五彩森林　魅力笸箩

可持续发展　新乡主义　新自然主义

安全性原则　村容整洁原则　文化特色原则

经济适用性原则　实施性强场维护原则　不大拆大建原则

景观专项设计

景观节点分析

现状分析

道路设施分析

种植基调分析

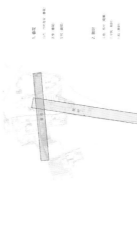
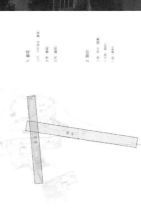
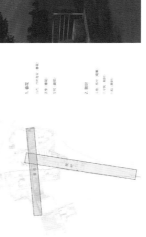

改造前场地缺少遮荫休闲场地，无绿地，停车位不清晰。

改造前道路口缺少清晰指引，场地过于空旷，缺少绿化。

改造前道路绿化缺少特色，不够美观。

改造前存在三角地距的问题。门口管理用房破旧，村口无特色，电线杆多、乱。

城印国际城市规划与设计(北京)有限公司
URBANSEAL INTERNATIONAL PLANNER & DESIGNER (BEIJING) CO.,LTD.
北京城市学院

娄烦县天池店乡兑集沟而掌三而垦本农田整理项目

项目区位于娄烦县天池店乡，项目区涉及兑集沟村、韩家沟村、大娄则村三个行政村，总面积68.5393hm²。项目区主要分为土地平整工程，灌溉与排水工程，田间道路工程。通过土地整理使项目区内农田、灌溉与排水设施、农村道路全面配套，使项目区达到"田成方，路成网，设施齐备"的标准农田。

◆ 规划方案总体布局

1. 土地利用布局

在土地整理过程中，实行"田、路、水"综合治理，遵循自然规律和经济规律，因地制宜发展经济，保护和建设好生态环境，实现资源的综合利用。通过基本农田整理使项目区内的未利用地得到全面利用，低产田得到全面整治，农田水利、道路、防护林和电力全面配套，生态环境进一步改善，抵御自然灾害的能力有较大的提高，使项目区达到"田成方，林成行，路成网、灌排分设，旱涝保收"的标准农田。同时结合农业产业结构调整，使新增耕地优先发展农业生产，在传统粮食作物种植结构的基础上，适当考虑发展经济作物生产，适当考虑发展经济作物生产，适当考虑发展经济作物生产。

2. 规划田块布局

依据项目区地形条件，作物的光照条件，同时满足机械化耕作的要求，确定地块形状以长方形为主，对于局部边角地带，以实际地形来确定。

3. 道路布局

现有的田间道路由于风蚀，雨冲和农民耕种，已退化成为田间小道，分布较杂乱，路面高低不平，降雨时泥泞不堪，不利于生产，因此需要对部分田间路进行整修。田间道路尽量与农村居民点相连接，采用原有道路框架，整修田间路路基本结合原有道路，做必要增加，并与农村居民点相接；生产路连接田块与田间道。

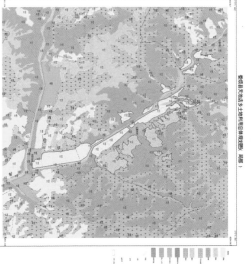

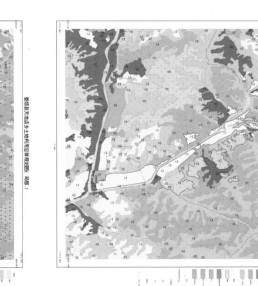

小店制梁场临时用地项目

小店区地处太原盆地中部，汾河东岸，潇河以北，主体为两河之冲积平原区，北高南低，东北角跨入太原东区。地形东北向西南缓缓倾斜，东北部山区是石阻村东海拔高1218.6m，为最高点，中部平原地段海拔在775m左右，西南汾河冲海平原最低海拔高为765m。项目区整体地形平坦，平均高程为768m，地面坡度小于5°，地面局部被硬化，地表存在制梁，存梁台座。

◆ 项目组成

主体工程区：项目区主要由办公区、生活区、制梁区、存梁区、搅拌区等构成。

◆ 复垦技术措施

1. 工程技术措施

通过一定的工程措施进行造地，整地过程中通过减少水土流失发生的可能性，为生态重建创造有利条件。

2. 生物化学措施

通过生物改良措施，改善土壤环境，恢复土壤肥力与生物的活动。利用生物的技术措施，对复垦后的贫瘠土地进行熟化，以恢复和增加土壤的肥力和活性。

◆ 复垦监测措施

1. 调查与巡逻

定期采取线路或全面调查，采用GPS定位仪、照相机、标杆、尺子等对土地复垦范围内的损毁土地利用现状及污染情况进行监测记录。

2. 站点布设

地面定位监测的目的是获得不同地块的产量变化、自然灾害、主要是地质灾害、土壤属性等变化情况。土地复垦重点是土壤属性，土地水土流失情况，由于制梁场占地面积不大，设置1个监测点数，位于项目区中部。

措施包括复垦区耕地，交通运输用地等各类生产建设用地面积的变化，复垦区域内农作物产量等变化，土壤属性等变化，以便用于农业生产。

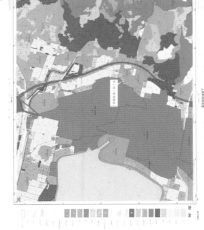

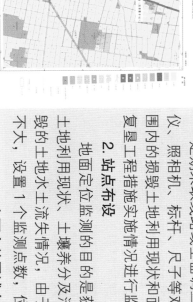

山西金航图城乡规划设计有限公司

二十三、村庄规划——邢台市任泽区西固城乡赵村

邢台市任泽区西固城乡赵村 "多规合一" 村庄规划（2020—2035年）

北京清华同衡规划设计研究院

区位特征

赵村位于邢台市任泽区西固城乡，距离乡政府驻地2.5km，距离任泽城区5km，距离邢台市高铁站15km。
村北县道任字公路通过，直接连接城区和乡政府驻地。

整体规划

本次规划落实了村域内永久基本农田保护要求，完成建设用地减量及产业腾退，形成"一心、一带、多点"的村庄整体格局。
结合赵村产业规划，布局产业空间；生态规划林下经济，生态田园、传统村落等产业聚集区，打造产业形态内外联动，在村内形成以外联环结构。

村庄产业分区规划图

村庄发展总平面图

村庄规划定位及鸟瞰效果展示

总体规划思路

西向家乡未来，用主空间治理现代化的服务方式，对现有村庄进行优化，与规划一致，打造一村多规合一。
赵村将成为未来示范村、引领乡村振兴发展，反映村庄未来发展。指导村庄村庄近远期建设。通过一多规融合协力，从点到面，完善基础设施布局。以发分布置，以点为基对村庄建设。同时引入人一生态、发展及远等生态长效，基本关子管理长效进行长效优化。

现状基础上指导村民进行景观提升

街角游园

对夕阳红街与游园阳路街角处进行改造，拆除违建，完善院墙内通道与绿化，对街边设置休憩座椅。

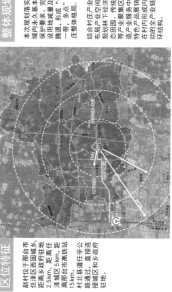

停车广场

夕阳红街侧现有空地改造，设一处绿化，侧作为活动场地提供村民休闲健身空间，对旧建筑进行改造，作为产业设施。

闲置建筑转化为公共设施

村民中心

在村委会东侧，结合现状游园新建村庄中心，满足村民红白喜事礼堂采光。

养老院

对村庄现状卫生室提升改造，扩建道路改造，提升养老院。高品质的决定空间，满足任庄村人对老人活动交往的要求。

实用性的方案传递

赵村没有使用工程图图纸的表达形式，而是在现状基础上直接出改造图纸，可以让村民直接看到道路改造的效果，可直接指导实施。

总体设计原则为技术，可推广，把规划的思路和设想结合生活的美感贴给村民，赵村规划中为了让村民认识规划的内容编制的通俗易懂的册子。

- 基本农田图纸库
- 设施齐备新技术。
- 房前屋后林地整。
- 自家门前有果树。
- 旧坑塘瓦屋厂。
- 适房围绕私居道。
- 垃圾设施打扫洁。
- 硬件设施有看管。
- 文化记忆有看楼。
- 创业有通六交通。

南平静修小镇
——村企合作的乡村振兴实践

该项目入选"广东省文化和旅游特色村镇"，获第二批"全国"一村一品"示范村镇"，入选全国乡村旅游重点村。

· 区位：位于广州从化区温泉镇东南部，紧邻从化温泉，增泉镇昆山及白水寨等著名景区，交通便捷，从莞深高速公路罐村出入口60min可达广州城区，90min可达深圳城区。

· 规模：总面积约5km²，8个自然村，280户，1100人。

· 项目特色

产业主导，精准定位：以南平描特色生态本底为依托，围绕南平描山水资源，构造村品局特色。

规划引领，山水活身："欧、村、企"合作，实现整体开发，包装和统一管理。"凤凰"作为方案意向，形成"一体两翼，多方协同"规划单位：南平村将百品果园、青年旅馆、三个空心村使用权入股，企业化运作：南平村将百品果园、青年旅馆、三个空心村使用权入股，策略创新，资源入股，企业共建：资源入股、企业共建、珠江实业集团投资入股采设计建设运营管理。

实施成效

空间品质提升：改造修建村史博物馆、文化交流中心、水秀阁，整修村居立面，拓宽村道等。

经济发展：打造高端酒店和民宿，策划采摘节庆活动，发展农副产品电商平台等。

· 从化"凤凰顽溪 静修南平"考察线路

线路导读
2016年，南平村位于从化区温泉镇入口以北，那里近年来小镇创建，改造后的所有以山、水、林、红桥、青梅、乌榄系品特色生态要素构成。

凤凰溪

因其在凤凰山下而得名，溪水从大山里流出，时而急，时而缓，一路欢欢流淌过南平村，依托凤凰溪资源，重点打造主入口景观，凤凰溪核心景区段约3400m"凤凰溯溪"的路经，串联南平8名人黎民表的书法石刻，同心桥，山泉泳池，凤凰溪桥等14个重要景点。凤凰溪山泉水还在2013年被评为最优的质饮用水源，检测中心评为最优的质饮用水环境。

竹溪栈道

沿着凤凰溪秀有一条景观环墙，景观改造的村道，这里的改造都是选取当地的材料、石材，种植竹子进行改造，无分融合当地的山水环境。

山塘街

过去这是一个废弃旧石场，堆放了名种建筑余料，同时也是村里的一个卫生死角，特色小镇建设项目正式启动后，对这片区域进行大清理，不仅新拓了12间商铺提供给村民经营使用。这里也是南平特色的农副产品集贸区域。

进士亭

进士亭记载着从化韶润黎氏家族"一门三进士，四代九乡贤"的佳话，是静修小镇书香文化的历史见证。聚族而居斗换，500年前的辉煌"一门三进士"的行为放在今天的仍有现实意义。

南平客厅（村史博物馆）

采用"圆一方"的建筑形体，充分展现客家屋的元素，内部有介绍南平村历史、乡村建设，村企合作的发展历程和区域，也有展示特色农产品的核架区域，生动说明南平近些年在乡村振兴上颇果累累。

南平客栈

· 凤凰展翅牌坊

入口牌坊从凤凰山为灵感来源，以"凤凰"造型抽象演变，构的轻盈飘流过从化南平村，依托凤凰溪核的轻盈打造主入口精神堡垒，寓喻凤凰栖于南平的美好愿景，突显出小镇形象与魅力，以景竹节中空，心向上，"谦谦君子"的气节。

· 前世

小镇首家投入营业和的南平村村委加泊在南平村的核心地带，邻近南平文化广场和凤凰溪流栈道，古地面积约2700m²

· 今世

改造是由南平村委和小学中间增加连廊，小学和党校，寓喻打造为旅前台和前分的客房，两座建筑改为容眠栈的额分作客房，小学建筑进行客服改造，打造一个山水庭园空间，造型采眠改造，保留村内的历史价值型采眠，与两边山的山水风貌融合。

酒店拥有38间舒馆，双人间，三人间豪华套房，可接待约90名游客入住。同时也购有客房和餐厅现代开放，客院围绕的客房栈的多选择，温馨的开放，同时也购当地和村民，解决近300名村民的就业问题。

南平文化中心

由村委组构成。新建由村委会设置了主体组构成。新建由村委会设置了村民议事厅，政事会议室三大区域。文化中心有多个会议室服务大厅和党建活动室三大校数课堂，目前广州区乡村振兴实训基地，广州城市职业学院微电影学院均落户在此。

大夢民宿群（改造民居）

利用自己空闲的房屋动村民利用自己空闲的房屋，改造成客栈和民宿的积极性，新建以"南平人家"的风格，并派专人培训，传统改造工艺，明确改造标准，统一"灰瓦白墙青砖"的风格。

二十一、乡村振兴——广州市莲麻村村庄振兴探索

莲麻村：大都市远郊衰败型村庄振兴探索

从化"广州最北极" 溯源流溪河 莲麻村考察线路

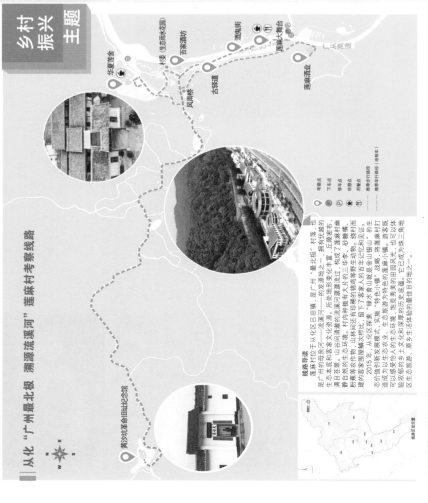

华夏莲舍

前身
- 200多年历史的围龙屋，改造前均已无人居住，屋舍已开始出现破损，瓦砾到处可见，周边杂草丛生。

今世
- 由广州华夏职业学院投资600万元改造为青年旅馆。改造素承修旧如旧的理念，仅对内部功能能进行改造升级。

在保留客家围屋原貌的同时，融入现代艺术元素，采用舒适简约的现代风格设计，因此房子清新保持了清新的农家气息，看起来既古典来又时尚。

百家酒坊、莲麻酒业、酒鬼街

酒文化是莲麻客家传统文化的重要组成部分，在莲麻人的生活里，美酒和青瓦白墙围屋密不可分。结合传统酿酒工艺，百家酒坊、莲麻酒业、酒鬼街是集生产、展示、销售于一体的莲麻新地标。酒鬼街与溪河对岸的十里画廊瓜田、阡陌花海，千年古官道遥相呼应，形成集特色酒文化、历史文化价值、休闲农业观光于一体的重点区域。

古驿道

古驿道又称官道，是古代按统一标准修建的全国公路系统。古官道是连接江西、浙江至粤北的古道，是宋代至清初文人墨客和官员南下的历史经之道。

莲麻村内现存一里长、文宽的鹅卵石青石板路千年古驿道。原古驿道遗址与溯源绿道，驿站约结合完成修复，除杂草、铺鹅卵石，现全长约2km，其间有6个亲水平台、凉亭和多座各具特色的小桥，成为了城市慢行道。

生态雨水花园

改造前，村委前场活动空间局促单调，缺少活动及休憩设施；南侧空地原为废弃鱼塘，由干地势低洼，造成常年积水和垃圾淤积。设计以水为切入点，针对场地问题，塑造亲切场地的邻水活动空间，探索南乡村以水叙事的现统，探索乡村公共活动与生态景观的融合。

黄沙坑革命旧址纪念馆

当年东江纵队从化大队的主要活动基地。如今被重新修葺，成为重要的爱国主义教育基地和革命传统教育基地。纪念馆陈面积500m²，展示有众多珍贵的历史图片和实物，设置墙绘、立体雕塑等真现当年作战场景。

民宿、村道

莲麻村实施空心村改造，成功将60多间旧屋改造为客家风情民宿，为衰败的空心村注入了新的发展活力。

拓宽主干社道，将莲麻村口至黄沙坑社全长3100m社道由4m拓宽至7m，并铺设沥青，此社道是吕田镇唯一的一条沥青水泥路社道。

莲麻河、风雨桥、露营基地

莲麻村引进自来水厂，清理莲麻河，修缮风雨桥并重建5座桥梁，方便游大巴进入黄沙景区。

导入旅游发展项目。租赁水田和山地共3680亩（约2.45km²），种植有机稻米和观赏性花卉，打造莲麻花海、露营基地等旅游发展项目。

莲麻小镇作为广州市首个建成的特色小镇，获国际城市与区域规划师学会（International Society of City and Regional Planners，ISOCARP）最高荣誉"卓越奖"特等奖（IAE），入选第二批全国乡村旅游重点村。

- 区位：位于广州市从化区吕田镇，是广州"最北极"村落，也是广州的母亲河——流溪河的发源地之一。毗邻国道（G105），距离从化中心城区约65km，距离吕田镇区约10km。
- 规模：总面积约41.2km²，下辖11个村民小组，总人口约1400人。
- 项目特色

乡村产业再造：利用"田园综合体"模式振兴"农业+"新型乡村产业链；

乡村文化复兴：修复传统文化元素、营造客家节日活动，与艺术学院合作打造新型文化空间；

乡城协同治理：引入规划工作坊、村庄规划理事会等制度，建立多方协同治理。

- 实施成效

空间品质提升：修缮黄沙坑革命旧址纪念馆，修复岭南千年古驿道，修复莲麻河、改造品质形成"一条老街、一组宅院、一组建筑、一种记忆"4个客家文化主题和民俗体验区，包括60多间旧屋改造为客家风情民宿、汽车露营地等休闲旅游发展项目；

产业经济兴旺：引进一批诸如七彩花田、汽车露营地等休闲旅游发展项目，吸引乡贤及市场投资1.2亿元，村民人均收入翻一番；

社会民生稳定：吸引超过30%的人口回流就业。

二十、乡村振兴——"空心村"的集聚振兴之路

陆良县土地整治规划项目

本项目规划范围为陆良县行政辖区内所有土地，包括中枢镇、板桥镇、三岔河镇、马街镇、召夸镇、大莫古镇、芳华镇、小百户镇、活水乡、龙海乡等8镇2乡，总面积198946.59hm²。

陆良县作为国家级基本农田保护示范区，土地整治的重点是农用地整治，农用地整治的重点是高标准基本农田建设。

陆良县高标准基本农田建设，选择坝区和半山区优质耕地集中的区域开展，因土地整治增加耕地潜力较低，整治以提高耕地地质量为主。

基本农田保护示范区开展基本农田建设，可进行直接为基本农田服务的农村道路、农田水利、农田防护林及其他不破坏耕作层的农业设施的建设。工程实施后，加强基本农田管护和对新增耕地的监管，强化宜耕土层建设，采取培肥地力等措施，改良土壤性状；合理安排种植制度，增加有机质含量，防止重用轻养，稳步提升耕地地力。采用农业补贴杠杆保护基本农田，平衡因同管制带来的发展机会不平等，提高农民积极性。建立基本农田动态监测体系，及时掌握基本农田变化动态。

本项目旨在落实和完善耕地占补平衡制度，保持耕地总量的动态平衡，保持生态环境的良性循环和防止盲目开垦造成的水土流失，使有限的土地与自然资源保护和环境保护融为一体，实现生态、经济、社会的可持续发展，实现耕地地总体动态平衡。

增加有效耕地面积、提高耕地地质，通过对项目区山、水、田、林、路的综合治理，科学规划，建成高产、稳产农田，实现耕地地总体动态平衡。

陆良县土地整治总体规划图

陆良县高标准基本农田建设项目规划图

普洱市宁洱县德安乡兰庆等三个村土地整治（补充耕地）项目

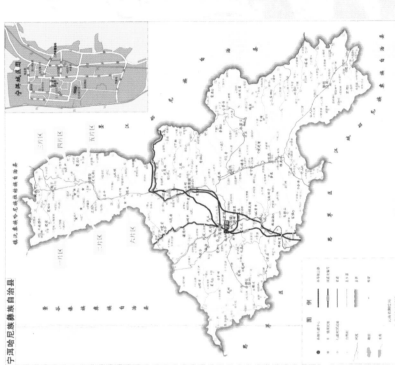

宁洱哈尼族彝族自治县

项目建设工程主要由土地平整工程、灌溉与排水工程、田间道路工程三部分内容组成。

1. 土地平整工程

要求结合项目区的地形地貌以及作物种植制度，尽量使平整工程的土方量最小，同时尽量满足项目区内自流灌溉、自流排水的要求：项目区属丘陵地区，根据地形和高程，结合农田地块地现状，采取全区域平整方法；进行土地平整时，总体以道路、沟渠分隔地块，遵循挖填平衡的原则，以田块（或格田）为平整单元，因地制宜进行；整治后的土地规划为旱地和水田。

2. 灌溉与排水工程

水田区灌溉采用明渠灌水方式，旱地区采用管道结合水窖、水窖的浇灌方式。建设标准总体上按照"灌得进、排得出"的原则，建设旱涝保收的排灌体系。项目区灌溉采用明渠灌水方式，规划农渠一级；排水采用明沟排水方式，规划路边沟一级。

3. 田间道路工程

道路系统的建设布置依据相关标准要求结合实际地形特点和现有道路状况，按满足农业生产的需要和农产品运输的要求，依托现有的主干道和田间道路，结合居民点和沟、渠进行统一规划。项目区依托周边主干道规划，本项目道路级别考虑田间道和生产道，渠的规划。在道路规划中结合沟、渠的规划，注意沟、路、渠的协调性。

云南省地矿测绘院

石别村村庄规划案例

石别村，位于云南省文山州丘北县东北50km处，是中国传统村落。

● 探格局

石别村为典型的壮族村落选址，村落前必须有河流小溪等水源，村落前后分别是下童山和上童山。从风水的角度来说，村落负阴包阳，藏风聚气，顺山势水势而为，村庄山水林田融合生长。

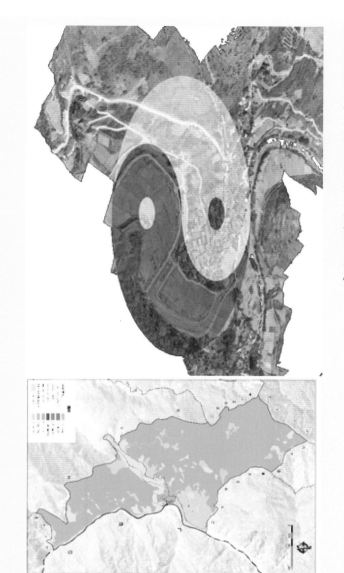

● 兴产业

构筑现代化的特色村庄产业体系，打造以旅游业为龙头，辣椒种植加工为辅助的"1+2+3"产业体系。

● 补短板

针对传统型的实用性村庄规划来说，本次村庄规划补齐幼儿园、活动中心、文化传习馆、污水处理站等，规划还对山体、水体、道路、建筑等提出了有针对性的措施，助力石别村利用自身资源优势，实现"村前一曲水，村后万重山，童山环寨外，石别家家来"的美丽画卷，实现诗意古村落的乡村振兴。

设施和基础设施的建设工作，补充游客中心、停车场、路标路牌等旅游服务设施。同时，需要对村庄建设进行引导，

● 统底线

协调自然资源要素，划定生态保护红线、永久基本农田和村庄建设边界。通过国土综合整治与生态修复，保证农房保护与建设有规可依，不打破生态红线，不占基本农田。深入开展入户调查，切实掌握农民新建住房需求，统筹新建与保护的关系，将新居民点与老村适度分开，保护村庄的原真性。

● 促保护

划定村庄核心保护区范围，对村庄建筑进行分类建库，并提出整治意见。保护村庄的整体风貌和周边环境，设置建设控制区。

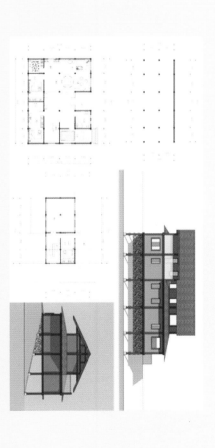

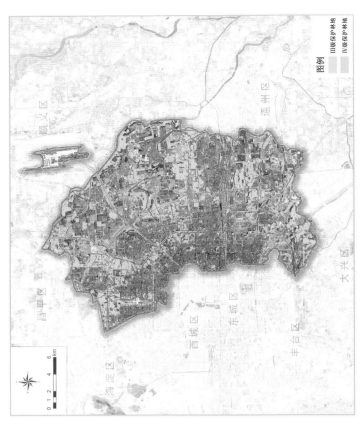

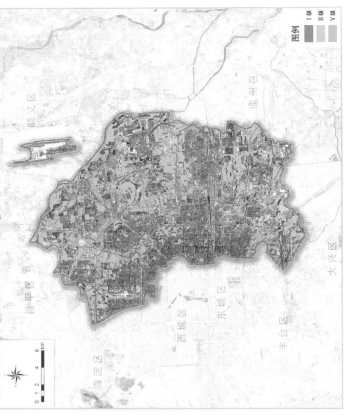

朝阳区林地保护等级规划图

北京地林地质量等级规划图

北京地林伟业科技股份有限公司

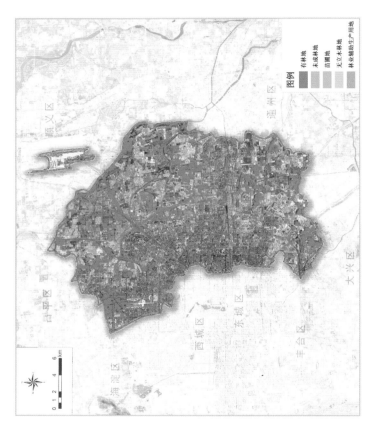

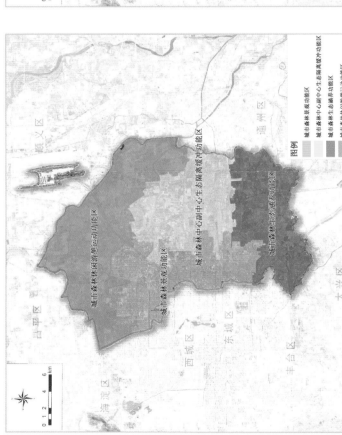

朝阳区林地资源现状图

朝阳区林地功能分区布局图

朝阳区位于北京城区东部，是北京市中心城区之一，辖域面积470.8km²。四周与北京市东城区、昌平区、顺义区、通州区、大兴区、丰台区、西城区、海淀区8个区相邻，现辖24个街道办事处，19个地区办事处。截至2019年末，朝阳区常住人口347.3万人，其中常住外来人口149.1万人，户籍人口214.9万人。根据《北京城市总体规划（2016—2035年）》，朝阳区城市功能定位和发展方向是建设成为国际一流的商务中心区、国际科技文化体育交流区、各类国际化社区的承载地，创新引领的首都文化窗口区、大尺度生态环境建设示范区和高水平城市化综合改革先行区。

北京市朝阳区新一轮林地保护利用规划编制

以习近平生态文明思想为指导，深入贯彻落实新发展理念，紧紧围绕北京城市总体规划对朝阳区的功能定位，全面总结上一轮林地保护利用规划实施的成效经验，系统梳理新时期朝阳面临的机遇和挑战，综合分析林地现状、存在问题和利用潜力，明确林地边界、生态建设和林业发展空间，科学确定林地保护利用目标，统筹谋划林地保护利用布局，严格界定林地保护等级和林地质量等级，合理安排规划期内林地保护利用的任务措施，切实引导林地高质量经营，促进森林资源保护发展目标的实现，充分发挥森林的生态、经济和社会效益，为朝阳区建设成具有国际影响力和竞争力的宜居和谐国际化城区奠定坚实的基础。

设计项目用地位于广西省柳州市三江侗族自治县丹洲镇，由柚子园－雷洞，山洞，花海，板必5个片区组成，从南往北看道两旁呈带状分布，99.3hm²。项目区域沿209国板必是柚子园－雷洞片区，花海片区，山洞片区，板必片区，最南面的柚子园－雷洞片区毗邻国家4A级景区丹洲古镇。项目位置具有交通便利，旅游资源丰富，自然环境优美等特点。

柳州市三江侗族自治县丹洲镇板江社区等4个村城乡建设用地增减挂钩项目

本次项目目的设计内容包括：丹洲镇土地增减挂钩项目改造工程中项目区域内主要以农林产品为主，但是其内土地有效利用鉴并不实现，这对于丹洲镇的农林产业发展有一定的影响，通过对土地增减挂钩的设计利用，建新拆旧和土地整理的措施，在保证项目区域内各类土地面积更合理的基础上，实现有效利用和基础地面。通过对增减挂钩设计，促进乡村旅游业的发展，提升居民人居环境品质，以达到城乡用地示范点，在人居环境改造工程中因丹洲镇城镇性质规划为三江县南部经济中心和商贸产业加工，乡村旅游强镇，项目规划将打造丹洲镇特色商贸生态名镇和休闲旅游为目的，对丹洲镇进行统筹规划，乡村旅游度假服务镇，打造一条旅游景观带，对丹洲镇政治、经济、文化、农林业及乡村旅游的发展，进行丹洲镇人居环境及环境的提升，利用209国道沿线村庄生态环境，经济，文化景观带，促进丹洲镇政治、经济、文化，农林业及乡村旅游的发展，进行丹洲镇人居环境的质增加当地经济发展硬实力。

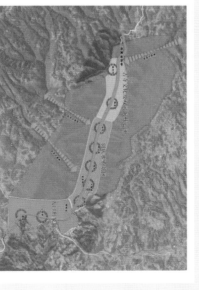

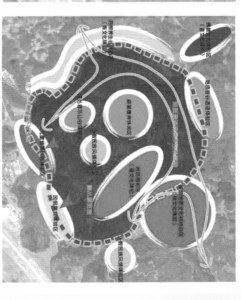

乡村旅游建设及美丽乡村建设，集地球科学普及，旅游观光休闲，乡贤文化构建于一体的新型乡村经济综合发展体。

旅游地质即旅游地质学，是现代地质学融合发展的新兴地质学科，产生于20世纪80年代中期，它对我国地质学与现代旅游业发展的指导与促进作用，产生了极大的国际影响。

当前，地质公园分为世界地质公园，国家地质公园及省级地质公园三级，国家地质迹及保护开发利用的需要，旅游地质公园的大众普及及新农村建设就是地质公园与乡村旅游结合起来，不仅可以发挥地质科普与地质遗迹保护并重的作用，还能够提升乡村旅游与美丽乡村建设的科学品质与文化内涵。

"旅游地学"文化村是根据一个行政村具有的旅游地学资源与条件，在旅游地学理论的指导下，结合社会主义新农村建设，美丽乡村建设需要而创建的，可持续发展需要而创建的，对于建设及特色小镇也具有独特的推动作用。

六盘水月照、绥阳双河村洞 旅游地学 文化村项目

贵州省地矿测绘院

十五、村庄规划——广西河池市环江毛南族自治县吉祥村

一、村庄概况

吉祥村位于河池市环江县明伦镇中部，村域总面积共24.03km²，境内有省道309、县道875、乡道018穿过，距镇区20min车程，区位条件优越。村庄地势高，田园景观风貌优美，"五香"特色产品品质良好。

吉祥村自然风光

五香产品

二、发展策略与总体布局

规划依托吉祥村优良的田园资源、便捷的区位交通，以香菇、香鸭、香猪、香米等乡村特色产业发展为突破口，打造明伦镇南贸物流转运中心，构建吉祥"明伦之窗"，将吉祥村打造为区级"党建+"系列品牌示范村。

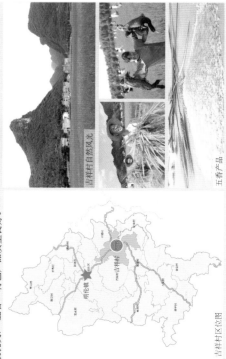

发挥吉祥中转站区位优势

突出党建带扶智带模式特色

做强吉祥五香整体品牌

吉祥村区位图

区域旅游资源规划图

产业结构规划图

总体形成"一心引领、两轴通达、三区协同"的规划结构，引领吉祥村经济发展。以省道309为纽带，增强"环江—吉祥—东兴区域"协作，整合生态旅游与优质田园风光资源，打造精品旅游区。

三、村域空间管控、治理与生态修复

严格按照永久基本农田、生态保护红线的要求进行管控，进一步将村三区空间划分。按照"山、水、林、田、村"的理念，对村域内"山、水、林、田、村"生态空间布局，生态精品化、农业精品化，以期实现田园景观格局，环境精品化，构建山美、水美、田美、景美的空间发展格局。

严格按照综合治理与修复、治理与生态修复、治理本基本农田行核实。环境内综合治理与生态修复，优化农村生产，构建山水林田湖草生命共同体。

生态空间、农业空间、城镇空间分布图

综合治理与生态修复布局图

重点项目布局

四、规划亮点

（一）"全民参与"的规划

1. 村民全程参与规划编制与实施监督。以线上线下结合的方式积极鼓励村民过全程参与，并实施监督。线上通过网上调查问卷、意见征集系统平台，针对村民对于规划的需求点进行调查分析，持续跟进。同时，也为后续实施监督提供更多渠道。

2. 与驻点扶贫党建活动相结合，大大提高村民参与意识。会定期与驻点扶贫党建等快速联谊活动、编制单位为驻点村定点扶贫党建活动进一步宣传、提高村民参与本村规划，逐步树立"要发展、先规划"的意识，吸引村民主动参与本村规划，强化村民的主体意识。

编制人员实地调研

（二）运用村庄规划系统软件的规划

规划采用了广西自然资源调查监测院自主研发的国土空间规划APP的平板（或手机）进行辅助调研，可有效辅助调研工作进行驻村辅助调研，通过搭载规划APP的平板（或手机）进行辅助调研，村民可以通过扫描二维码登录现状村庄现状调研，提高征集意见、提高效率及覆盖面，村民可以通过扫描二维码登录现状村庄规划意见征集平台，提高村民规划参与度。本村规划内容并提出相关意见。

村庄规划调研系统

（三）"看得实效、通俗易懂"的规划

1. 针对村庄需求较大的公服设施、交通基础设施、产业设施进行合理布设。按照"集约用地、设施共享"的原则，提高现场设施的可实施性。

2. 五香农产品种类、农副产品物流贸易加工、村庄休闲旅游观光等一系列项目均贴近村庄现状发展实际，有助于吉祥村未来发展。

3. 规划成果严格按照"一村一图一则一表"的要求编制，便于村民理解。

编制人员运用调研系统实地调研

自然资源管控要求

村庄规划"一张图"

环江毛南族自治县
吉祥村村庄规划
（2020—2035年）

广西壮族自治区自然资源调查监测院

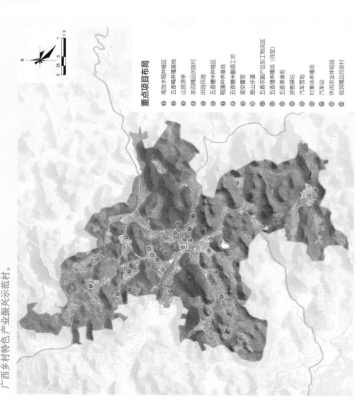

崇左市天等县进远乡和平村村庄规划（2020—2035年）

广西壮族自治区自然资源调查监测院

村庄特色

悠久的民俗农耕历史文化

和平村以壮族文化为主，有着历史悠久的民俗农耕技艺，至今仍保留使用着传统的耕作器具。民俗节日活动包括包粽子、做糍粑、汤圆、米花糖、年糕，新年百家宴等。其中，糍粑是把糯米蒸熟后放入石槽春成，用以朋友间相互馈赠的动听的音符。

沉厚的研学教育氛围

进远乡是"文化之乡"，全乡有尊师重教的传统，进远中学曾是县第二中学和和平县师范学校所在地，是县里出名的"文化地区"。和平村村民非常重视儿童少年教育，经常组织学生在假期期间到村委文化室阅读，明朗读书声是村里最美妙的音符。

优美的田园景观

和平村位于进远乡北部，地形以喀斯特地貌为主，四季如春，气候宜人。爬上山顶，一片片地收的稻田，一条条蜿蜒的乡村道路，尽收眼底，真让人心旷神怡！

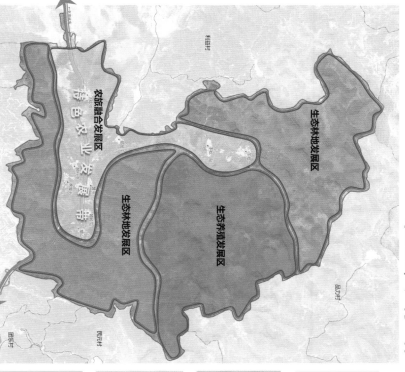

农旅融合发展区
生态养殖发展区
特色农业发展带
生态林地发展区

目标定位

以和平村优良的田园生态环境，浓厚的研学教育文化氛围为基础，凸显"田园风光""研学旅游"核心，重点发展乡村水稻、肉牛种养殖，拓展竹笋、林下经济产业链，为实现乡村环境生态、产业兴旺、文化振兴、治理高效、人民生活幸福的目标，将和平村打造为：

广西四星级乡村旅游区
广西研学旅游实践教育基地
天等县肉牛重要产地

产业空间布局

一带三区，产村一体

农 + 旅 • 融 合 发 展

发展思路

以休闲农业、观光农业、乡村研学旅游为中心构建和平村产业发展结构。

发展体系

构建"2+1+3"产业发展体系，农旅融合发展和平村

乡村研学教育科普
乡村生态休闲旅游

- 农村电子商务
- 农产品销售
- 农业技术科普培训

特色产业
配套产业
主导产业

水稻、玉米种植
山地生态肉牛养殖

▶ **一个特色产业**：融合乡村生态水稻、玉米规模化种植形成的种植业，有的乡村特色水产业。

▶ **三大配套产业**：包括农村电子商务，农产品展销，农业技术科普培训。

▶ **两个主导产业**：以本地生态水稻、玉米规模化种植形成的种植业，以特色的乡村生态休闲与研学教育、生态肉牛标准化养殖形成的养殖业。

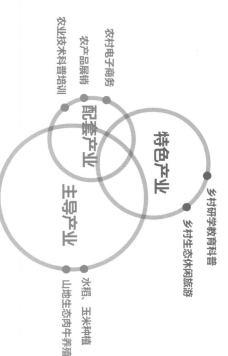

特色农业发展带
以乡道Y803为基础，联动周边田园美景形成的山林生态环境，绚丽的田园美景形成的农业发展带。

生态林地发展区
主要利用山林空间，以本地的山林为主，保护森林生物多样性，结合农村优良的山林生态环境，进一步做开林地林业发展。

生态养殖发展区
以利用竹、稻、玉米，以本地的肉牛、金鸡的养殖基地，打造高品质的特色养殖基地，结合农村的电商平台，打造为天等县肉牛重要产地。

发展电商农业
农业规模化的农田基础，规模周的教育研学系园区，通过"农+旅"的模式与乡村农旅融合发展区。

发展乡村研学旅游
以和平村优良的田园景观，研学旅游俗的教育和国情的"爱乡情怀、行万里路""读万卷书"，成为素质教育的新创新能力等方式，旨在提升学生的研学能力。

十三、村庄规划——湘西州永顺县灵溪镇司城村

湘西州永顺县灵溪镇司城村 "多规合一" 村庄规划

现状资源

湖南唯一世界文化遗产

产业规划

司城产业怎么发展

村庄规划

村规民约

绿水青山要保护，山水林田要守住；
历史文化要延续，本土墙瓦代代传；
丰农建设不越权，村庄建房要批准；
一户一宅要规定，私搭乱建要杜绝；
每户门前要三清，道路广场不要占；
产业发展要团结，村民致富要业旺。

国土空间布局及用途管制图

传统村落保护发展规划图

住房布局规划图

旅游线路规划图

近期建设项目

道路交通规划图

公共与基础设施规划图

生态保护修复和综合整治规划图

防灾减灾规划图

综合整治规划示意图

城印国际城市规划与设计（北京）有限公司

十二、村庄规划——北京市昌平区南口镇后桃洼村

北京市昌平区南口镇后桃洼村村庄规划

区位优势较明显，对外交通方便。后桃洼村位于昌平区的西部，南口镇的东南部，距南口镇中心区约3km；距昌平区约11km，距南口镇中心城约45km；村域面积为5.05km²，总户数562户，总人口1342人。

后桃洼村因北有桃临山，又因地势低平而得名。《隆庆昌平州志》载有后桃洼村，村北有桃临山，村因临山得名，水库、果园、双泉寺等，后演变为今名。后桃洼村拥有沟域，北京昌平初级教育培训学校等自然和人文景观资源，双泉寺修建于唐代，早于和平寺，目前尚存国防教育基地等。

环境优势，以"关山、水冶、水库"等优越的自然庄村的整体品质。一处因修路填埋，提升村庄环境优势，以"桃花"为特色，通过规划建设，打造全国唯一"零民融合"为标志的生态文化休闲特色乡村，以"诗和远方"桃花源（桃花宝贝）。在每年桃花盛开的季节组织桃花相关节庆活动，打造吃、住、行、游、购、娱一体化的产业链，作桃花相关的产业链。重点打造"诗和远方"桃花源，桃花礼，桃花潭（湖）、双泉寺等自然和人文景观。

同时，在村庄环境整治中，将着眼细部建筑改造设计融入桃人桃花元素。十里桃林，桃花潭，墙面，门头，屋顶或者建筑细部的改造设计将作为村乡规划。项目获得北京市优秀城乡规划设计二等奖。

规划目标与定位

南口镇 NanKou
京藏高速 JingZangGaoSu
京新高速 JingXinGaoSu
昌平 ChangPing
六环路 LiuHuanLu

规划内容："诗和远方"，产业有特色

特色IP·桃花宝宝 游桃花山 作桃花诗 品桃花宴 住桃花宅 购桃花礼 饮桃花酒

文化主题——"桃花" 标志——"诗与远方" 特征——"军民融合"

文化相关产业链

山桃相关产业链

军民融合产业链

生态文化休闲特色乡村

农业观光 民俗文化 军旅文化 乡村休闲 观光采摘

一层住宅院落改造

二层住宅院落改造

村域土地使用规划图

村庄风貌引导示意图

村庄公共服务设施规划图

村庄道路交通规划图

村庄给水工程规划图

村庄风貌引导示意图

城印国际城市规划与设计（北京）有限公司

当涂鸦遇上鲜花——北京市昌平区南口镇西李庄村村庄规划

西李庄村于清末成村，以姓氏得名。村庄有花卉大棚约110个，同时还有加美中（北京）科技有限公司、百合专业合作社、搅拌厂等多家私营企业，使村庄拥有鲜花大棚、钢材等特色资源。村域面积83.22hm²，共有170户，村民481人。西李庄村作为提升改造型村庄，村庄规划以落实乡村振兴战略、改善人居环境、保护自然景观、安排重要建设项目为目标，将该村建设成为以"鲜花＋涂鸦＋艺术"为特色，集农业观光、生态休闲、旅游服务为一体的生态宜居示范村和旅游休闲特色村。

这里将成为全国唯一鲜花与涂鸦结合的生态文化旅游型艺术乡村。

□ **规划内容**

规划以生态乡村建设为载体，形成农业与艺术、生态、旅游深度融合的生态乡村经济发展新业态。

巧妙利用西李庄已有的110个百合花大棚及其墙面，通过组织艺术家和艺术院校师生对这110个大棚以百合为主题进行涂鸦艺术创造，"涂鸦百合"使得西李庄成为京郊著名的鲜花艺术圣地；规划打造"当涂鸦遇上鲜花"的文化IP涂鸦百合，并通过百合花盛开季节组织一系列相关文化活动，打造"吃住行游购"一体化的产业链。同时注重钢艺创作及养蜂资源利用，建立钢艺园和养蜂文化综合服务中心，发展钢制品研发。

时尚艺术、文化有特色。将百合花、涂鸦百合、涂鸦百合音乐节结合，举行涂鸦百合音乐节、树下露营等活动，使人们享受创意表演的同时感受涂鸦和百合的魅力。

风格独特，风貌有特色。建筑风格为简约的中式，以砖石材质为主，建筑色彩以淡彩色为主色调，局部建筑墙面装饰为涂鸦花卉墙、雕塑小品、标识系统、绿化环境建设融入涂鸦和鲜花元素，并充分利用本村钢厂的废旧钢材，使西李庄村形成充满活力、年轻而富有活力的当代时尚村貌。

空间结构规划图

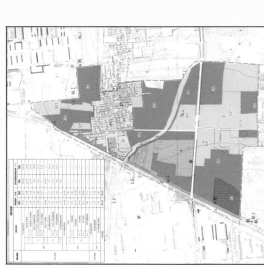

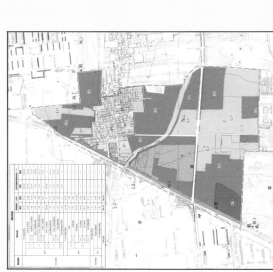

土地使用现状图

城印国际城市规划与设计（北京）有限公司

产业发展示意图

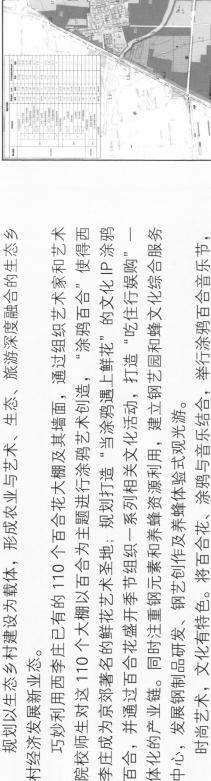

土地使用规划图

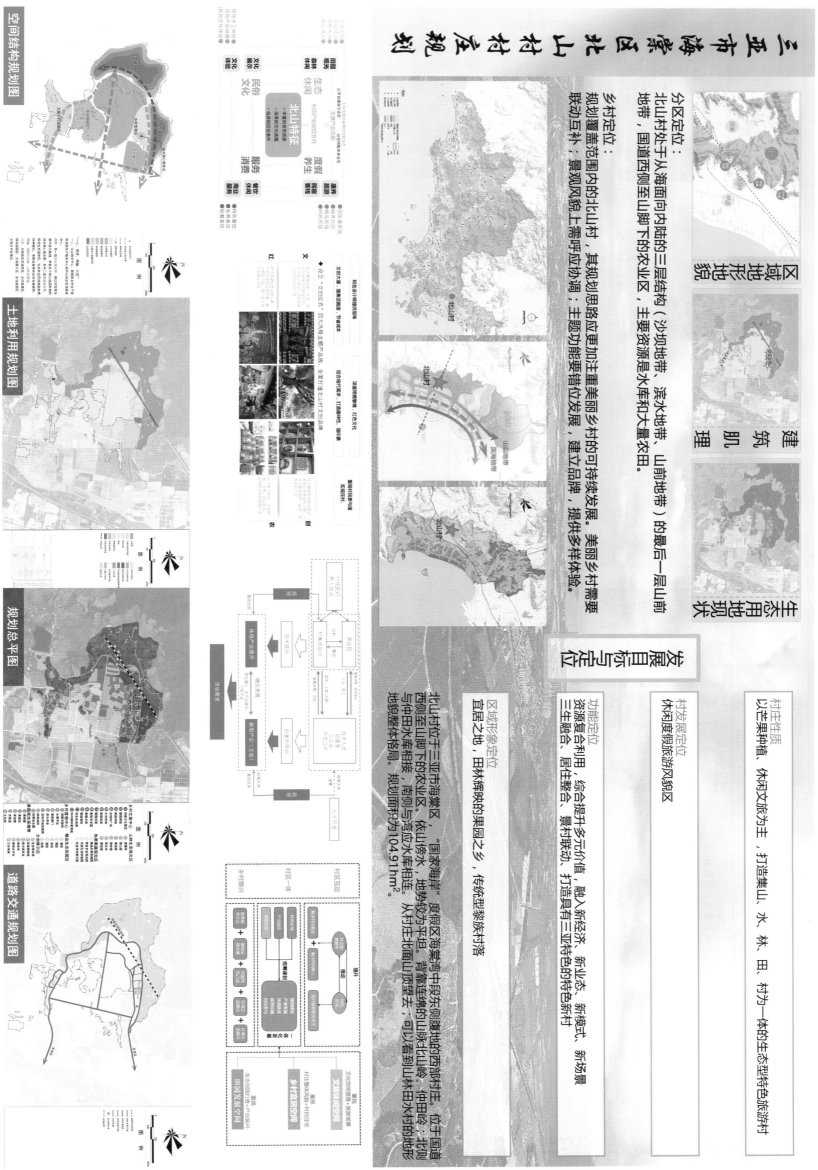

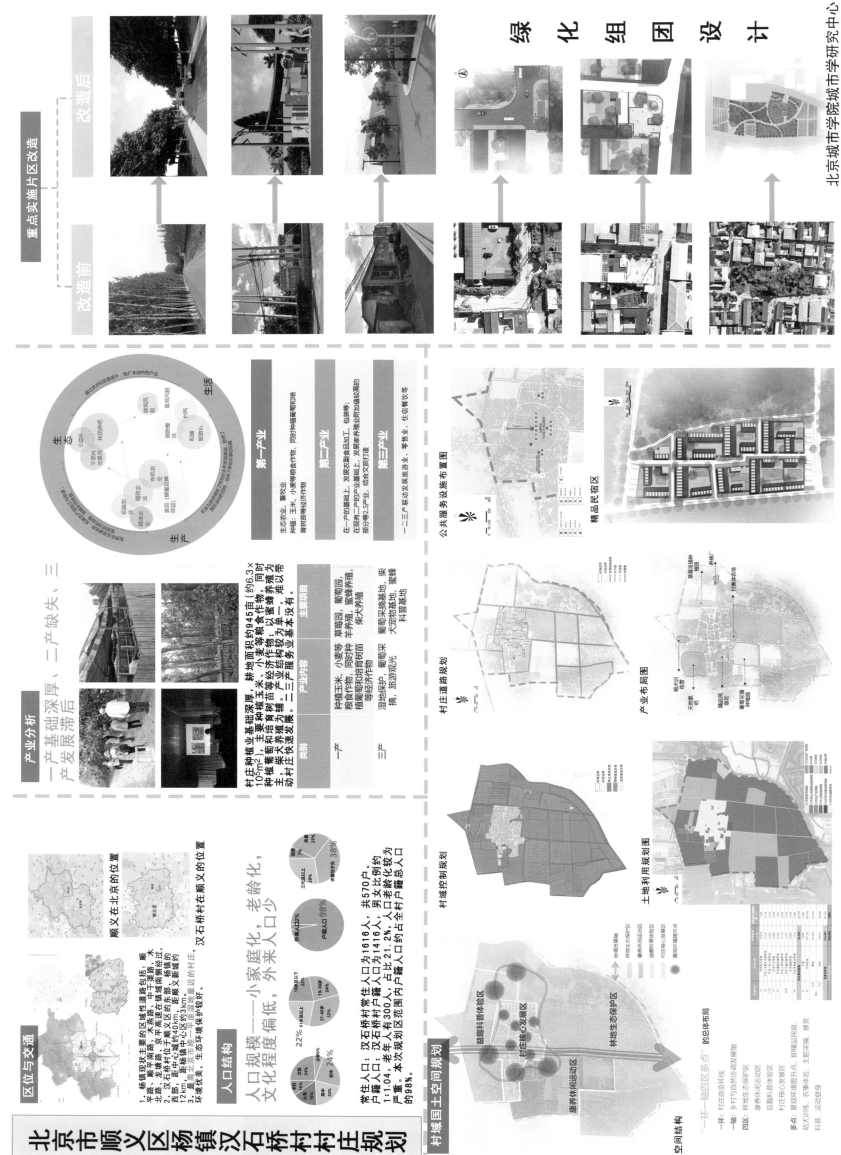

九、村庄规划——北京市顺义区杨镇汉石桥村

北京市顺义区杨镇汉石桥村村庄规划

区位与交通

1、杨镇现状主要性道路包括：顺平路、顺平南路、木燕路、中干渠路、木平高速在镇两侧经过，京平高速在镇两侧经过。
2、汉石桥村位于顺义区的东部，距杨镇中心约40km，距顺义新城约12km，距离北京市唯一星罗北京市唯一。
3、星罗北京市唯一平原湿地生态环境保护较好，生态环境保护较好。

汉石桥村在顺义的位置

人口结构

人口规模——小家庭化，老龄化，文化程度偏低，外来人口少

常住人口：汉石桥村常住人口为1616人，汉石桥村户籍人口为1416人，男女比例约11:1.04，老年人口300人，占比21.2%，人口老龄化较为严重。本次规划区范围内户籍人口约占全村户籍总人口的98%。

产业分析

一产基础深厚，二产缺失，三产发展滞后

村庄种植业基础深厚，耕地面积约945亩（约6.3×10^m²），主要种植玉米、小麦等粮食作物，同时种养殖较以单；种植葡萄和育苗养殖较为单一，难以带主动村庄服务业快速发展。二三产业基本没有。

类别	主要内容	主项目
一产	种植玉米、小麦等粮食作物，同时育种种植葡萄和培育育苗种	草莓园、葡萄园、蜜蜂养殖、鸵鸟养殖、科普保护
三产	湿地采风、葡萄采摘、旅游观光	葡萄采摘基地、大型动物基地、科普基地

第一产业

生态农业、畜牧业
种植：玉米、小麦等粮食作物、育种育苗等经济作物

第二产业

在一产的基础上，发展农副食品加工，包括米、油等；在现有二产内产业基础上，发展果菜养殖业的附加值高的部分等2产业，结合文旅打造

第三产业

一二三产联动发展旅游业、零售业、住宿餐饮等

村域国土空间规划

空间结构

"一环一轴四区多点"的总体布局

一环：村庄游环线
一轴：乡村与自然发展轴
四区：林地生态保护区、康养休闲活动区、益智科普体验区、村庄核心发展区
多点：景观环境提升点，即精品民宿、精品采摘、主题采摘、健身、运动健身

村域国土空间规划

村庄控制规划

土地利用规划图

村庄道路规划

公共服务设施布置图

精品民宿区

产业布局图

重点实施片区改造

改造前　改造后

绿 化 组 团 设 计

北京城市学院城市研究中心

潮汐空间/温馨驿站——共享"京味儿生活"

■ 设计说明

■ 现状分析

- 早晚高峰期人数众多，乘坐地铁或公交的像乘道行道狭窄，人流直塞
- 在在机动车道安全隐患大
- 服务市民的功能缺失
- 承托缺乏活动场地
- 城市印记与文化生活逐渐丧失

■ 人口分析

■ 设计策略

策略1——
提取传统四合院空间要素围合设计场地

以传统建筑的形式特征再现北京独特的地域文化风貌

策略2——
人车分流打造安全交通系统

- 合理划分道路权属空间
- 以人为本，人行优先
- 鼓励自行车道，倡导绿色出行
- 设置安全车港湾
- 设置无障碍步行坡道

策略3——
纳米防污材料+可移动户外家具设计，以科技优化空间体验

策略4——
潮汐时空，构建活力多元户外空间

7:00am   4:00pm   9:00pm

"潮起"通勤时间

"潮落"活动时间

可移动户外家具
提供多样化的活动场景

■ 步行长廊&共享补给站

补给站

屋顶

廊架玻璃

柱

提取自传统四合院空间的柱廊补给站空间

1 安全斑马线
2 无障碍人行道
3 指雨人行走廊
4 地铁站
5 厕所
6 公交站
7 多功能活动场地
8 中式传统墙檐及电子屏幕
9 临时泊车港湾
10 休闲廊架
11 可移动轨道座椅
12 草坪坐凳
13 补给站
14 自行车道
15 入口广场
16 自动循环喷水池
17 分类垃圾箱

雨水径流

太阳能电池板用于发电

雨水沉淀过滤收集

雨水径流

雨水净化

沉淀过滤

存储

景观用水   绿地灌溉

地下储水池

太阳能发电供给场地照明系统

SUNWAYSURVEY
山|维|科|技

七、村庄规划设计——桂林市永福县罗锦镇下村·南宅屯

罗锦镇下村·南宅屯——"山水民居" 示范村村庄规划设计

规划性质

本规划为幸福美丽新村建设与乡村旅游发展"多规合一"的综合性规划，主要立足区位、资源、气候环境优势，综合考虑资源环境保护、基础设施建设、人居环境改善、产业发展、社会事业进步、精神文明建设和人的全面发展，提出精准扶贫，美丽幸福新村建设及乡村旅游发展的目标、原则、思路和重点，为南宅屯可持续发展提供规划引导。

规划期限为2020—2035年（近期2020—2025年，为近期新村新建提升期；中期2025—2030年，为幸福美丽新村发展期；远期2030—2035年，为旅游休闲产品发展及品牌塑造期）。

规划重点

1. *保证* 乡村生活 *品质提升*
不单单是基础设施的完善提升，还要保护传统原乡民居的特色风貌。

2. *促进* 地方特色 *产业发展*
凸显地方产业特色，促进产业品牌化、产品多样化发展。

3. *保护* 传统村落 *文化延续*
充分挖掘桂林民居的风貌特色，打造文化旅游上的*一个亮点*。

乡村建设发展战略——分阶段三步走

保证基本生活 2020—2025年	治理村庄环境 2025—2030年	建设最美乡村 2030—2035年
统筹完善村内的基础设施建设	提升村庄环境质量，改善人居环境	发展特色产业、旅游潜力 促进地方发展、农民增收

特色产业村

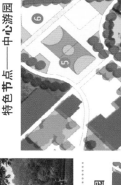

空间规划

• 规划总体形成"一心一轴两片区"的整体结构。通过产业结构、合理布局，形成水塘田园，群山环抱，溪水相伴的总体格局。
• "一心"：指集下村民服务、旅游接待、公共活动为一体的村庄、综合公共服务中心；
• "一轴"：指沿着村内水渠的村庄生态发展轴线；
• "两片区"：指南宅屯居民生活区、以生态水塘为核心的休闲活动区。

以乡村休闲为发展方向，以生产生活、生态宜居、传统民居为特色的民宿休闲旅游主题村落。

空间规划

景观结构

绿地系统规划

特色节点——中心游园

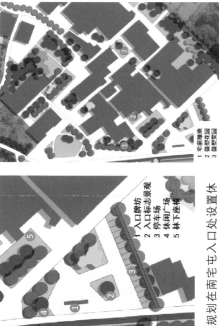
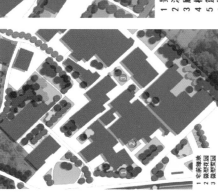

1 景观亭子
2 滨水平台
3 廊架平台
4 林荫休闲
5 篮球场
6 器材运动场

特色节点——入口广场

1 入口磨坊
2 入口标志景观
3 停车场
4 休闲广场
5 林下座椅

规划在南宅屯入口处设置休闲广场，增加入口标志景观、设置木质桌凳，为村民提供休体验娱乐的场所；进行植物的搭配种植，展现村落的生态美感。

特色节点——宅间微菜园

1 宅旁绿地
2 微型采摘园
3 微型果园

通过微更新的方式将宅前、宅后、宅间的绿地进行优化升级，全面提升村内的绿景观品质。

②建筑风貌保护提升

现代民居为桂林地区典型的排屋村落，采用砖结构，硬山屋顶建筑，材料使用青苔，以灰白色为主，以体现建筑古朴，大气的风格特点。

总平面图

村庄环境及建筑风貌提升规划

①田园林地风貌提升

整体性保护
保护村庄自然生态环境、山水格局及农村居住空间，强调整体风貌，突出村庄田园特色。

多层次保护
从山水林田等生态环境、建筑周边景观环境和内部院落景观的打造等多层次进行全方位景观风貌保护。

建筑风貌保护提升

景观植物配置提升
结合产业保护发展与旅游橘产业相结合，充分利用沙糖橘等农业资源为村民就业提供发展契机。

SUNWAYSURVEY 山 | 维 | 科 | 技

梅州市五华县琴江河、五华河
流域废弃矿山生态修复

项目立足琴江河、五华河流域废弃矿山现状，依托韩江生态流域，莲花山脉等山围围丘陵地带，积极采取乡村生态环境治理，废弃矿山采石场地修复，铺设排水蓄水设施等措施，融入人工环境和自然环境为一体，提高项目区水土保持能力，维护良好的生态环境，推进"一河两岸"美化工程和整理美丽乡村建设，落实河道生态保护与修复目标。实现"绿山秀山变绿水青山"的镇形象的标志性区域。

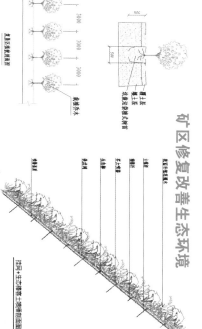

矿区修复改善生态环境

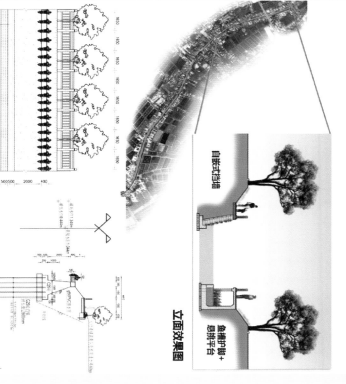

江门市新会区大鳌镇全域综合
整治与生态修复项目——中心河
（镇中心段）综合整治工程

国地科技依据中心河河道自净能力不足、生态环境较差，两岸道路路面较窄，交通状况恶劣，沿岸景观混乱，不协调等问题，提出"挖源截污，交通梳理，清水活水和景观提升"的实施思路。主要通过河道两岸废弃建设用地拆旧复垦，综合利用河道措施，推进"一河两岸"美化工程和整理美丽乡村建设，落实河道生态保护与修复目标。

立面效果图

广东南岭山区韩江中上游
（原中央苏区）山水林田湖草沙
一体化保护和修复工程项目实施方案

项目区以粤东北生态屏障梅州市为核心范围，在加强南岭山地森林及生物多样性生态功能区的保护修复，完善南方丘陵山地带的屏障体系构筑，振兴赣、闽、粤原中央苏区的绿色经济发展，保护"三江汇通"主要水源韩江中上游的流域生态系统。

根据现状调查，问题识别与分析结果，制定的保护修复目标，结合梅州市相关生态保护修复重点区域，划分各保护修复单元，总结各保护修复单元的生态环境特征，明确各保护修复单元的生态环境问题，提出各单元的保护修复的主要任务和应对策略。

生态修复治理筑牢粤北生态屏障，振兴绿色经济发展

国地科技
Guodi Technology

五、乡村振兴示范带风貌提升规划——鹿寨—中渡镇市级乡村振兴精品示范带

鹿寨—中渡镇市级乡村振兴精品示范带风貌提升规划设计

Luzhai–Zhongdu Town municipal rural revitalization quality demonstration zone features to improve the planning and design

□ 要素综合评价——要素选取与评分准则

从交通优势、生态宜居、产业发展三个方面，选取五个要素进行要素综合评价，明确研究范围内各行政村自身条件的优势，确定发展方向。

□ 产业发展方向判别

结合产业发展趋势分析、各要素综合评价和村庄实际产业发展诉求，确定规划区产业发展以旅游发展为主、农业发展为辅。

优势
上位布局
资源禀赋
建设优势
劣势
竞争者众
利用不足
发展不均

发展方向
旅游发展为主调
农业发展为基础

发展方式
以点带线、以线扩面

旅游业发展方向	大兆村、朝阳村、石墨村
农业发展方向	长盛村
综合型发展方向	角塘村、窑上村、马安村
无发展意向	高坡村、大兆村

□ 总体发展定位：

百望 花廊 · 七乐 鹿乡

桂中绿色 生态廊 · 柳桂都市 后花园 · 鹿寨乡游 精品线
自然生态优护、乡村文明美环境、农旅联动增收益

最终成为"产业兴旺、生态宜居、乡风文明、治理有效、生活富裕"乡村振兴的广西样本

□ 五要素

产业兴旺：

生态宜居：

乡风文明：
打造以高效、大化为中心的生态文明建设点，传承生态文明；
打造以中渡古镇为核心、联动发展福龙、石墨、传承民俗文化；
打造以大村为核心的乡村休闲农业体验，以绿上为起点的乡旅策划活动、传承农耕文化；

治理有效：
打造以高坡、大化为中心的生态文明置等教育点，传承生态文明；

生活富裕：
打好发展基础、搭好产业框架；

本项目发展行动计划分近、中、远期三期进行实施，循序渐进：前期由旅游发展，中后期由旅游反哺农业。

近期	生活富裕	打好发展基础、搭好产业框架
中期	重点项目初见成效	重点项目深化工程全面推进
远期	产业融合典范	产业融合典范、旅游人居成特色

□ 要素综合评价——村庄产业发展诉求

从交通可达性、农业资源、旅游资源、生态资源各要素进行分析。

（雷达图：高坡村、大兆村、马安村、石墨村、朝阳村、福龙村、长盛村、大村村、窑上村、角塘村——各村交通可达性、沿线村屯比、生态资源、旅游资源、农业资源）

□ 要素综合评价——要素选取与评分准则

要素	交通优势	生态宜居	产业发展		
	交通可达性	生态资源优势度	农业资源优势度	旅游资源优势度	
	道路交通用地面积 / 行政村内的道路等级	生态用地面积	耕地用地面积 / 种植园用地面积	旅游资源景区数量 / 行政村内景区分级	沿线村屯比例 / 沿线村屯数量

四、村庄优化提升规划——兴宁市优化提升大坪镇试点

兴宁市村庄规划优化提升大坪镇试点片 （罗苑村、坪畲村、金坑村、长坑村）

THE PILOT CONTINUOUS OVERALL PLANNING OPTIMIZATION AND ASCENSION OF DAPING, PINGSHE, XINGNING

□ **区域概况：**
四大核心发展优势

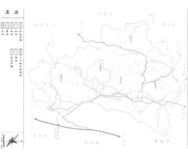

□ **规划定位：** 以古驿道文化、生态旅游、休闲农业、田园观光为特色，以国家AAA级以上景区及一体的、打造融历史追忆、文化体验、乡村度假、田园休闲等元素的 **综合型乡村休闲旅游区**
"两区一地" —— 广东古驿道文化旅游 精品片区，梅州市村庄规划优化提升 样板地

□ **发展目标：**

□ **空间格局：**
一核 两线 三心 五区

- **一核**：核心产业带
- **两线**：罗岗河滨水风景线 大坪河滨水风景线
- **三心**：综合服务中心 文化展示中心
- **五区**：核心产业区 生态涵养区 田园风光区 东部特色产业区 北部生态涵养区 西部生态涵养区 金坑生态涵养区

□ **交通条件优越：**
- ◆ 高速路：济广高速公路在试点
- ◆ 片东侧穿过，并设有高速出口
- ◆ 公路：S226省道，X015县道

□ **生态本底良好：**
- ■ 山水相拥，基底本底优越
- ■ 森林覆盖率达到75%以上
- ■ 罗岗河、大坪河，水系、坑塘

□ **历史文化突出：**
- ■ 南粤古驿道——十二肩岭古驿道
- ■ 历史遗存，乡风民俗，民间故事
- ■ 客家文化，红色文化

□ **产业基础厚实：**
- ■ 蚕桑种植，油茶基地
- ■ 万亩油茶基地
- ■ 鱼米类，鸽子，肉鸡养殖基地

□ **问题困境：**
- ◆ 集体经济薄弱，经济模式单一
- ◆ 产业未成体系，缺乏核心竞争力
- ◆ 资源挖掘不足
- ◆ 人居环境简陋
- ◆ 整体风貌不一

□ **问题困境：**
- **生态**：山水本底良好
- **历史文化**：十二肩岭古驿道
- **新业态**：产业业态植入 新业态，生态、文化植入：点、线、面结合
- **保护利用挖掘不够**
- ◆ 配套设施不完善，部分闲置荒废

□ **发展策略：**

新空间：用地空间优化
- 用地空间整合
- 用地空间梳理 强化核心吸引力
- 三生空间｜宅基地空间｜产业发展空间｜服务配套空间｜公共活动空间

新文化：文化内涵挖掘 塑造核心吸引力
- 产业：文化创意｜田园休闲｜农耕体验｜生态旅游｜民俗体验｜乡村民宿

新业态：产业业态植入 新业态：点、线、面
- 产业、生态、文化植入，培育新产业新业态
- 点上出彩，线上串联，串点连线成片，面上结合
- 点：重点发展引擎｜重点发展项目｜滨水景观线｜旅游交通环线｜全域景区化
- 线：沿线美丽 串点连线成片 旅游交通环线 全域景区化打造

文化内涵重构：
- 历史文化挖掘
- 古道文化｜红色文化｜民居文化｜特色民居
- 十二肩岭古驿道
- 规划重点衔接兴宁市南粤古驿道相关方案措引，对市级统筹的相关重点项目进行凝练和落实。

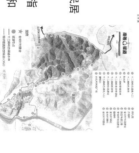

□ **规划方案：**

A 稻香田园
稻香农业园站（景观服务、公园、田园生态观光带）
稻香农业公园（农耕体验基地，观景平台）
油茶基地（苗木种植，林下经济）

B 生态坪洋
百花田园站（游憩服务，农特产品展销）
物流中心（加工、生态木屋服务、冷链物流）
木屋酒店服务区（生态木屋住宿，商贸休闲生活中心）
滨水游乐基地（户外休闲基地，养生水塘等）
万亩茶园（油茶种植，多彩花色等）

C 田野风韵
坪光古驿站（旧村改造，新村安置）
稻鱼养殖基地（游栖特色景观，农产品展销）
鹅鸭养殖基地（木屋农场，休闲观光）
田园观光（农耕种植，田间设施农业）

D 稻香人家
金坑农业园站（景观服务、公园、加工）
丝苗米产业园（丝苗米种植，观景平台）
古驿道休闲公园（农耕体验基地，生态停车场等）
油茶基地

E 乡间野趣
稻田风光带（游憩平台）
金坑农业园站（游憩综合体、公园、休闲长廊）
萤火虫谷（游乐观赏）
生态农业观光园
油茶种植基地

国地科技 Guodi Technology

豫南地区某县农村生活污水治理规划及实施案例

● 规划目标

通过对豫南地区农村水环境现状调研，从农民群众的愿望和需求出发，以污水减量、分类就地处理、循环利用为导向，因地制宜地提出农村生活污水治理模式，创新治理工艺，解决豫南地区农村生活污水处理效果不理想的现实困境，走出一条具有中国特色的农村生活污水治理之路。

● 规划范围

豫南地区某县17个乡镇的农村地区。

● 规划原则

（1）因地制宜，注重实效

根据地理气候、经济社会发展水平和农民生产生活习惯，科学确定本地区农村生活污水治理模式。

（2）先易后难，梯次推进

坚持短期目标与长远打算相结合，综合考虑现阶段经济发展程度、财政投入能力、污水治理程度等，合理确定农村生活污水治理目标任务。

（3）政府主导，社会参与

农村生活污水治理设施建设由政府主导，采取地方财政补助，村集体负担，村民适当缴费或出工出力等方式建立长效保护机制。

（4）生态为本，绿色发展

牢固树立绿色发展理念，实现农村生活污水治理与生态农业发展、生态保护修复，环境景观建设等，推进水资源循环利用，农村生态文明建设有机衔接。

● 自然概况

该县地形南高北低，南部为大别山山区，中部为丘陵，北部为平原地带，降雨、径流由南向北逐渐减。根据2009—2020年气象资料，全县多年平均降雨量为1225.4mm。县域内有大小河流728条，其中流域面积50km²以上的有33条，主要河流为淮河某支流，河长108.14km，流域总面积1280km²。

治理模式与处理技术

● 农村污水产生类型

通过对该县乡镇街区的多次调查研究，对26个村级集聚区调查研究，考虑县淮河支流断面的考核目标要求，将该县农村集聚区划分为：人口规模较大的镇级街区；人口规模相对较小的乡街区；人口规模较大的村级街区；人口规模较小的村级集聚区；沿公路布局的村级街区；不规则布局的较小规模村级集聚区；分散农户。

● 治理模式

根据乡镇街区发展水平、人口规模、地形地貌及不同的农村集聚区类型，研究制定出五种农村污水治理模式：

（1）雨污分流——污水处理厂站模式；

（2）雨污合流——曝气生物净化塘模式；

（3）生态塘农业利用模式；

（4）分流与合流并存的生态模式；

（5）散户产业菜园来利用模式。

● 先导实施的曝气生物净化塘污水控制模式

（1）污水收集方式：雨污分流，雨污合流均可。

（2）运行方式：可以是连续流进水，也可以是间断进水。通过自动化设置，可运行8h/d，可节约运行成本。

（3）技术创新点

曝气生物净化塘是一种将清水稳定塘、生物接氧化塘、浅水湖泊草型清水稳定塘理论三方相结合的低能耗生活污水生态净化工艺。不仅具有稳定塘强大的调节曝气化生本有效降解低浓度有机物的特性，同时利用农村地区原有水塘建设、运营成本低的特点，可以利用农村地区原有水塘改造或地形地貌建设，在处理农村生活污水的同时，与农田灌溉回用、农村景观质量改善有机结合。

（4）技术优势

①充分结合农村地形、地貌，建设成本低；

②运行成本较低；

③管理维护方便，可实现无人值守；

④耐冲击能力强，特别适合雨污合流制的收集系统；

⑤在南方冬季污染物低等不利条件下，仍可以有效去除水中氮、磷等污染物，全年均可保持良好的处理效果。

实施案例

● 工程建设情况

在该县建设完成了12座曝气生物净化塘工程，建设过程中综合考虑了乡镇污水量、地形、经济水平以及景观打造等因素，建设了不同规模的净化塘。

工程设计要素	主要内容
控制的主要污染物	化学需氧量（COD）、NH_3-N、总磷（TP）
主要构筑物	HDPE双壁波纹效管截污管道、曝气生物净化塘
附属设施	曝气机、生物膜净化填料生物填料、曝气盘、水草
主要控制参数	电压：380V，单台曝气机输出功率：1.5kW，单台循环通量：860m³/h，单台增氧能力：2.2kg/h。可因具体情况设置相关曝气机数量
尾水可利用方式	景观用水、农业灌溉、渔业养殖
可达到的相关标准	出水可达河南省地方标准：《农村生活污水处理设施水污染物排放标准》（DB 41/1820—2019）
主要经济指标	处理规模：5~500t/d，建设成本：2600元/t，单元运行成本：0.24元/t，只有电耗，无材料药耗。运行操作管理简单，可无人值守

● 工程运行管理情况

曝气设备采用手动和自动两种运行模式，方便操作控制。通常设置自动控制运行模式，根据水质情况确定运行时间。在雨期能最大限度地将雨污混合污水截流进入曝气生物净化塘，不会对曝气生物净化塘造成负荷冲击。

利用污水坑塘建设的曝气生物净化塘

利用河滩荒地建设的曝气生物净化塘

利用河滩湿地建设的曝气生物净化塘

● 工程投资情况

已建成的曝气生物净化塘工程规模小于500t/d。设备投资40万～80万元不等，土建投资因地形地貌而差异较大。

● 治理效果

建设完成的12个曝气生物净化塘已经进行多次监测，出水质均达河南省农村生活污水排放一级标准（DB 41/1820—2019）要求。

中国环境科学研究院
环境污染控制工程技术研究中心

二、六安瓜片源产地，生态文明旅游村——安徽省六安市金寨县麻埠镇响洪甸村村庄规划

【获奖】全国优秀城乡规划设计二等奖。

【规划背景】

响洪甸村是六安瓜片源核心产区。位于安徽省六安市西部，村域面积35.2平方公里，建设用地约109.51公顷，村域现有27个居民组，1159户，人口4344人。2012年10月，国家住建部村镇建设办公司以一行深入麻埠镇，响洪甸村作为大别山片区扶贫攻坚工作的通知，四个试点之一，由城市国际城市发展与设计研究院有限公司承接村庄规划工作。

【规划定位】

六安瓜片源产地，生态文明旅游村。

【规划理念】

规划全民参与，提炼本土特色，打造美丽乡村。

【总体总纲】

本次规划场地现场调研共4次，时间总计26天，共计209人次，进行了2次大型入户问卷调查，举办了1次村代表大会。其中，全面问卷调查部分，充分尊重了村民意愿，得到有效问卷752份，入户总数达到1159户。规划工作在深入扎实的现状调研基础上，以问题为导向，以打造"六安瓜片源产地，生态文明旅游村"为目标，各级政府民意愿，广泛听取意见，深入各级政府，另一方面意见和特色的结合，将特色有机结合在一起。规划一方面打造运用当地特色有特色的民居改造，同时通过运用当地特色的产业发展和红石等建筑材料提升，预留足够的产业发展空间，并通过当地材料建设有特色的村庄风貌整治和改造，全面提升村庄面貌，使得六安瓜片成为响洪甸村茶产业的核心与灵魂。

【产业发展】

明确六安瓜片茶产业的核心产业地位，提出茶产业循环经济发展理念。

工作思路

问题梳理	主要问题对策

主要问卷调查结论

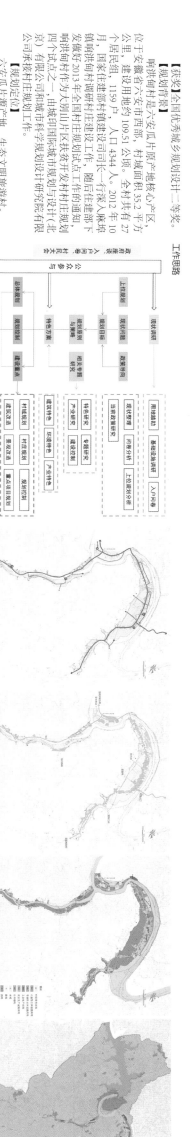

道路交通规划图

住宅用地布局图

村庄土地利用规划图

公共空间结构图

公益性设施布局图

村域生态风貌控制图

村域土地利用规划图

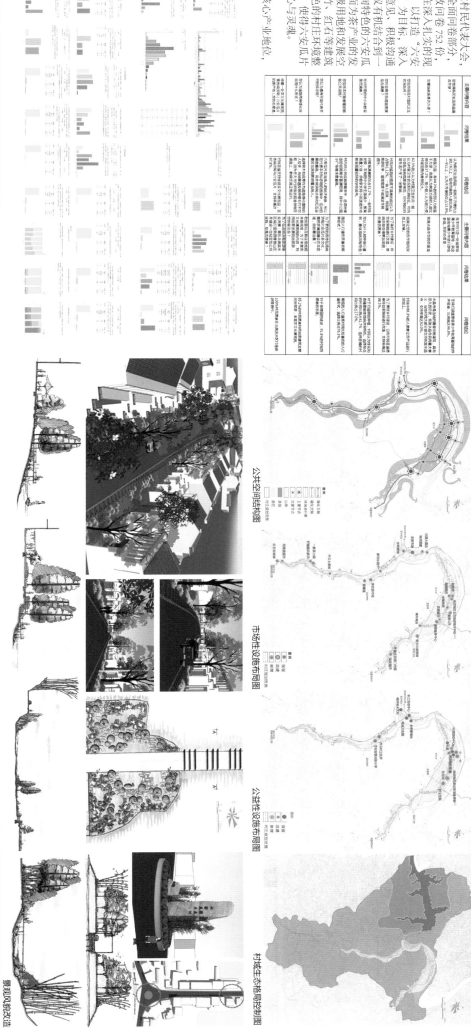

总体问卷调查分析

产业问卷调查分析

总体问卷调查分析

茶产业循环经济改造

景观风貌改造

城印国际城市规划与设计(北京)有限公司
URBANSEAL INTERNATIONAL PLANNER & DESIGNER (BEIJING) CO.,LTD.

一、繁荣农村样板——承德市双滦区偏桥子镇大贵口村村庄规划

2021年8月，习近平总书记到大贵口村进行乡村振兴考察调研。习近平总书记强调，"民族要复兴，乡村必振兴，即使未来我国城镇化达到很高水平，也还有几亿人在农村就业生活。"

大贵口村隶属于承德市双滦区偏桥子镇，位于双滦区南侧，紧邻滦河，村域约为10.09平方公里，现状人口共1688户，462户，7个村民组，其中60岁以上234人，占总人口的13.86%。

为深入贯彻落实习近平总书记"党建引领、农旅融合、产村互动"的发展思路，临准建设繁荣幸福大贵口，山谷田园生态村的目标，坚持"党建引领、农旅融合、产村互动"的发展思路，按照乡村振兴"20字方针"总要求，坚持"党建引领、公共服务强基础、温馨工程、富民工程、美丽工程、基层治理有成效"，创造可复制的农村繁荣模式。全力建设生产繁荣、生态繁荣、生活繁荣"三生繁荣"的现代化繁荣农村。

立足大贵口村建设村庄基础设施和公服设施，大力发展以都市休闲农业为基础，一二三产融合发展的现代产业体系，全力推进生产繁荣、生态繁荣、生活繁荣"三生"和谐发展，共同繁荣。实现产业、人才、文化、生态、组织"五个振兴"，全力总结提炼可操作、可推广的经验做法，打造社会主义新农村样板，建设产村融合发展、农民富裕富足，乡风风貌淳朴，生态环境优良、独具乡韵特色的繁荣幸福大贵口，山谷田园生态村。

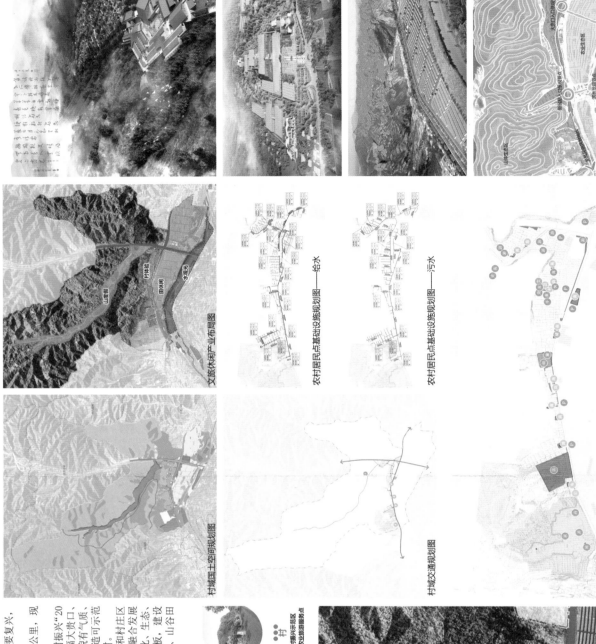

山 国家级山谷景区 4A景区
水 滦河 湿地公园
田 现代农业园 嘉年华科技园
镇 偏桥子镇采摘小镇 G101休闲农业产业带
村 乡村振兴示范区 休闲农业旅游服务点

村域国土空间规划图

村域交通规划图

文旅休闲产业布局图

农村居民点基础设施规划图——给水

农村居民点基础设施规划图——污水

农村居民点公共服务设施规划图

莲花山合谷区

山谷田园

承德双滦农业嘉年华

景观风貌综合布局

街巷景观——街路改造

街巷景观——主街改造

公共空间整治——村庄入口

公共空间整治——G101沿线

城印国际城市规划与设计(北京)有限公司
URBANSEAL INTERNATIONAL PLANNER & DESIGNER (BEIJING) CO. LTD.